Cuadernos de lógica, epistemología y lenguaje

Volumen 8

David Hilbert y los fundamentos de la geometría (1891-1905)

Cuadernos de Lógica, epistemología y lenguaje
Series Editors   Shahid Rahman and Juan Redmond

David Hilbert y los fundamentos de la geometría (1891-1905)

Eduardo N. Giovannini

ISBN 978-1-84890-175-9

College Publications
Scientific Director: Dov Gabbay
Managing Director: Jane Spurr http://www.collegepublications.co.uk

Cover produced by Laraine Welch
Printed by Lightning Source, Milton Keynes, UK

A mi madre y a la memoria de mi padre,
Eduardo A. Giovannini

Índice

II. La naturaleza del método axiomático formal 96

3. Una imagen de la realidad geométrica 97

4. La polémica con Frege 128

5. Formalismo e intuición 167

III. Metageometría   191

Prefacio

El objetivo general de este libro es ofrecer una exposición detallada de las investigaciones axiomáticas de Hilbert sobre los fundamentos de la geometría y de su temprana concepción del método axiomático. Un aspecto novedoso de esta investigación es que hace un uso extensivo de un volumen importante de fuentes manuscritas, accesibles ahora por primera vez en lengua castellana. La importancia de estas fuentes reside en que permiten ofrecer una interpretación mejor contextualizada e históricamente más adecuada de la concepción del método axiomático defendida por Hilbert en este período inicial de sus trabajos sobre los fundamentos de la matemática, cuyo punto culminante fue la publicación de *Fundamentos de la geometría* (1899).

Las tesis principales y el contenido de este libro son enunciados en la Introducción. En cambio, quisiera expresar aquí mi agradecimiento a aquellas personas e instituciones, sin cuyo apoyo la investigación que dio lugar a este libro no hubiera podido ser realizada. En primer lugar, al *Consejo Nacional de Investigaciones Científicas y Técnicas* (Argentina), organismo que ha financiado por completo la presente investigación a través de becas de doctorado y postdoctorado. Una parte esencial de este trabajo fue realizada en el *Institut für Humanwissenschaften: Philosophie, Universität Paderborn* (Alemania). Aprovecho para agradecer aquí al *Deutscher Akademischer Austausch Dienst* (DAAD), y en particular a Volker Peckhaus, por el apoyo recibido. Una estancia de investigación postdoctoral en el *Max Planck Institute for the History of Science* (Berlin) me permitió acceder a un volumen importante del material necesario para finalizar la investigación. Agradezco de este modo al Instituto Max Planck, y en especial a Vincenzo de Risi, por esta invaluable oportunidad. Asimismo, la etapa final de este trabajo ha

sido realizada en el *Department of Philosophy, University of California, Berkeley*. No puedo imaginar mejores condiciones de trabajo
para realizar esta tarea. Quisiera expresar así mi agradecimiento a
dicha institución, y especialmente a Paolo Mancosu.

El presente libro es una versión completamente revisada y am-
pliada de mi tesis doctoral. Quisiera manifestar mi profundo agradecimiento a Javier Legris, Adriana Gonzalo y Jorge Roetti, por
el apoyo constante y determinante durante toda mi investigación
de doctorado. Asimismo, sin dudas no hubiese emprendido la tarea
completar y ampliar el trabajo original, sin el estímulo de Abel Lassalle Casanave y Alejandro Cassini. Finalmente, quisiera agradecer
a Shahid Rahman y Juan Redmond, por permitir que este libro forme de la colección "Cuadernos de lógica, epistemología y lenguaje"
de *College Publications*, a los evaluadores por sugerirme valiosas
modificaciones a versiones previas de esta obra, y a Jane Spurr por
su invaluable ayuda en la preparación final del manuscrito.

Algunas partes del texto aquí presentado son reelaboraciones de
artículos previamente publicados. Agradezco a los respectivos edi-
tores la posibilidad de utilizar el siguiente material:

"Intuición y método axiomático en la concepción temprana de la geometría de David Hilbert", *Revista Latinoamericana de Filosofía*, (Bue-
nos Aires), vol. XXXVII:1, pp. 35-65, 2011.

"'Una imagen de la realidad geométrica': la concepción axiomática
de la geometría de Hilbert a la luz de la *Bildtheorie* de Heinrich Hertz",
Crítica. Revista Hispanoamericana de Filosofía, (México), vol. 44, n. 141
(Agosto), pp. 27–53, 2012.

"Completitud y continuidad en *Fundamentos de la geometría* de Hilbert: acerca del *Vollständigkeitsaxiom*", *Theoria*, (Madrid), vol. 28: 76,
pp. 139–163, 2013.

"Geometría, formalismo e intuición: David Hilbert y el método axiomático formal", *Revista de filosofía*, (Madrid), vol. 39:2, pp. 121–146,
2014.

"Aritmetizando la geometría desde dentro: el cálculo de segmentos
[*Streckenrechnung*] de David Hilbert", *Scientiae Studia*, (São Pablo).

Por último, sin el aliento permanente de María W. me hubiera resultado imposible culminar este proyecto: gracias por tu presencia, tu apoyo constante, y tu paciencia y comprensión incondicionales.

Berkeley, California
Diciembre 2014

Introducción

0.1. David Hilbert y el método axiomático formal

La axiomatización de la geometría euclídea llevada a cabo por David Hilbert (1862–1943) en su libro *Fundamentos de la geometría* (1899) suele ser considerada una de sus contribuciones más importantes a la matemática moderna. En este célebre trabajo, publicado originalmente en 1899, Hilbert logró conformar una nueva lista de axiomas a partir de los cuales era posible construir íntegramente la geometría euclídea elemental y deducir de un modo riguroso – i.e. sin recurrir a construcciones diagramáticas o figuras geométricas – sus teoremas fundamentales. Sin embargo, junto con este notable logro matemático, el enorme impacto de la obra se debió en gran medida a las *ideas metodológicas y fundacionales* allí elaboradas. Como lo ha señalado Bernays (1922), podría decirse que en este aspecto residió la gran novedad y el atractivo del trabajo de Hilbert:

> A través de los nuevos y fructíferos métodos y puntos de vista que presentó, esta investigación ha ejercido una poderosa influencia en los desarrollos de la investigación matemática. Sin embargo, la importancia de *Fundamentos de la geometría* de Hilbert de ningún modo descansa solamente en los contenidos puramente matemáticos. Lo que le confirió popularidad a este libro e hizo célebre el nombre de Hilbert, mucho más allá del círculo de sus colegas, fue el nuevo giro metodológico dado a la idea de axiomática. (Bernays 1922, p. 94)[1]

---

[1] Freudenthal (1962, p. 619) describe de un modo similar la importancia y la novedad de la monografía de Hilbert.

El giro metodológico introducido por Hilbert consistió en la elaboración del "método axiomático formal", siguiendo la designación utilizada posteriormente por Hilbert y Bernays (1934, p. 2). La novedad de esta nueva concepción axiomática formal o abstracta puede ser ilustrada fácilmente si se la contrasta con la concepción clásica del método axiomático, representada originalmente en la exposición sistemática de la geometría griega llevada a cabo por Euclides en *Elementos*. Allí se parte de una serie de definiciones, postulados y nociones comunes completamente interpretadas, en el sentido de que los términos 'punto', 'línea', etc., refieren a objetos de la intuición geometría y los axiomas predican verdades acerca de estos objetos. Todo el conocimiento geométrico es organizado a partir de un conjunto de principios básicos, considerados como verdades intuitivas evidentes por sí mismas, y de estas proposiciones verdaderas pueden derivarse, por medio de deducciones lógicas, el resto de las verdades geométricas. Hilbert llama a esta concepción clásica la 'axiomática material' [*inhaltliche Axiomatik*], para aclarar que ella "introduce sus nociones básicas a través de la referencia a experiencias comunes y presenta sus primeros principios o bien como hechos evidentes, de los cuales uno puede convencerse, o bien los formula como extractos de complejos de experiencias [*Erfahrungskomplexen*]" (Hilbert y Bernays 1934, p. 2).

Con su nueva concepción formal del método axiomático, Hilbert adopta en cambio desde un inicio una perspectiva más abstracta y general. Renuncia a dar una definición descriptiva de los elementos básicos y comienza en cambio presuponiendo la existencia de un conjunto de cosas u objetos [*Dinge*], a los que se les asigna su denominación geométrica habitual ('punto', 'línea', 'plano'), pero que sin embargo no refieren a objetos particulares dados en la intuición geometría. Todo aquello que resulta geométricamente relevante de estos objetos son las *relaciones* establecidas en los axiomas, por medio de las cuales reciben una "caracterización matemática completa y precisa" (Hilbert 1999, p. 2). Dicho con mejor precisión: para construir la geometría elemental Hilbert propone asumir simplemente la existencia de tres sistemas de objetos llamados 'puntos', 'líneas' y 'planos', sobre los que se imponen siete relaciones primitivas: una relación ternaria de *orden* que relaciona a los puntos, tres relaciones binarias de *incidencia* y tres relaciones binarias de *congruencia* (Hilbert 1999, pp. 2–3).

Una consecuencia inmediata de este nuevo modo de concebir el método axiomático es que los axiomas de la geometría dejan de ser considerados como *verdades* inmediatas o evidentes acerca de un dominio intuitivo fijo, i.e. el espacio físico. Más bien, un sistema axiomático constituye un "entramado de conceptos" [*Fachwerk von Begriffen*] o 'estructura relacional' que no se refiere a un dominio fijo de objetos, sino que puede recibir diferentes interpretaciones, tanto dentro de otras teorías matemáticas como físicas. La enorme contribución de Hilbert a los fundamentos de la geometría consistió en presentar esta disciplina matemática como un sistema axiomático desprovisto de un significado específico, donde los elementos básicos ('puntos', 'líneas', 'planos') podían ser reemplazos por otros objetos cualesquiera, como "sillas, mesas y jarras de cerveza", bajo la condición de que se postule que estos nuevos objetos satisfacen las relaciones establecidas en los axiomas.

Desde un punto de vista epistemológico, una consecuencia fundamental de este nuevo abordaje axiomático a la geometría fue que, por primera vez, la cuestión del estatus de los axiomas, *qua* verdades intuitivas autoevidentes acerca del espacio físico, pudo ser distinguida de un modo preciso de la investigación de carácter puramente matemático en torno a los fundamentos axiomáticos de la geometría. La nueva concepción axiomática de la geometría de Hilbert permitió trazar una separación estricta entre la esfera espacial–intuitiva y la esfera lógico–matemática, y en consecuencia, entre los fundamentos matemáticos y los fundamentos gnoseológicos de la geometría. Nuevamente en palabras de Bernays (1922):

> Lo esencial en *Fundamentos de la geometría* de Hilbert fue que allí, por primera vez, desde el comienzo mismo en el establecimiento del sistema de axiomas, la separación entre los [aspectos] matemáticos y lógicos y los [aspectos] espaciales–intuitivos es llevada a cabo totalmente y expresada con completo rigor.

La presentación axiomática de la geometría euclídea de Hilbert trajo aparejada una nueva manera de entender la naturaleza de las teorías geométricas y matemáticas en general, que logró capturar magistralmente el creciente impulso hacia la abstracción y la sistematización que venía dominando la matemática desde la segunda mitad del siglo XIX. Sin embargo, en la medida en que esta nueva concepción formal del método axiomático incluía una filosofía de la matemática, ésta no fue una filosofía que el propio Hilbert se ocupó de exponer, *al menos en este período inicial y en textos publicados.*

0.2. Las notas de clases para cursos sobre geometría

La monografía de Hilbert no fue el resultado de un interés repentino y aislado por el problema de los fundamentos de la geometría. Si bien en esta etapa temprana sus investigaciones matemáticas estuvieron centradas inicialmente en la teoría de invariantes, y luego en la teoría de números algebraicos[2], desde 1891 Hilbert impartió regularmente cursos sobre geometría. Afortunadamente, este material quedó registrado en forma de notas cuidadosamente elaboradas para cursos sobre geometría, dictados en las universidades de Königsberg y Göttingen.

Estas notas de clases se dividen en dos clases diferentes. Por un lado, los primeros cursos sobre geometría consisten en una serie de notas escritas por el propio Hilbert (1891a; 1893/1894a; 1893/1894b; 1894/1895; 1897/1898; 1898/1899b). Por otro lado, a partir de (Hilbert 1898/1899a) adopta la metodología de designar, al comienzo de cada clase, a un alumno para su redacción [*Ausarbeitung*]. Tras una revisión por parte del propio Hilbert, los cursos eran depositados en la biblioteca del Instituto de Matemática de la Universidad de Göttingen, donde podían ser libremente consultados por los estudiantes. Entre los manuscritos de esta segunda clase, correspondientes a este período, se encuentran (Hilbert 1902b; 1905b; 1905c). Asimismo, entre los alumnos y colaboradores más destacados que se ocuparon de la redacción de estas notas podemos mencionar a Max Born, Ernst Zermelo, Paul Bernays, Hermann Weyl y Richard Courant. En la actualidad estos cursos se encuentran en la *Niedersächsische Staats– und Universitätsbibliothek Göttingen, Handschriftenabteilung* y en el *Mathematisches Institut, Lesesaal, Georg–August-Universität Göttingen.*[3]

---

[2] Cf. (Hilbert 1893) y (Hilbert 1897). Sobre estos primeros trabajos de Hilbert puede verse (Reid 1996) y (Rowe 2000).

[3] Las notas de clases de Hilbert para cursos sobre geometría han sido parcialmente publicadas en el primer volumen de la *Hilbert Edition*. Para una

Estas fuentes manuscritas han abierto una nueva perspectiva desde donde analizar las contribuciones de Hilbert a los fundamentos de la geometría y a la concepción abstracta del método axiomático. La notable importancia de estos manuscritos reside en que los diversos resultados matemáticos allí alcanzados son complementados con numerosas observaciones y reflexiones respecto de las implicancias metodológicas y filosóficas de su novedoso abordaje axiomático formal a la geometría. A diferencia de *Fundamentos de la geometría* (1899), en sus cursos Hilbert no se limita a aplicar el método axiomático formal a la geometría, sino que además realiza importantes consideraciones respecto de las consecuencias que su nueva concepción del método axiomático conlleva para la compresión de la naturaleza de la geometría y de la matemática en general.[4]

0.3. Objetivos y alcance de la investigación

El objetivo central de este libro es utilizar el material que aportan estas fuentes manuscritas para reexaminar el abordaje axiomático a la geometría llevado adelante por Hilbert en la primera etapa de sus trabajos sobre los fundamentos de la matemática, que se extiende aproximadamente entre 1891 y 1905. Sostendré que un estudio de estas fuentes permite ofrecer una interpretación mejor contextualizada e históricamente más adecuada de la concepción del método axiomático defendida por Hilbert en este período inicial de sus trabajos sobre los fundamentos de la matemática, cuyo punto culminante fue la publicación de *Fundamentos de la geometría*.

La tesis fundamental que me propongo examinar aquí consiste en afirmar que, en sus notas manuscritas de clases, Hilbert elaboró y presentó la *concepción axiomática de la geometría* que subyace a su presentación de la geometría euclídea en su libro de 1899. Por concepción axiomática de la geometría no entenderé una exposi-

---

descripción general del carácter de estos manuscritos, como así también de este proyecto editorial, puede consultarse (Toepell 1986) y (Hallett y Majer 2004). Un listado completo de los cursos dictados por Hilbert se encuentra en (Hallett y Majer 2004, pp. 609–623).

[4] Toepell (1986) ha sido uno de los primeros en llamar la atención sobre estas fuentes manuscritas de Hilbert. Más recientemente, Corry (2004) ha utilizado estas fuentes para analizar el papel que desempeñaron las investigaciones de Hilbert sobre los fundamentos de la física y la geometría en el surgimiento de su concepción general del método axiomático.

ción de carácter sistemático, en el sentido de una filosofía de la geometría cuidadosamente elaborada y completamente articulada. Por el contrario, con ello aludiré más bien a una serie de reflexiones y observaciones, de tenor claramente filosófico, respecto de: *i)* la naturaleza de la geometría y del conocimiento geométrico en general; *ii)* el lugar que ocupa la geometría en el contexto de la matemática en general y cómo se relaciona esta disciplina con otras ramas matemáticas; *iii)* el papel que desempeña la intuición en las investigaciones geométricas, en particular en el proceso de axiomatización; *iv)* la naturaleza y función del método axiomático, en particular en su aplicación a la geometría.[5]

Un aspecto central de esta concepción axiomática de la geometría es que poco tiene que ver con las posiciones excesivamente formalistas, con las que comúnmente se identifica a Hilbert, principalmente en exposiciones de carácter general. De acuerdo con estas lecturas formalistas extremas, la idea central del método axiomático de Hilbert consistía en defender una concepción de toda la matemática clásica como una colección de sistemas deductivos abstractos completamente formalizados, construidos a partir de un conjunto de axiomas elegidos arbitrariamente y sin un significado intrínseco. Más aún, según los defensores de este tipo de interpretaciones, para Hilbert la matemática consistía básicamente en el estudio de los formalismos, entendidos como el esquema de signos o símbolos sin significado, sujeto a un conjunto de reglas estipuladas, que componen el sistema axiomático.[6]

---

[5] El carácter no sistemático, desde un punto de vista filosófico, de estas reflexiones tempranas de Hilbert en torno a la geometría, ha sido ya reconocido por Corry (2004; 2006). Especialmente, esta autor afirma que "la imagen de la geometría [que presenta Hilbert en sus manuscritos] no es la de un filósofo sistemático; aunque ciertamente tampoco existen razones para esperar que así sea. Después de todo, Hilbert fue un *'working mathematician'* permanentemente involucrado en diversas corrientes de investigación en varias ramas de la matemática, pura y aplicada, y tampoco tuvo ni el tiempo ni, aparentemente, la paciencia y el tipo de interés específicamente enfocado, para dedicarse a la clase de tareas llevadas a cabo por los filósofos" (Corry 2006, p. 134).

[6] El origen de la interpretación formalista radical se encuentra en la identificación de la nueva concepción axiomática presentada por Hilbert en *Fundamentos de la geometría* (1899), con las concepciones formalistas de la aritmética desarrolladas por los matemáticos alemanes Hankel (1867), Heine (1872) y, especialmente, por Thomae (1898; 1906). Tras la aparición de

Por el contrario, veremos que la imagen de la geometría presente en estas notas manuscritas de clases se opone claramente a este tipo de posiciones formalistas extremas. En este etapa temprana, Hilbert concibe la geometría como una ciencia natural, que por medio del proceso de axiomatización formal se convierte en una teoría matemática pura. De este modo, una razón fundamental para realizar un análisis axiomático de la geometría era alcanzar una representación lógicamente más perspicua y consistente, de una disciplina enraizada en sus orígenes en la experiencia y la intuición. Más aún, Hilbert formula explícitamente como un objetivo de su axiomatización que el sistema axiomático formal conserve un cierto *paralelismo* o *analogía* con el contenido original intuitivo–empírico de la teoría matemática en cuestión.

La concepción axiomática de la geometría que Hilbert elabora en sus cursos nos servirá además para reexaminar, contextualizar

---

su monografía en 1899, diversos fueron los autores que señalaron que la imagen de la geometría allí esgrimida coincidía en lo esencial con la 'aritmética formal' de Thomae (1898), para quien la aritmética consistía en la manipulación formal de signos o símbolos gráficos sin significado, de acuerdo con reglas estrictamente prescriptas (Cf. Thomae 1898, p. 3). Por ejemplo, esta identificación fue promovida por la célebre controversia, inicialmente epistolar, entre Hilbert y Frege respecto de la naturaleza del método axiomático. Frege señala allí que el objetivo del abordaje axiomático de Hilbert es "separar a la geometría de la intuición espacial y convertirla en una ciencia puramente lógica como la aritmética" (Frege 1976, p. 70). E incluso más concretamente, Frege llega a sostener que la concepción axiomática de la geometría de Hilbert comparte con la aritmética formal de Thomae la idea de que la matemática podría ser bien considerada como "un juego de signos vacíos, carentes de significado, y cosas por el estilo; como rigurosa asociación legal de las proposiciones no precisa de ninguna otra 'dignidad' especial" (Frege 1906b, p. 317).

Posteriormente, Hermann Weyl (1885–1955) fue uno de los principales promotores de la interpretación formalista extrema, repitiendo en diversos lugares la metáfora de la matemática como un 'mero juego de fómulas', al momento de describir la concepción de la matemática propugnada por Hilbert (Cf. Weyl 1925; 1944; 1949; 1951; 1985). Finalmente, esta lectura fue impulsada por Jean Dieudonné – vocero del mítico grupo de matemáticos francés Nicolas Bourbaki – en un artículo muy difundido, en donde afirma que un corolario de la nueva concepción del método axiomático de Hilbert es que "la matemática se vuelve un juego, cuyas piezas son los símbolos gráficos que se distinguen unos de otros por sus formas; con estos símbolos hacemos grupos que puede llamarse relaciones de términos de acuerdo con sus formas, en virtud de ciertas reglas" (Dieudonné 1971, p. 261).

y destacar algunos de los resultados más novedosos alcanzados en *Fundamentos de la geometría*. En particular, me refiero aquí a la construcción de distintos cálculos de segmentos lineales [*Strecken-rechnungen*] y a su temprana concepción metateórica, especialmente a sus investigaciones de independencia. Otro objetivo central de este libro será mostrar que estos resultados ponen de manifiesto que Hilbert no concebía al método axiomático formal *solamente* como una herramienta eficaz para presentar las teorías matemáticas de un modo más riguroso y sistemático. Por el contrario, resalta a menudo que un *carácter creativo* de su nuevo método axiomático, que consistía en la capacidad de conducir a nuevos e interesantes resultados matemáticos. En el caso de la aritmética de segmentos, este carácter creativo se exhibía en el poder del método axiomático para hallar conexiones internas o estructurales entre teorías matemáticas de la más diversa índole, y así contribuir a la unidad del conocimiento matemático. Sin embargo, la fecundidad matemática del método axiomático quedaba suficientemente probada para Hilbert en los novedosos resultados de independencia alcanzados a partir de su procedimiento de "construcción de modelos" analíticos de los axiomas geométricos y en las nuevas clases de geometrías (no arquimedianas, no desarguianas, no pascalianas, etc.) descubiertas por medio de este procedimiento.

La delimitación temporal que hemos adoptado coincide con el modo en que se distingue habitualmente en la literatura entre una 'etapa geométrica' y una 'etapa aritmética', en las investigaciones de Hilbert sobre los fundamentos de la matemática.[7] La primera,

---

[7] La distinción entre una "etapa geométrica" y una "etapa aritmética" de los trabajos de Hilbert en torno a los fundamentos de la matemática, se ha vuelto ya estándar en la literatura. Bernays (1967) fija prácticamente esta misma periodización al distinguir estas dos etapas, la cual es además compartida por (Ewald 1996, p. 1088). Por otro lado, Weyl (1944) distingue cinco períodos principales en la producción intelectual general de Hilbert: *i.* Teoría de invariantes (1885–1893). *ii.* Teoría de los cuerpos de números algebraicos (1893–1898). *iii.* Fundamentos, (a) de la geometría (1898–1902), (b) de la matemática en general (1922-1930). *iv.* Ecuaciones integrales (1902–1912). *v.* Física (1910–1922) (Cf. Weyl 1944, p. 617). Esta periodización es compartida por Abrusci (1978). Sin embargo, ambos autores no toman en consideración las notas manuscritas para cursos dictados por Hilbert, principalmente aquellas dedicadas a la geometría durante toda la última década del siglo XIX. Finalmente, Detlefsen (1993a, p. 286) advierte que, dentro de esta distinción entre una "etapa geométrica" y una "etapa aritmética",

que como se ha dicho se desarrolla entre 1891 y 1905, se concentra en el problema de los fundamentos de la geometría y tiene a la articulación del método axiomático formal como su contribución teórica más notable. La segunda etapa, que tiene lugar entre 1917 y 1931, se centra en cambio en el problema de la fundamentación de la aritmética y el análisis. A esta segunda 'etapa aritmética' pertenece el famoso 'programa de Hilbert', cuyo objetivo central era conseguir una prueba de la consistencia de la aritmética en la que se utilicen estrictamente métodos 'finitarios' de demostración, diseñados específicamente para tal fin. La creación de la teoría de la demostración [*Beweistheorie*] se reconoce como el aporte más importante de este período.

El libro se divide en tres partes. En la primera parte reconstruyo y analizo, desde una perspectiva a la vez histórica y sistemática, lo que denomino la concepción temprana de la geometría de Hilbert, tal como es desarrollada en sus notas para clases sobre geometría y aritmética, entre 1891 y 1905. En el *capítulo 1* examino las notas de Hilbert para su primer curso dedicado a la geometría, más precisamente, a la geometría proyectiva (Hilbert 1891a). El objetivo de este capítulo es identificar una serie de tesis y cuestiones metodológicas generales, muy difundidas y discutidas hacia fines del siglo XIX en Alemania, que constituyen el 'background' geométrico de la concepción axiomática hilbertiana. Por un lado, veremos que Hilbert adhiere en esta etapa inicial a una tesis filosófica fundamental respecto de la naturaleza de las teorías matemáticas en general. De acuerdo con esta tesis, es preciso distinguir entre las *teorías matemáticas puras* (aritmética, álgebra, análisis), que se basan en el pensamiento puro, y las *teorías matemáticas mixtas* como la geometría y la mecánica, que requieren para su construcción del material aportado por la experiencia y la intuición. Por otro lado, destacaremos la importancia que ejercieron las discusiones metodológicas entre los geómetras analíticos y los geómetras sintéticos, en la segunda mitad del siglo XIX, en el abordaje axiomático a la geometría de Hilbert.

En el *capítulo 2* utilizaré las notas de clases (Hilbert 1893/1894b; 1898/1899a; 1898/1899b; 1902b) para ofrecer un panorama general

---

(Hilbert 1905a) debe considerarse como un trabajo de transición.

de la concepción temprana de la geometría de Hilbert. Una afirmación central que buscaré fundamentar consiste en afirmar que esta concepción se caracterizaba principalmente por: *i.* una posición empirista respecto de las bases epistemológicas de la geometría, en tanto se la concibe como una *ciencia natural* en sus orígenes enraizada en la experiencia y la intuición; *ii.* una posición axiomática formal, para la cual una teoría matemática consiste en sí misma en un entramado de relaciones lógicas entre conceptos, capaz de recibir diversas interpretaciones – matemáticas, físicas o incluso empíricas.

La segunda parte está dedicada examinar y evaluar el modo en que Hilbert concibe, en este período inicial, la naturaleza y función de su nuevo método axiomático formal. En el *capítulo 3* establezco una comparación, a raíz de las referencias textuales aportadas por sus manuscritos, entre el abordaje axiomático formal a la geometría de Hilbert y la célebre "teoría pictórica" [*Bildtheorie*] de Heinrich Hertz (1857–1894). Esta comparación puede ser llevada a cabo fácilmente, en tanto que para Hilbert la geometría es, *en cuento a su origen*, una ciencia natural, en sus bases epistemológicas más próxima a la mecánica que a la aritmética o el análisis. De este modo, sostengo que tal confrontación resulta muy útil para explicar cómo entiende Hilbert, en este período temprano, la relación entre la estructura relacional producto de la axiomatización formal y el conjunto de hechos geométricos, con una fuerte base empírica e intuitiva, que conforma el acervo de nuestro conocimiento geométrico. Esta referencia a la *Bildtheorie* de Herzt ilustra elocuentemente el proceso por medio del cual Hilbert transforma la ciencia natural de la geometría, con su contenido empírico factual, en una teoría matemática pura.

El *capítulo 4* se ocupa de la célebre polémica con Frege a propósito de la naturaleza del método axiomático. Argumento que Hilbert percibió claramente que las críticas de Frege estaban basadas en su concepción tradicional del método axiomático. En este sentido, el intercambio epistolar resultó muy oportuno para que Hilbert exponga las ideas fundamentales de su nueva concepción del método axiomático; en particular, su concepción esquemática de la naturaleza de las teorías matemáticas, y en consecuencia, de los términos primitivos de una teoría axiomatizada.

Enseguida, en el *capítulo 5*, indagaré el papel que Hilbert le atribuye explícitamente a la intuición en el proceso de axiomatización de la geometría y en la concepción general del método axiomático, principalmente sobre la base del material que aportan los manuscritos (Hilbert 1905b; 1905c). Intentaré mostrar que el papel relevante que Hilbert le confiere insistentemente a la intuición geometría, en el proceso de la construcción de su sistema axiomático, permite apreciar su tajante oposición respecto de posiciones formalistas extremas.

Finalmente, en la tercera parte examino y destaco la importancia de esta concepción de la geometría para la comprensión histórica del trabajo geométrico de Hilbert en *Fundamentos de la geometría* (1899), puntualmente, de algunos resultados matemáticos alcanzados allí. En el *capítulo 6* me ocupo de su construcción de distintos cálculos de segmentos [*Streckenrechnungen*], y resalto la significación metodológica y epistemológica que nuestro matemático le asigna a este resultado geométrico, fundamentalmente en sus notas de clases. Más aún, sostengo que para Hilbert su aritmética de segmentos ilustraba elocuentemente unos de los aspectos más atractivos de su nuevo método axiomático formal, a saber: la capacidad para exhibir conexiones internas o estructurales entre teorías matemáticas de muy diversa índole y así contribuir a la unidad del conocimiento matemático. Hilbert enfatiza de esta manara que el método axiomático no sólo debía ser visto como un instrumento eficaz para presentar una teoría matemática de un modo más perspicuo y lógicamente preciso, sino además como una herramienta sumamente fecunda para el descubrimiento de nuevos resultados matemáticos.

El *capítulo 7* se encarga de analizar el lugar que ocupan, en las investigaciones de Hilbert, las indagaciones metateóricas sobre la consistencia y completitud del sistema axiomático, y la independencia de distintos axiomas y grupos axiomas. Especialmetne, documento y analizo las vicisitudes en torno a la incorporación de Hilbert de su famoso axioma de completitud, en el sistema axiomático para la geometría euclídea.

Salvo que sea explícitamente aclarado, las traducciones de los textos de Hilbert, ya sean trabajos inéditos o publicados, son de mi autoría. En el caso de pasajes correspondientes a manuscritos aún no publicados, el alemán original es citado en las notas al pie. Agradezco al Dr. Helmut Rohlfing, de la *Niedersächsische Staats- und Universitätsbibliothek Göttingen, Handschriftenabteilung*, por el permiso para citar los manuscritos de Hilbert.

Parte I.

La temprana concepción de la geometría

CAPÍTULO 1

Antecedentes en la geometría del siglo XIX: Hilbert y la tradición de la geometría sintética

1.1. Introducción

La presentación axiomática de la geometría exhibida por Hilbert en *Fundamentos de la geometría* (1899) se construyó sobre la base de la tradición de la geometría sintética, que tomó un renovado impulso hacia fines del siglo XVIII y comienzos del siglo XIX con los trabajos de Gaspard Monge (1746–1818) y Jean–Victor Poncelet (1788–1867) en Francia, y Jakob Steiner (1796–1863) y Karl G. C. von Staudt (1798–1867) en Alemania. Este rasgo se refleja visiblemente en las notas de su primer curso dedicado a la geometría; se trata de un curso dictado en Königsberg en el semestre de verano de 1891, cuyo tema era específicamente la geometría proyectiva. Hilbert se basó para su redacción notablemente en la tercera edición del libro *Geometría de la posición* (1886), de Theodor Reye (1838–1919). Dicho libro seguía a su vez la presentación de la geometría proyectiva realizada previamente por von Staudt (1847), en su texto homónimo. Ambos trabajos se caracterizaban por utilizar exclusivamente métodos sintéticos o constructivos en la exposición y definición de los conceptos centrales de la geometría proyectiva y en la demostración de los teoremas fundamentales. Este curso permite apreciar cómo ciertas consideraciones metodológicas, respecto de la aplicación de métodos sintéticos en geometría, jugaron desde muy temprano un papel relevante en las investigaciones de Hilbert en torno a los fundamentos de la geometría.

En este primer capítulo me ocuparé de identificar una serie de tesis filosóficas y metodológicas presentes en las notas para el curso recién mencionado, las cuales conforman el trasfondo o "background" geométrico sobre el cual Hilbert construye su nueva concepción axiomática de la geometría. Es dable aclarar, sin embargo, que varias de estas ideas presentadas aquí tempranamente serán abandonadas en la medida en que su posición axiomática evolucione y se vaya consolidando; otras tesis, en cambio, serán mantenidas durante todo este primer período de sus trabajos sobre fundamentos de la matemática, que se extiende desde 1891 a 1905.

La estructura del capítulo es la siguiente. En la sección 1.2 muestro cómo Hilbert adhiere en esta etapa bien inicial a una tesis general respecto de la *naturaleza de las teorías matemáticas*, a saber: la distinción general, en virtud de su origen epistemológico, entre las disciplinas *matemáticas puras* (aritmética, álgebra, análisis, teoría de números, teoría de funciones, etc.) y las disciplinas *matemáticas mixtas* (geometría, mecánica). Asimismo, analizo una clasificación, trazada por Hilbert, de la geometría en tres ramas diferentes – geometría intuitiva, axiomática y analítica –, y afirmo que ésta fija una suerte de agenda para sus próximas investigaciones geométricas. En la sección 1.3 examino una serie de alusiones acerca de una cuestión metodológica intensamente discutida en el último tercio del siglo XIX. Se trata de los debates respecto de la preferencia de los métodos analíticos o algebraicos por sobre los métodos sintéticos o constructivos en geometría. Sostengo que Hilbert anticipa aquí uno de los objetivos más fundamentales de su próximo abordaje axiomático, a saber: el método axiomático debe servir para construir puentes (conceptuales) entre la geometría sintética y la geometría analítica. En la sección 1.4 advierto que las referencias a la noción de intuición geométrica, que Hilbert presenta en estas notas, deben ser entendidas dentro del contexto dado por las discusiones metodológicas recién mencionadas. Finalmente (1.5), comento un acontecimiento que influyó notablemente en el desembarco de Hilbert en un estudio de la geometría desde una perspectiva axiomática, a saber: la conferencia de Hermann Wiener "Über Grundlagen und Aufbau der Geometrie" ("Sobre los fundamentos y la construcción de la geometría") (Wiener 1891).

1.2. *Projective Geomerie* (Hilbert 1891a)

1.2.1. Una distinción tradicional

Hilbert comienza sus notas de clases, para el curso de 1891, con una introducción en donde presenta su 'posición filosófica' respecto de la geometría, junto con una descripción histórica muy esquemática de su desarrollo. En cuanto a su 'posición filosófica', en las primeras líneas es posible identificar una *tesis general* respecto de la naturaleza de las teorías matemáticas. Esta tesis, sin embargo, no constituye una contribución original, sino que reproduce una posición muy difundida e influyente entre los matemáticos alemanes del siglo diecinueve; habitualmente es atribuida a Carl Friedrich Gauss (1777–1855), quien la expresa de un modo explícito en una famosa carta a Friedrich Bessel (1784–1846):

> Según mi más profundo convencimiento, la teoría del espacio tiene en nuestro conocimiento *a priori* un lugar completamente distinto que la pura teoría de las magnitudes [*reine Grössenlehre*]; nuestro conocimiento de la primera carece de aquel completo convencimiento de su necesidad (y también de su verdad) que es propio de la segunda. Debemos humildemente admitir que, mientras el número es sólo un producto de nuestro pensamiento, el espacio tiene además una realidad fuera de nuestro pensamiento, a la cual no podemos prescribirle *a priori* sus leyes. (Gauss a Bessel, 9 de abril de 1830; en Gauss y Bessel 1880, p. 497)

De acuerdo con esta tesis de Gauss, dentro de las matemáticas debe diferenciarse entre aquellas disciplinas que se basan exclusivamente en el pensamiento puro y aquellas que, al menos en parte, tienen un origen *empírico*. En virtud de su origen epistemológico, es preciso distinguir entre la *matemática pura* (aritmética, álgebra, análisis, teoría de números, teoría de funciones, etc.) y lo que podría designarse como la *matemática mixta*, en donde se ubican la geometría y la mecánica.[1] En parte, esta tesis de Gauss es una consecuencia de su férreo rechazo a la filosofía de la matemática de Kant; en especial, a la noción de intuición pura. Su propio descubrimiento de la geometría hiperbólica lo llevó a rechazar que la geometría pueda ser considerada una ciencia *a priori*, fundada en una intuición pura o *a priori*, tal como lo pretendía Kant:

> Cada vez más estoy llegando a la convicción de que la necesidad de nuestra geometría [euclídea] no puede ser probada, al menos no *por medio del* entendimiento *humano* ni tampoco *para* el entendimiento *humano*. Quizás en alguna otra vida lleguemos a una compresión diferente de la esencia del espacio, la cual ahora nos es imposible alcanzar. Hasta entonces, no debemos poner a la geometría en el mismo nivel que la aritmética, que es puramente *a priori*, sino junto a la mecánica. (Gauss 1900, p. 177)

El aspecto central de la distinción de Gauss entre matemática pura y matemática mixta responde a la diferencia fundamental trazada entre aritmética y geometría, en lo que respecta a su estatus epistemológico. Mientras que la primera debía ser considerada una ciencia *a priori*, basada en las "leyes del pensamiento", la segunda era una ciencia empírica, al igual que una teoría física como la mecánica.[2]

Esta distinción entre aritmética y geometría propugnada por Gauss se convirtió rápidamente en una 'tesis tradicional', principalmente al ser defendida por gran parte de los matemáticos alemanes del siglo diecinueve. Aunque con importantes matices, un presupuesto común del que partieron muchos de los matemáticos más importantes del siglo XIX en Alemania – Kummer, Dirichlet, H. Grassmann, Riemann, Weierstrass, Kronecker, Dedekind y Cantor, por mencionar algunos – consistió en defender que mientras la aritmética, el álgebra y el análisis debían ser consideradas un producto del pensamiento puro, y por tanto como disciplinas matemáticas *puras o a priori*, la geometría era respecto a su origen

---

[1] La expresión "matemática mixta" es utilizada por Ferreirós (2006).

[2] Sobre la posición filosófica de Gauss respecto del estatus epistemológico de la aritmética y la geometría puede verse (Ferreirós 2006).

una ciencia empírica.[3] Asimismo, ésta fue la tradición en la que el propio Hilbert se formó como matemático, no solamente en cuanto a la geometría, sino principalmente en el campo de las matemáticas puras como el álgebra y el análisis.[4]

En las primeras líneas de su curso "Projective Geometrie" (1891), Hilbert reproduce esta tesis de la siguiente manera:

> La geometría es la ciencia de las propiedades del espacio, y se diferencia substancialmente de las ramas matemáticas puras, como la teoría de números, el álgebra y la teoría de funciones. Los resultados de estas disciplinas pueden ser alcanzados a través del pensamiento puro, en tanto que los hechos afirmados son reducidos por medio de claras inferencias lógicas a hechos más simples, hasta que finalmente sólo se vuelve necesario el concepto de número entero. Toda proposición incluso más fundamental [*tief liegende*] y complicada de la matemática pura debe poder ser finalmente reducida a relaciones acerca de los números enteros 1, 2, 3, ... Al concepto de número entero podemos llegar a través del pensamiento puro, quizás cuando yo cuento mis pensamientos. Métodos y fundamentos de la matemática pertenecen al pensamiento puro. No necesito nada más que el pensamiento lógico puro, cuando me ocupo de la teoría de números o del álgebra. (Hilbert 1891a, p. 22)

En este condensado pasaje Hilbert hace alusión a una serie de ideas. En primer lugar, adhiere a la distinción gaussiana al señalar que la geometría se distingue de la aritmética y de las demás disciplinas matemáticas puras, en virtud de que éstas sólo necesitan del 'pensamiento puro' para operar y llegar a sus leyes y conceptos básicos. En segundo lugar, presenta una definición tradicional o clásica de la geometría como la ciencia encargada de estudiar

---

[3] La tendencia entre los matemáticos alemanes de identificar a la aritmética como una 'ciencia matemática pura', es enfatizada por (Ferreirós 2007, cap. 1).

[4] Las influencias más importantes de Hilbert, en su período de instrucción matemática en Königsberg, son mencionadas y analizadas en (Reid 1996), (Rowe 2003) y (Corry 2004).

las propiedades del espacio (físico).[5] Esta definición tradicional, incompatible con una concepción axiomática formal, es repetida en notas para cursos posteriores, de manera que me referiré a ella más adelante. Asimismo, Hilbert reproduce también una popular tesis _reduccionista_ en la teoría de números, al estilo de muchos de los matemáticos involucrados en el proceso conocido como la 'aritmetización del análisis' – Weierstrass, Kronecker –, al sostener que es posible reducir todas las proposiciones fundamentales de la matemática pura (aritmética, álgebra y análisis) a proposiciones en donde sólo se hable de relaciones entre números naturales.[6] Por último, encontramos una suerte de 'posición logicista' respecto de la aritmética, en tanto se afirma que en ella sólo se necesita del pensamiento lógico puro para operar y que al concepto de número entero podemos "llegar a través del pensamiento puro". Más precisamente, esta descripción de Hilbert de la aritmética se asemeja mucho a un pasaje del prefacio de la primera edición de _¿Qué son y para qué sirven los números?_ (Dedekind 1888), en donde Dedekind califica a su proyecto de logicista en el siguiente sentido:

> Al decir que la aritmética (álgebra, análisis) es sólo parte de la lógica, estoy manifestando ya que considero el concepto de número como algo completamente independiente de las representaciones o intuiciones del espacio

---

[5] Entre otros, Kant define en la _Estética Transcendental_ a la geometría que como la ciencia que estudia las propiedades del espacio (B 40).

[6] Con la expresión _"aritmetización del análisis"_ generalmente suele mentarse una serie de procesos o posiciones distintas. Por un lado, al proceso de rigorización del análisis, emprendido de un modo sistemático por Cauchy, quien pretendía introducir rigor en esta disciplina matemática eliminando todas las consideraciones geométricas e intuitivas de la definición de sus conceptos básicos, como por ejemplo, 'límite', 'sucesión', 'convergencia', etc. Por otro lado, esta expresión alude también al programa 'reduccionista' impulsado por algunos de estos matemáticos, notablemente por Kronecker. Brevemente, este último sostenía que, dadas las dificultades existentes en aquel momento para definir de un modo lógicamente claro y preciso el concepto de número real, era necesario reducir todas las proposiciones en donde participen números reales a proposiciones sobre números naturales, que era el único conjunto numérico lógicamente claro. Sobre los diversos sentidos del término aritmetización véase Petri y Schappacher (2006). Un análisis esquemático de los avatares, en la segunda mitad del siglo XIX, para definir el número real y del programa de Kronecker para la fundamentación de la matemática, puede encontrarse en (Kline 1992, cap. 41).

y tiempo, como algo que es más bien un resultado inmediato de las leyes puras del pensamiento. (Dedekind
1888, p. 97)

En el capítulo siguiente me referiré a la influencia de Dedekind en
las ideas de Hilbert sobre los fundamentos de la matemática, en este período inicial. Sin embargo, es oportuno señalar ya que, en este
pasaje, Hilbert adopta respecto de la aritmética una posición "logicista", *en un sentido laxo*. Nuestro autor reconoce que la aritmética
debe ser considerada una disciplina matemática pura, puesto que
se basa exclusivamente en las leyes del pensamiento puro, y por
lo tanto no requiere de otra fuente externa de conocimiento, como
ocurre en la geometría con la experiencia y la intuición.[7] Hilbert enfatiza explícitamente esta asimetría, resaltando el carácter empírico
de las fuentes que están en la base de la geometría:

> No puedo nunca fundar las *propiedades del espacio* en la
> mera reflexión, tanto como no puedo reconocer de ese
> modo las *leyes básicas de la mecánica*, las *leyes de la
> gravitación* o cualquier otra *ley física*. El espacio no es
> un producto de mi *pensamiento*, sino que me es dado
> sólo a través de los *sentidos* [Sinne]. Para representar-
> me sus propiedades necesito por ello de mis sentidos.
> Necesito de *la intuición y el experimento*, tanto como se
> los requiere para fundar las leyes físicas, donde también
> la *materia debe sernos dada a través de los sentidos*.
> (Hilbert 1891a, pp. 22–23)

Hilbert sostiene que la geometría, al igual que otras disciplinas
físicas como la mecánica, necesita de algo más que el pensamiento
puro para llegar a sus leyes y conceptos básicos. Ahora bien, siguiendo la tesis originada en Gauss, adopta además una *posición
empirista* afirmando que esas fuentes externas al pensamiento poseen un carácter empírico. En concordancia con el modo en que
se define el objeto de estudio de la geometría en el pasaje inicial,

---

[7] Debe reconocerse que la expresión "leyes del pensamiento puro" es sumamente equívoca. En efecto, aparece en diversos tratados de la época, aunque
presumiblemente con un significado distinto. Por ejemplo, en los tratados
de Boole y Schröder, y más tarde en Frege y Dedekind. Sobre este tema
puede consultarse (Hallett 1994).

Hilbert señala que el "espacio" nos es dado a través de los sentidos [*Sinne*]. En consecuencia, la geometría debe ser considerada en cuanto a su origen como una *ciencia natural*. Hilbert lo expresa inmediatamente a continuación del siguiente modo:

> De hecho la *geometría más antigua* surge también de la *intuición* [Anschauung] *de los objetos* en el espacio, tal como se ofrece en la *vida cotidiana*; al igual que todas las ciencias, en un comienzo se planteó problemas de una necesidad práctica y se basó en el experimento más simple que se puede hacer, es decir, en el dibujar. (Hilbert 1891a, p. 23)

Debemos reconocer que esta intuición, que es nombrada junto con la experiencia como la primera fuente de conocimiento en la geometría, no puede poseer un carácter *a priori*. Sin embargo, Hilbert intenta desligarse de la acuciante pregunta filosófica por el estatus epistemológico de la intuición:

> El axioma de las paralelas es proporcionado por la intuición. Si esta última es innata o adquirida, si aquel axioma expresa una verdad, si debe ser corroborado por la experiencia, o si ello es innecesario, es algo que aquí no nos compete. Sólo nos ocupamos de la intuición, y ésta necesita de aquel axioma. (Hilbert 1891a, p. 27)

En los capítulos siguientes veremos que, en sus cursos sobre geometría correspondientes a este período, una actitud constante de Hilbert es tratar de eludir la pregunta filosófica respecto de si la intuición geométrica reviste un carácter empírico o uno *a priori*, en un sentido kantiano. Sin embargo, en la medida en que afirme que la geometría no es en cuanto a su origen una ciencia *a priori* como la aritmética, deberá reconocer que la intuición que está detrás de algunos de sus axiomas o principios y conceptos básicos, tiene necesariamente un carácter empírico.

1.2.2. La clasificación de la geometría

Otro elemento interesante que presenta Hilbert en estas notas es una clasificación o división de la geometría en *tres ramas o sub–disciplinas diferentes*. Nuestro autor señala que, si se considera la geometría de un modo general como una única disciplina matemática, entonces es posible distinguir en ella las siguientes ramas:

1. Geometría de la intuición.

2. Geometría axiomática.

3. Geometría analítica.

La "geometría de la intuición" [*Geometrie der Anschaunng*], o como la llama posteriormente, la geometría intuitiva [*anschauuliche Geometrie*] (Hilbert y Cohn-Vossen 1996), es definida del siguiente modo:

> [la geometría de la intuición] reduce sus afirmaciones a los hechos simples de la intuición, sin investigar ella misma su origen y legitimidad; [esta geometría] utiliza sin reparos el movimiento, los límites [*Grenzlage*], el paralelismo, etc., y es también la geometría euclídea.[8] (Hilbert 1891a, p.21)

Asimismo, Hilbert establece en la geometría de la intuición una nueva división: *i.)* la 'geometría escolar' o, más tarde, geometría elemental (teoremas de congruencia, triángulos, polígonos, círculos, etc.); *ii.)* la geometría proyectiva (secciones cónicas, puntos focales, curvas en el espacio); *iii.)* el *Analysis situs* o topología.[9]

En el segundo lugar de esta clasificación se encuentran los 'axiomas de la geometría' [*Axiome der Geometrie*]. Su tarea es "investigar qué axiomas son utilizados en los hechos establecidos en la geometría de la intuición y comparar sistemáticamente las geometrías que surgen cuando uno de aquellos axiomas es omitido" (Hilbert 1891a, p. 22). Ésta es una descripción bastante precisa de la tarea que Hilbert emprende en sus trabajos geométricos subsiguientes, de modo que parecería correcto llamarla "geometría axiomática".

Finalmente, en el tercer lugar se encuentra la 'geometría analítica', que Hilbert describe del modo habitual, reduciéndola al método

---

[8] No es del todo claro a qué se refiere Hilbert con la expresión "uso de límites" [*Grenzlage*]. Respecto del movimiento, presumiblemente esté pensando en el tratamiento de la congruencia a través del movimiento de las figuras en el plano, es decir, al famoso método de "superposición" de Euclides en los *Elementos*.

[9] Cf. (Hilbert 1891a, p. 21).

de las coordenadas: "[la geometría analítica] corelaciona desde el comienzo los puntos de una línea y los números, reduciendo de ese modo la geometría al análisis" (Hilbert 1891a, p. 22). Asimismo, cada una de estas ramas de la geometría posee un significado diferente. La geometría de la intuición tiene un valor estético, pedagógico y práctico; la geometría axiomática es fundamental desde un punto de vista epistemológico [*erkenntnisstheoretisch*]; por último, la geometría analítica es importante para la matemática científica, es decir, para la aplicación de la matemática a las ciencias físicas.[10]

Un aspecto que resulta muy interesante de esta clasificación es que Hilbert establece allí una agenda para sus investigaciones futuras en el campo de la geometría. En efecto, en los pocos años siguientes cada una de estas ramas de la geometría será tratada en sus cursos. Este primer curso de 1891 sobre geometría proyectiva se corresponde con la geometría de la intuición. Hilbert lo reconoce explícitamente al advertir que la geometría proyectiva puede ser también llamada 'geometría de la intuición', y ello en función de que en ella se apela mayormente a las relaciones intuitivas sin utilizar el cálculo, i.e. sin acudir a herramientas algebraicas para expresar las relaciones o propiedades proyectivas.[11] Más aún, a la hora de referirse a uno de los conceptos básicos de la geometría proyectiva, los elementos del infinito o 'impropios', y a los principios fundamentales, Hilbert realiza la siguiente aclaración:

> La introducción de elementos infinitos no es sino nuevamente un modo abreviado de hablar acerca de simples hechos intuitivos [*einfache anschauliche Tatsachen*]. Este modo de hablar se volverá particularmente claro cuando establezcamos, a continuación, las simples leyes fundamentales de la intuición. (Hilbert 1891a, p. 28)

Hilbert enuncia seguidamente ocho leyes fundamentales de la intuición, que no son sino los ochos 'axiomas' de incidencia de la geometría proyectiva. En ese sentido, es consecuente con su clasificación al cuidarse de no hablar de axiomas, sino de leyes fundamentales de la intuición. Por otra parte, la geometría axiomática es el tema de investigación del siguiente curso que Hilbert dedica a la

---

[10] Cf. (Hilbert 1891a, p. 22).
[11] Cf. (Hilbert 1891a, p. 21).

geometría. Este curso titulado "Los fundamentos de la geometría" fue dictado en el semestre de invierno de 1893/94 y constituye su primer tratamiento axiomático de cualquier disciplina matemática. Asimismo, es posible sostener que a partir de aquel momento Hilbert se identificará completamente con este tipo de abordaje a la geometría. Sin embargo, en este período, también encontramos dos cursos en los que se ocupa de exponer y analizar la geometría analítica. El primero de ellos se titula "Geometría analítica del espacio" (Hilbert 1893/1894a) y tuvo lugar en el semestre de invierno de 1893/4; el segundo lleva el nombre "Geometría analítica del plano y el espacio" (Hilbert 1894/1895), y fue dictado al año siguiente, en el semestre de invierno de 1894/5. En resumen, la temprana clasificación de la geometría presentada por Hilbert en las notas para el curso de 1891, le sirvió claramente de guía para sus investigaciones geométricas inmediatamente posteriores.

Ahora bien, quizás lo más relevante de esta clasificación no es precisamente la división de la geometría en distintas ramas o sub-disciplinas, con *diferentes objetos de investigación*. Por el contrario, la clasificación de Hilbert no parece ser del todo correcta en este respecto. Es decir, la geometría elemental plana o la geometría proyectiva pueden pertenecer tanto a la geometría intuitiva como a la geometría analítica, en función de los *métodos* que se utilicen para presentarlas. En el fondo, la división introducida por Hilbert responde más bien a una clasificación de la geometría en virtud de los diferentes *métodos* que pueden ser utilizados para abordarla y para demostrar sus teoremas. Esta afirmación es confirmada en las reflexiones que Hilbert introduce a la largo de sus notas.

A modo de ilustración, siguiendo la clasificación de Hilbert, podemos decir que la geometría proyectiva puede ser abordada de tres modos distintos. En primer lugar, de un modo intuitivo, o mejor, sintético. Un ejemplo de este tipo de abordaje son los trabajos de Steiner y von Staudt, en Alemania, que constituyen los intentos más elaborados de construir a la geometría proyectiva utilizando únicamente métodos sintéticos. Cabe aclarar que éstas son, junto con Reye (1886), las fuentes que utiliza Hilbert para la elaboración de sus notas de clases. En segundo lugar, la geometría proyectiva puede ser abordada axiomáticamente. Como se sabe, la perspectiva axiomática fue introducida dentro de la geometría por Moritz Pasch (1843–1930), en su notable libro *Vorlesungen über neuere Geome-*

trie (Pasch 1882). En tercer lugar, la geometría proyectiva puede ser abordada analíticamente. Los métodos analíticos fueron introducidos en la geometría proyectiva por August Möbius (1790–1868), a través de la noción de coordenadas homogéneas. Posteriormente, esta perspectiva fue continuada y profundizada por Plücker, Clebsh y Klein.

El elemento más interesante y relevante de esta clasificación de la geometría consiste así en que a través de ella se alude a una cuestión metodológica muy discutida en aquella época, a saber: el debate acerca de la utilización de métodos sintéticos y métodos analíticos o algebraicos en geometría. Esta cuestión metodológica fue objeto de numerosas e intensas discusiones a comienzos del XIX, en gran medida debido al resurgimiento de los métodos geométricos puros en la geometría proyectiva. De este modo, será importante analizar las observaciones de Hilbert en torno a estas discusiones, en la medida en que nos permitirán precisar cuáles eran sus ideas respecto de los fundamentos de la geometría, antes de adoptar una perspectiva axiomática.[12]

1.3. El método sintético y el método analítico en geometría

Si bien los conceptos de análisis y síntesis, y consecuentemente de método analítico y método sintético, son nociones con una basta tradición filosófica, en el contexto de la geometría poseen un significado acotado con precisión e independiente de las diversas interpretaciones filosóficas que posteriormente se les pueda imprimir. En su libro *Matemática elemental desde un punto de vista superior*

---

[12] El siglo XIX, particularmente debido al surgimiento y consolidación de las geometrías no–euclídeas, es uno de los períodos más extensamente investigados en la historia de la geometría. Respecto de la geometría proyectiva, también ha sido objeto de numerosos estudios. Un análisis general puede verse en (Gray 2006), mientras que un estudio más exhaustivo se encuentra en (Nabonnand 2008a). Por otro lado, la discusión quizás más completa respecto de los abordajes analíticos y sintéticos en geometría, sigue siendo el clásico artículo de Fano (1907). Klein (1925; 1926) realiza numerosas reflexiones históricas acerca de estas discusiones metodológicas, y Kolmorogov y Yuskevich (1996) ofrece una mirada un poco acotada, aunque muy precisa, de estos desarrollos en la geometría proyectiva. Finalmente, (Kline 1992, caps. 14 y 35) presenta de un modo sumamente comprensible los desarrollos teóricos que dieron surgimiento a la geometría proyectiva.

(1925), Felix Klein (1849–1925) describe ambos métodos de la siguiente manera y vierte su opinión respecto de cuál es el sentido de esta distinción:

> La geometría sintética es aquella que estudia las figuras en cuanto tales, sin recurrir a fórmulas, mientras que la geometría analítica utiliza consistentemente dichas formulas, a partir de la adopción de un sistema apropiado de coordenadas. Correctamente entendidos, solamente existe entre estos dos tipos de geometría una diferencia de gradación, en tanto se le otorgue mayor importancia a las figuras o a las fórmulas. (...) En matemática, sin embargo, como en cualquier otro lugar, el hombre se inclina por formar partidos, de modo que así surgieron escuelas de [geómetras] 'sintéticos' puros y escuelas de [geómetras] 'analíticos' puros, quienes pusieron un énfasis primordial en la absoluta 'pureza del método'. (Klein 1925, p. 55)

En un sentido general, la geometría sintética es aquella que basa el razonamiento y las demostraciones en la *construcción de los objetos geométricos* a partir de ciertas reglas o postulados. Los elementos básicos con los que trata son los puntos, líneas y planos geométricos, y todo el razonamiento y los métodos de demostración se circunscriben a construcciones en las que se emplean técnicas provenientes exclusivamente de la geometría. El método sintético emplea técnicas puramente geométricas para investigar las propiedades de los objetos geométricos, i.e. técnicas que no provienen originalmente de otras disciplinas matemáticas, como el álgebra. Es por ello que suele afirmarse que la geometría sintética considera "a las figuras geométricas en sí" (Fano 1907, p. 223). En breve, en la geometría sintética la teoría es construida sobre fundamentos puramente geométricos, independientes del álgebra y del concepto de continuo numérico, y los teoremas se deducen por un razonamiento basado exclusivamente en un conjunto inicial de proposiciones – los axiomas o postulados – y en las construcciones por ellos permitidas.

Por otra parte, la idea fundamental en la que se basan los métodos de la geometría analítica consiste en afirmar que los problemas geométricos pueden ser abordados de un modo simple, general y de carácter unificador, a saber, el método de las coordenadas. Este método consiste básicamente en asociar a cada punto geométrico en el plano o en el espacio un par o una terna ordenada de números, respectivamente, y en la traducción de las figuras geométricas en ecuaciones de diversos grados. De ese modo, el principio rector de la geometría analítica sostiene que, en virtud del método de las coordenadas numéricas, los problemas geométricos pueden ser resueltos fácilmente a partir del tratamiento algebraico de las ecuaciones, es decir, utilizando métodos tomados del álgebra.

La primera instancia histórica de la geometría sintética se encuentra en la presentación axiomática clásica de la geometría de Euclides. En los *Elementos* encontramos un tratamiento sistemático de las técnicas geométricas y de los métodos de demostración que formaron la base de la geometría sintética, como así también un modelo sumamente influyente para la presentación sintética de la geometría, retomado posteriormente por los geómetras 'puristas' hacia fines del siglo XVIII.[13] En cambio, por el lado de la geometría analítica, el método de las coordenadas y la aplicación del álgebra a la geometría fue desarrollado originalmente por Descartes y Fermat en el siglo XVII.[14]

Los métodos analíticos y algebraicos desarrollados por Descartes y Fermat tuvieron un éxito inmediato y ejercieron una tremenda influencia durante los siguientes ciento cincuenta años, hasta el punto que en este período llegaron a eclipsar casi por completo a los métodos sintéticos. Por un lado, este éxito se debió a la simplificación que estas nuevas técnicas hicieron posible en el tratamiento de diversos problemas geométricos; en particular, en el campo de las secciones cónicas, cuya resolución resultaba sumamente compleja cuando se utilizaban métodos sintéticos o constructivos. Por otro lado, el gran atractivo del método analítico, basado en la introducción de coordenadas numéricas, residía en que permitía conseguir una generalización en las técnicas geométricas, ausente en el método sintético originalmente desarrollado por Euclides. En efec-

---

[13] Interesantes estudios sobre la geometría sintética, en este período inicial, se encuentran en el trabajo clásico de Coolidge (1940) y en Mueller (1981).

[14] El estudio integral más importante sobre la geometría analítica sigue siendo el texto clásico de Boyer (1957). Bos (2001) es una investigación exhaustiva sobre el método de las coordenadas en Descartes. Por último, Mancosu (1996) profundiza particularmente en los aspectos metodológicos asociados con el surgimiento y la evolución de la geometría analítica en el siglo XVI y XVII.

to, gracias a las herramientas proporcionadas por la importación de técnicas algebraicas en la geometría, los geómetras analíticos sostenían que en principio cualquier problema geométrico podía ser resuelto siguiendo tres simples pasos: 1) asignación de un nombre a los elementos conocidos y a los no conocidos; 2) búsqueda y solución de las ecuaciones algebraicas; 3) demostración de la posibilidad de construcción de la figura geométrica con la ayuda de los dos pasos previos.[15] Precisamente, en la descripción histórica de la introducción de su curso de 1891, Hilbert apela a la generalidad introducida en la geometría gracias al método de las coordenadas, al describir las ventajas del método de Descartes y Fermat por sobre el método de Euclides:

> Así como la geometría griega era rica en *razonamientos, resultados y problemas*, así también adolecía de una *carencia esencial*: le faltaba un *método general*, sólo a través del cual es posible un *desarrollo fructífero* de la ciencia. En Euclides toda la geometría aparece ya como terminada, y no hay espacio para el *libre trabajo productivo*. En efecto, cerca de los siguientes *dos mil años* [los geómetras] se ocuparon de *estudiar y comentar a Euclides con enorme respeto y laboriosidad infinita*, sin haber ido un poco más allá. Por ello fue Descartes – el fundador de la filosofía moderna – quien introdujo un nuevo *principio general* dentro de la geometría (1637). (Hilbert 1891a, pp. 23–24)

Ahora bien, la primacía absoluta de la geometría analítica comenzó a ser cuestionada hacia fines del siglo XVIII, cuando un renovado interés recayó sobre los métodos sintéticos en geometría, a partir del surgimiento de la geometría proyectiva como una nueva área de investigación matemática. La geometría proyectiva se ocupa de estudiar las propiedades invariantes bajo las operaciones de proyección. Es posible encontrar ya en la antigüedad, en los trabajos de Euclides, Apolonio y Pappus, algunos teoremas acerca de propiedades proyectivas de las figuras, aunque por supuesto no reconocidos en cuanto tales. Asimismo, durante el siglo XVII, los descubrimientos de Blais Pascal (1623–1662) y Girard Desargues

---

[15] Cf. (Mancosu 1996, cap. 3).

(1591–1661) le dieron un enorme impulso al estudio de estas propiedades geométricas, aunque se vieron rápidamente opacados por el surgimiento de la geometría analítica. Entre otros resultados, al primero se le atribuye el célebre teorema de Pascal sobre los puntos de intersección de los lados opuestos de un hexágono inscripto en una cónica. Asimismo, al segundo se lo reconoce también por otro teorema de enorme importancia para la geometría proyectiva: el llamado teorema de Desargues sobre los puntos de intersección de los lados correspondientes de dos triángulos en perspectiva.[16] Sin embargo, estos descubrimientos y los métodos desarrollados por Pascal y Desargues fueron rescatados del olvido hacia fines del siglo XVIII, gracias a la revitalización de los métodos geométricos puros propugnada por Gaspard Monge (1746–1818), en su trabajo pionero *Traité de géométrie descriptive* (Monge 1799).[17]

En su influyente libro Monge describió, utilizando técnicas puramente geométricas, cómo proyectar objetos tridimensionales en el plano, de manera que a partir del estudio de las figuras planas era posible deducir propiedades geométricas del objeto tridimensional. El área principal del tratado de Monge fue así lo que más tarde se conocería como geometría descriptiva. Más aún, aunque previamente había realizado valiosas contribuciones en el campo de la geometría analítica y diferencial, y en consecuencia no se consideraba a sí mismo un detractor del abordaje algebraico a la geometría, la utilización de Monge de métodos geométricos puros inspiró a muchos de sus discípulos, en la pujante *École Polytechnique* de París, a emprender la tarea de mostrar que la geometría pura no sólo conservaba su importancia y autonomía, sino que además se le podía conferir el mismo poder y rigor que la geometría analítica. Algunos de sus destacados alumnos fueron Charles Brianchon (1785–1823), Lazare Carnot (1753–1823) y Victor Poncelet (1788–1867). En particular, en la obra de este último suele identificarse el comienzo de la geometría proyectiva como una nueva disciplina geométrica, con un objeto de estudio propio, independiente de la geometría euclídea.

---

[16] Estos dos teoremas serán analizados en el capítulo 6.

[17] Además del éxito abrumador inmediato de la geometría analítica, la escasa repercusión que tuvieron los trabajos de Pascal y Desargues se debió a que las obras originales se perdieron, y por lo tanto, sus resultados sólo fueron conocidos indirectamente. Véase la introducción de Desargues (1987) y Andersen (2007).

La obra fundamental de Poncelet fue su célebre *Traité des propiétés projectives des figures* (Poncelet 1822), en donde se encuentra la primera definición explícita de la geometría proyectiva como el estudio de las propiedades proyectivas de las figuras, i.e. las propiedades geométricas que permanecen invariantes bajo las operaciones de proyección y sección. Asimismo, en este trabajo Poncelet presentó la primera exposición sistemática de los conceptos, leyes y teoremas fundamentales de la geometría proyectiva. Tanto para la definición del objeto de estudio de la geometría proyectiva, como para la exposición sistemática de sus conceptos básicos y teoremas fundamentales, Poncelet utilizó estrictamente métodos sintéticos o puramente geométricos. Un claro ejemplo es la descripción que se encuentra en el tratado de Poncelet de la noción *homología* entre dos figuras, que resulta crucial para definir los conceptos fundamentales de proyectividad y perspectividad.[18] Estos conceptos resultaban centrales para Poncelet, ya que permitían aplicar eficientemente una técnica puramente geométrica para estudiar las propiedades proyectivas: partiendo de una figura dada, se buscaba una figura homóloga más simple y se la investigaba para encontrar propiedades que son invariantes bajo proyección y sección. De ese modo, las propiedades descubiertas en la figura homóloga más simple eran también válidas en la figura original más compleja. Esta validez estaba asegurada a su vez por el controvertido "principio de continuidad", postulado por Poncelet.[19]

Otros conceptos que se encuentran sistemáticamente expuestos en el tratado de Poncelet son las nociones de puntos, líneas y planos 'impropios' o del infinito, las nociones de polo y polar con respecto a una cónica, el concepto de correspondencia proyectiva de dos planos u homografía y el principio de dualidad. El tratado de Poncelet llevó a la culminación del proceso inicial de formación de la geometría proyectiva. El objeto de estudio de esta nueva disciplina fue definido y sus conceptos básicos, principios y teoremas más importantes fueron caracterizados y obtenidos a partir del *método*

---

[18] Dos figuras son homólogas si es posible derivar una de ellas a partir de la otra mediante una proyección y sección – lo que se denomina perspectividad, o mediante una serie de proyecciones y secciones – lo que se conoce como proyectividad.

[19] El "principio de continuidad" de Poncelet ha sido intensamente analizado en la literatura. Véase, por ejemplo, Gray (2006).

sintético. Asimismo, ejerciendo una influencia quizá más grande que la de Monge, los trabajos de Poncelet dejaron abiertos una serie de problemas que fueron abordados posteriormente, en términos puramente geométricos, por Jakob Steiner (1796–1863) y Christian von Staudt (1798–1867) en Alemania; por Michel Chasles (1793–1880) en Francia y por Luigi Cremona (1830–1903) en Italia.

Poncelet se interesó además por las disputas "metodológicas" de los geómetras de la época, respecto de cuál era el método más *apropiado y provechoso* para la resolución de los problemas geométricos, o sea, los métodos de la geometría sintética o los métodos del álgebra y el cálculo. Esta controversia empezó a ganar mayor repercusión hacia la década de 1820, a partir del renovado impulso ganado por los métodos sintéticos gracias a las nuevas técnicas de la geometría proyectiva desarrollada por Poncelet. El geómetra francés tomó partido por los primeros, y aunque nunca negó la utilidad y eficacia de los métodos analíticos, sostuvo que los métodos geométricos puros podían ser *generalizados* de tal manera que resulte posible probar por medios sintéticos todos aquellos problemas geométricos que inicialmente habían sido demostrados por medios analíticos. Más precisamente, con Poncelet los métodos sintéticos adquieren una nueva dimensión, en la medida en que la identificación, desde los tiempos de Euclides, de las técnicas puramente geométricas con la utilización de diagramas o figuras, comenzó a ser atenuada.[20] La distinción entre métodos sintéticos y métodos analíticos comienza a ser entendida ahora en otros términos, a saber: mientras que en las geometrías proyectiva y euclídea sintéticas, los elementos y relaciones básicas son descriptas y caracterizadas exclusivamente en función de los objetos geométricos tradicionales (punto, línea, plano, etc.), las técnicas analíticas traducen las relaciones geométricas a relaciones entre números, y emplean técnicas tomadas del álgebra y el análisis para la resolución de los problemas geométricos planteados de esta manera.

Un aspecto central alrededor del cual gravitaron inicialmente los debates sobre la utilización de métodos geométricos puros y métodos analíticos fue así la cuestión de *la pureza del método o el purismo metodológico.* En el fondo, lo que discutían los geómetras de la

---

[20] Esta dependencia comenzó a disolverse debido a las nuevas entidades introducidas en la geometría proyectiva, i.e. los puntos, líneas y planos del infinito. Sobre esta cuestión puede verse Nagel (1939).

época era qué métodos de demostración podían ser aceptados, o en otras palabras, a qué debía considerarse una justificación adecuada para los teoremas de las distintas ramas de la geometría. Ello se nota fácilmente en los argumentos esgrimidos por lo geómetras sintéticos para rechazar el empleo de técnicas e instrumentos tomados del álgebra en la resolución de problemas geométricos. Los defensores de los métodos sintéticos enfatizaban principalmente que los resultados alcanzados a través de métodos algebraicos difícilmente podían ser considerados como verdaderamente geométricos, en tanto era evidente que en la serie de manipulaciones algebraicas de las ecuaciones de las figuras geométricas resultaba imposible seguir cada uno de los *pasos geométricos* que correspondían a las operaciones algebraicas realizadas. El método analítico no sólo ocultaba el significado geométrico de los resultados alcanzados, sino que además por su intermedio llegábamos a afirmaciones sin saber realmente cuál era su lugar dentro del sistema de las verdades geométricas. Michel Chasles, uno de los más férreos defensores de los métodos geométricos puros en Francia, lo expresaba del siguiente modo:

> ¿Es entonces suficiente en un estudio filosófico y básico de una ciencia saber que algo es verdadero si uno no sabe por qué es así y qué lugar debería ocupar en la serie de verdades a las que pertenece?[21]

Aunque para Hilbert éste no será el aspecto más relevante de la discusión, encontramos una crítica muy similar hacia los métodos analíticos, en las notas de clases para el curso sobre geometría proyectiva que venimos analizando:

> Este razonamiento [el método de las coordenadas] *hace que de un golpe todo problema geométrico sea accesible al análisis [matemático]*. Descartes se convirtió entonces *en el creador de la geometría analítica*. Inicialmente los teoremas de los griegos fueron de nuevo *demostrados* y luego generalizados. En lugar de *artificios* [Kunstgriffe] aparecieron las *fórmulas, el cálculo* – y gracias a Descartes, un *método real*. Y así como estos avances fueron tan importantes y tan magnífico fue su éxito, así también

---

[21] Citado en (Kline 1992, p. 1104).

> sufrió finalmente la geometría bajo la educación uni-
> lateralmente orientada de este método. Ahora sólo se
> calculaba, sin tener la intuición de lo calculado. Se per-
> dió el sentido por la figura y la construcción geométrica.
> (Hilbert 1891a, p. 24)

Hilbert considera el resurgimiento de los métodos geométricos
puros en los trabajos de Monge, Poncelet, Chasles y von Staudt,
como una reacción ante la pretendida reducción de la geometría al
álgebra y el análisis, sugerida por los geómetras analíticos. Empero
es oportuno realizar una observación acerca de la llamada "geometría analítica" de Descartes. A diferencia de lo que sugiere Hilbert en este pasaje, el método cartesiano no consistió meramente
en establecer un simple y puro isomorfismo entre las líneas y curvas
geométricas, por un lado, y las ecuaciones algebraicas, por otro lado. Por el contrario, la relación entre geometría y álgebra, con sus
respectivos estatus epistemológicos, objetos, métodos y problemas,
era para Descartes mucho más compleja y matizada.[22]

Por otra parte, el argumento central esgrimido por los geómetras
analíticos, en favor de la utilización de los métodos algebraicos en
geometría, consistía en resaltar la simplicidad de sus procedimientos
y la generalidad de los resultados alcanzados. Este hecho quedaba
sobremanera atestiguado por el éxito conseguido a través de estos
métodos, por ejemplo, en la teoría de las secciones cónicas, donde
la aplicación de métodos sintéticos resultaba sumamente engorrosa.
El propio Poncelet resumió este argumento, en un trabajo dedicado
a las discusiones metodológicas que recién señalábamos:

> Mientras que la geometría analítica ofrece, a través de
> su característico método general y uniforme, medios de
> proceder en la solución de las cuestiones que se nos pre-
> sentan (...), mientras que llega a resultados cuya ge-
> neralidad no tiene frontera, la otra [geometría sintética]
> procede por casualidad; su camino depende completa-
> mente de la habilidad de aquellos que la emplean y sus
> resultados casi siempre están limitados a la figura par-
> ticular en consideración.[23]

---

[22] Para evitar esta simplificación, habitual en la literatura no especializada,
puede consultarse (Bos 1981).

[23] Citado en (Kline 1992, p. 1103) y (Nagel 1939, p. 153)

Resumiendo lo anterior, la defensa de la utilización en geometría de técnicas algebraicas basadas en el método de coordenadas destacaba la simplicidad y generalidad de los resultados alcanzados, como así también la uniformidad en los procedimientos de resolución de los problemas geométricos. La manipulación y resolución algebraica de ecuaciones de diversos grados constituían así un método no sólo legítimo, sino además eficaz y esclarecedor en la geometría. Por el contrario, los defensores de la geometría sintética sostenían que solamente utilizando métodos de demostración provenientes exclusivamente de la geometría era posible llegar a afirmaciones geométricas realmente justificadas. De este modo, ambos partidos establecieron criterios bien definidos y estrictos en cuanto a qué tipo de argumentos e instrumentos podían ser aceptados en la práctica geométrica. En el caso de los geómetras sintéticos, argumentos que utilizaban sólo técnicas puramente geométricas; en el caso de los geómetras analíticos, la aplicación de herramientas conceptuales tomadas del álgebra y del análisis, a partir del establecimiento de un sistema de coordenadas adecuado.

Ahora bien, estos debates acerca del 'purismo metodológico' en geometría se profundizaron notablemente con la introducción de técnicas analíticas en la geometría proyectiva. Es decir, como ya advertimos, Poncelet (1822) había definido de un modo sistemático el objeto de la nueva geometría utilizando *estrictamente métodos puramente geométricos*. Sin embargo, no se necesitó mucho tiempo para que los matemáticos se dieran cuenta de que las propiedades proyectivas caracterizadas 'sintéticamente' por Poncelet, y que ahora se habían convertido en el centro de atención de muchas investigaciones en geometría, podían ser igualmente estudiadas a través de ecuaciones algebraicas. Para ello era necesario introducir un sistema de coordenadas adecuado en la geometría proyectiva. Y esta tarea fue llevada a cabo, hacia el final de la segunda década del siglo XIX, por los matemáticos alemanes August Möbius (1790–1868) y Julius Plücker (1801-1868), quienes fueron los primeros en introducir *coordenadas homogéneas* en la geometría proyectiva.

Las coordenadas homogéneas posibilitan el tratamiento analítico de puntos y líneas en el plano proyectivo del siguiente modo. Una ecuación se llama "homogénea" debido a que todos sus términos poseen el mismo grado. La ecuación homogénea $aX + bY + cZ = 0$ se asocia a la ecuación lineal $ax + by + z = 0$ de la siguiente manera: dada la terna (X, Y, Z) con $Z \neq 0$ que satisface la ecuación $aX + bY + cZ = 0$, el par $\left(\frac{X}{Z}, \frac{Y}{Z}\right)$ satisface $ax + by + z = 0$. Asimismo, es posible usar la terna (X, Y, Z) para representar al punto $\left(\frac{X}{Z}, \frac{Y}{Z}\right)$ en el plano euclídeo. Las ternas (X, Y, Z) con $Z = 0$ representan los puntos "ideales" del infinito en el plano proyectivo, para el cual no hay un elemento correspondiente en el plano euclídeo; ello es claro, puesto que el par euclídeo $\left(\frac{X}{Z}, \frac{Y}{Z}\right)$ supone la división por cero cuando $Z = 0$. Finalmente, de un modo similar es posible proporcionar las ecuaciones para todas las rectas en el espacio proyectivo, como así también para las curvas algebraicas en el plano proyectivo.[24]

El empleo de métodos analíticos en la geometría proyectiva, por medio de la definición de coordenadas homogéneas, trajo aparejado ventajas muy significativas. Por ejemplo, utilizando coordenadas homogéneas no sólo se podían caracterizar los puntos ordinarios o propios en el plano, sino además los puntos del infinito; más aún, el método analítico simplificaba notablemente el trabajo con estos elementos (puntos, líneas, planos) impropios. Asimismo, las coordenadas homogéneas permitían fácilmente dar la ecuación de la recta proyectiva, y a partir de esta ecuación, resultaba muy simple formular y demostrar algebraicamente el principio de dualidad, de fundamental importancia en la geometría proyectiva.

Gracias a los trabajos pioneros de Möbius y Plücker, rápidamente se volvió evidente que toda la naciente geometría proyectiva podía ser formulada tanto sintética como analíticamente. Más aún, la traducción en términos analíticos de diversos teoremas fundamentales de la geometría proyectiva, originalmente formulados en un lenguaje sintético, permitió ver con claridad que la geometría proyectiva sintética y la geometría proyectiva analítica no constituían disciplinas distintas, sino más bien eran dos modos diferentes de presentar, adquirir y justificar el conocimiento geométrico.

Luego, es manifiesto que inicialmente Hilbert tomó partido por los geómetras sintéticos. Ello no sólo se observa fácilmente en el curso de 1891 sobre geometría proyectiva que estamos comentando, sino que además es posible encontrar una declaración muy suge-

---

[24] Para una explicación, en términos más modernos, de las coordenadas homogéneas en la geometría proyectiva, puede verse Seidenberg (2007). Una descripción accesible de la definición de las coordenadas homogéneas en Möbius y Plücker puede encontrase en (Kolmorogov y Yuskevich 1996) y (Gray 2006).

rente en un pasaje de sus "Diarios científicos" [*Wissenschaftliche Tagebücher*], correspondiente a un período bien inicial:

> La geometría no va tan profundo como el análisis. Si uno se dedica a la geometría, entonces ésta debe ser sintética. [Pues], ¿Qué tiene que ver la superficie o la curva observada con la ecuación $f(x, y, z) = 0$? El análisis es un instrumento ajeno a la esencia de la geometría, que por lo tanto debe ser evitado, si queremos erigir o fundar la geometría como un edificio.[25]

Hilbert repite aquí el argumento de los geómetras sintéticos señalado recién para rechazar la utilización y la legitimidad de los métodos analíticos en geometría, aludiendo de ese modo a la cuestión de la "pureza del método". Sin embargo, es interesante observar que en este temprano pasaje anticipa una suerte de *principio o requisito metodológico*, que más tarde se volverá central en su abordaje axiomático a la geometría. Este principio consiste en afirmar que a la hora de construir y ofrecer una fundamentación (axiomática) de la geometría, es importante que ésta sea desarrollada de un modo autónomo, esto es, con independencia de conceptos tomados de otras disciplinas como el análisis, el álgebra e incluso la mecánica. De este modo, uno de los objetivos fundamentales de su próximo abordaje axiomático, anticipado aquí tempranamente, será mostrar que la geometría puede ser construida, desde el punto de vista de los fundamentos, como una teoría *autónoma o auto–suficiente*, que no necesita apoyarse en conceptos y técnicas importadas del álgebra y el análisis.

Ahora bien, detrás de estas preocupaciones por la pureza del método y el deseo de construir la geometría como una teoría autónoma es posible reconocer un problema de una vasta tradición y de

---

[25] "Die Geometrie geht nicht so tief wie die Analysis. Wenn man Geometrie treibt, so muss es synthetische sein. Was hat die ausgeschaute Fläsche oder Curve mit eine Gleichung $f(x, y, z) = 0$ zu thun? Die Analysis ist in dem Wesen der Geometrie fremdes Hülfsmittel, welches daher vermeiden werden muss, wenn man die Geometrie als Gebäude errichten oder fundieren will. Wohl dürfen sich Geometrie und Analysis gegenseitig befruchten und zu heuristischen Zwecke einander bedienen" (*Cod. Ms. D. Hilbert 600:1*, p. 9).

Es difícil especificar con precisión la fecha de este pasaje. Sin embargo, corresponde a un período bien temprano. En efecto, se encuentra en las páginas iniciales del primer volumen de los "Diarios científicos" de Hilbert, que en la cubierta lleva la fecha: Leipzig, invierno de 1885.

enorme importancia para los fundamentos de la geometría, a saber: la determinación del *papel que desempeña el número en geometría*; o en otras palabras, la explicación de la relación entre la aritmética y la geometría. Aunque Hilbert no lo afirma de manera explícita en este período bien inicial, la idea de desarrollar la geometría como una teoría autónoma planteaba el problema de fondo de determinar en qué medida era posible construirla con independencia de toda consideración numérica; esta preocupación se convertirá en uno de los temas centrales de su próximo abordaje axiomático.

Finalmente, la cuestión general según la cual la geometría debe ser desarrollada de un modo autónomo, es también enfatizada por Hilbert en relación a las contribuciones de von Staudt a los fundamentos de la geometría proyectiva.

1.3.1. La autonomía de la geometría proyectiva en Staudt

En los años que siguieron al tratado de Poncelet (1822), la geometría proyectiva se convirtió en un tema de estudio predilecto para los geómetras y fue objeto de numerosas investigaciones, tanto desde perspectivas sintéticas como analíticas. No sólo se llegó a nuevos resultados, sino que además se avanzó sustancialmente en una presentación más sistemática de la teoría. En este sentido, promediando el siglo XIX, la geometría proyectiva se había convertido en una nueva rama de la geometría, cuyos objetivos generales y conceptos básicos, en tanto que distintos a los de la geometría euclídea, se encontraban bien definidos. Sin embargo, desde el punto de vista de los fundamentos, la geometría proyectiva adolecía todavía de un problema fundamental, que impedía que sea considerada como una disciplina completamente autónoma. En efecto, aunque era evidente que las propiedades de las figuras que estudiaba la geometría proyectiva eran bien diferentes de aquellas que caracterizaban el contenido de la geometría euclídea, un defecto común en todas las presentaciones, ya sea desde una perspectiva sintética o utilizando técnicas analíticas, era que se mezclaban conceptos y técnicas proyectivas con conceptos y técnicas métricas, provenientes de la geometría métrica euclídea.

El ejemplo más notable de la confusión entre conceptos proyectivos y conceptos métricos se encontraba en la definición misma de una de las nociones más básicas y fundamentales de la geometría

proyectiva, a saber: el *concepto de razón doble o cruzada*. Si bien
este concepto era conocido desde la antigüedad – por ejemplo se encuentra en la obra de Pappus, Desargues fue el primero en mostrar
que la razón doble de cuatro puntos colineales era una propiedad
geométrica invariante bajo las transformaciones proyectivas. Esta
noción ocupó así un lugar central en el trabajo de los primeros
geómetras dedicados a la geometría proyectiva, en tanto que era
utilizado para definir muchas de las relaciones proyectivas más fundamentales. Por mencionar un ejemplo, Steiner – entre otros – defi-
nió la relación de *proyectividad* entre formas elementales como una
biyección que conserva la razón doble.[26] Ahora bien, la definición
de razón doble dada habitualmente en este período era la siguiente
(figura 1.1):

Definición. *Sean A, B, C, D cuatro puntos sobre una recta, considerados en ese orden, la razón doble se define como la cantidad:*

$$(ABCD) = \frac{CA}{CB} / \frac{DA}{DB}$$

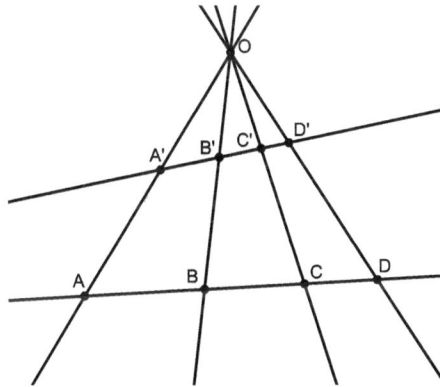

Figura 1.1.: Razón doble de cuatro puntos colineales.

Como se intenta ilustrar en el gráfico, la razón doble de cua-
tro puntos colineales es un invariante proyectivo, ya que $\frac{CA}{CB} / \frac{DA}{DB} =$
$\frac{C'A'}{C'B'} / \frac{D'A'}{D'B'}$ bajo una proyección central desde un punto cualquiera
O. Ahora bien, definido de este manera, este concepto proyectivo
básico presuponía la capacidad de *medir la distancia* entre un par

---

[26] Sobre la definición de Steiner de la proyectividad, utilizando el concepto de
razón doble, puede verse (Nabonnand 2008a).

de puntos cualquiera, por ejemplo AB, antes de poder calcular la razón doble. En otras palabras, al definir la razón doble se apelaba a la noción de distancia, que sin embargo no es una propiedad proyectiva sino métrica, en tanto que la longitud no es una propiedad invariante bajo las transformaciones proyectivas.

La tarea de liberar a la geometría proyectiva de la longitud y la congruencia, para convertirla en una rama *autónoma* o *independiente* de la geometría, fue emprendida por von Staudt. Este programa fue presentado inicialmente en su libro *Geometrie der Lage* (von Staudt 1847), y luego ampliado en los tres volúmenes de los *Beiträge zur Geometrie der Lage* (von Staudt 1856; 1857; 1860). Una de las estrategias utilizadas por von Staudt para liberar a la geometría proyectiva de las nociones métricas consistió en renunciar a la noción de razón doble para definir la proyectividad, y suplantarla por el concepto de *cuaterna armónica*, que podía ser definido usando técnicas puramente proyectivas.[27] Von Staudt utiliza así este concepto para definir la proyectividad entre dos figuras de la primera categoría (alineaciones de puntos, haces de rectas y haces de planos), a saber: una biyección que conserva cuaternas armónicas. Por ejemplo, dos rectas se llaman proyectivas si entre ellas hay una correspondencia que conserva las cuaternas armónicas. Asimismo, estos procedimientos le permitieron introducir coordenadas homogéneas en el plano y en el espacio proyectivo de manera puramente proyectiva, con lo cual la presentación de la geometría proyectiva como una disciplina autónoma, independiente de las nociones de distancia y congruencia, parecía alcanzada plenamente.

Es interesante mencionar que Hilbert elogia a von Staudt precisamente por este aspecto, o sea, por la *autonomía o independencia* que consiguió en su presentación de la geometría proyectiva:

> Contrariamente a todos sus predecesores, quienes siempre necesitaron el cálculo, él [Von Staudt] consiguió hacer de la geometría proyectiva "una ciencia autónoma, que no requiere de la medida" – como él mismo lo afirma en el prólogo. Él [von Staudt] logró una geometría en la

---

[27] La definición de von Staudt de la cuaterna armónica se basa en la construcción del cuadrilátero completo, que permite construir, dados tres puntos sobre una línea, el cuatro armónico sólo mediante uniones de puntos e intersecciones de rectas. La construcción de von Staudt del cuadrilátero completo es analizada en el capítulo 6, sección 6.2.

que no se *calcula* ni se *mide*, sino que se *construye*, en la que no se utiliza el *compás* ni el *transportador*, sino sólo la *regla*. De este modo aquel *requerimiento científico*[28] *fue cumplido de manera satisfactoria*, puesto que en la deducción de los teoremas sobre las relaciones de posición, el *cálculo* debe aparecer como algo extraño. Presentada de esta forma, la geometría proyectiva constituye sólo *una parte de la geometría*, pero de hecho un dominio [dotado de] una unidad y conclusividad maravillosas. De acuerdo con el modelo presentado en esta obra he dado forma a mi curso sobre geometría proyectiva. (Hilbert 1891a, p. 25)

Hilbert elogia de este modo el "purismo metodológico" de von Staudt, que consistió no sólo en haber construido a la geometría proyectiva de una manera estrictamente sintética o pura, sin apelar al método de las coordenadas homogéneas introducido previamente por Möbius y Steiner, sino además en haber podido definir los conceptos y leyes fundamentales de esta teoría geométrica sin hacer recurso a ninguna consideración métrica. Asimismo, en este pasaje vemos confirmada la opinión de Hilbert, anunciada antes en sus "Diarios científicos" [*Wissenschaftliche Tagebücher*], según la que el cálculo debe ser considerado como un instrumento extraño o exógeno [*fremd*] para la geometría.

La importancia de estas observaciones reside en que revelan que, en este período bien temprano, Hilbert contaba ya con un *criterio metodológico* crucial para la construcción de las teorías matemáticas, que poco después se convertirá en uno de los objetivos centrales de su nuevo método axiomático: las teorías matemáticas deben ser construidas de tal modo que se ponga en evidencia su carácter *auto–suficiente*. En el caso de la geometría euclídea elemental, ello significaba que el tratamiento axiomático debía ser capaz de mostrar cómo esta disciplina podía ser construida independientemente de conceptos tomados de la aritmética, el análisis e incluso la mecánica.

Por otra parte, esta exigencia de convertir a la geometría en una

---

[28] Hilbert se refiere a la exigencia de hacer de la geometría una ciencia "autónoma", independiente de conceptos tomados de otras disciplinas, como por ejemplo, la aritmética y el análisis.

ciencia autónoma exhibía al mismo tiempo el *problema de fondo*
en las discusiones en torno a la utilización de métodos sintéticos y
métodos analíticos en geometría, a saber: la relación entre la geometría y el número; o más precisamente, la explicación de cómo
puede y debe proceder la introducción de elementos numéricos –
coordenadas – en la geometría. En efecto, como se aprecia en los
trabajos de Steiner y von Staudt, la geometría proyectiva *sintética*
era definida como aquella que no recurría al método de las coordenadas.[29] En este sentido, la diferencia radical entre geometría sintética
y analítica no tenía entonces que ver con el nivel de abstracción y
rigor, que a partir del trabajo de estos geómetras había sido completamente equiparado. Antes bien, el núcleo de conflicto descansaba
en si se empleaba el método de coordenadas, y con ello un conjunto
de técnicas algebraicas, para caracterizar las transformaciones, conceptos y principios de la geometría proyectiva, o si en cambio se los
definía estrictamente en términos puramente geométricos. Hilbert
advierte de la siguiente manera este papel fundamental del método
de las coordenadas:

> Si pasamos por alto el dominio completo de la geometría
> proyectiva, entonces reconocemos como la idea funda-
> mental el principio de la correlación unívoca e irreversi-
> ble [*umkehbar eindeutigen Zuordnung*], es decir, básica-
> mente el concepto de proyectividad. [Pero] si por ejem-
> plo se correlacionan los puntos de una serie de puntos
> con los valores de una magnitud, entonces se llega de in-
> mediato a la introducción de magnitudes variables, i.e.
> las coordenadas; de hecho, la introducción de coorde-
> nadas es la idea fundamental de la llamada geometría
> analítica, o sea, aquella idea corresponde a la idea de
> proyectividad en la geometría pura recién presentada.
> (Hilbert 1891a, p. 55)

En realidad, el concepto de "proyectividad" puede ser definido
tanto sintéticamente como analíticamente, en función de la perspectiva que se adopte. Sin embargo, Hilbert es claro en su ejemplo: así como la idea de proyectividad es el concepto central de la
geometría proyectiva, el método de las coordenadas es la idea fundamental de la geometría analítica. Y con esta afirmación Hilbert

---

[29] Véase (Nabonnand 2008a).

alude a la siguiente cuestión: más allá de las discusiones respecto de
la utilización de métodos analíticos o sintéticos en geometría, reducidas normalmente a cuestiones de preferencias o gusto personales
de los geómetras, desde el punto de vista de los "fundamentos" existe un hiato entre ambas geometrías que es necesario subsanar, y que
consiste en la *explicación y justificación de los elementos numéricos en geometría*. En el caso de la geometría proyectiva, Hilbert
encuentra que esta cuestión comenzó a ser zanjada en los trabajos
de von Staudt, en tanto que éste mostró cómo era posible introducir coordenadas en la geometría proyectiva de un modo puramente
geométrico.[30] En el caso de la geometría euclídea elemental, este
problema se convertirá en una preocupación central de su inminen-
te abordaje axiomático: investigar qué axiomas de la geometría son
necesarios para permitir la introducción de coordenadas numéricas,
y *trazar así un puente entre las geometrías sintéticas y las geometrías analíticas*.

1.4. Intuición geométrica y geometría analítica

Como señalábamos en la sección anterior, en las exposiciones más
elaboradas de la geometría proyectiva sintética, llevadas a cabo por
Steiner (1832) y von Staudt (1856; 1857; 1860; 1847), la preferencia
de los métodos sintéticos por sobre los analíticos o algebraicos no era
más defendida argumentando que sólo aquellos permitían conservar
y ejercitar el carácter eminentemente intuitivo de la geometría. De
hecho, tanto Steiner como von Staudt emplearon un método de exposición "lingüístico", en donde no se utilizaba ni un sólo diagrama
o figura geométrica para ilustrar los distintos conceptos y relaciones proyectivas.[31] En consecuencia, los debates entre los geómetras
sintéticos y los geómetras analíticos estaban planteados respecto
de la *necesidad*, la *legitimidad* y la *conveniencia* de utilizar ciertas herramientas conceptuales, tomadas de otras disciplinas, para
trabajar en geometría y para expresar sus conceptos y resultados.

---

[30] Sobre esta cuestión, véase *infra*, sección 6.2.

[31] Sobre el estilo "lingüístico" de las exposiciones de Steiner y von Staudt,
     véase (Nabonnand 2008a). Esta tendencia, gracias a la cual los trabajos
     de los geómetras sintéticos adquirieron un grado mayor de generalidad y
     abstracción, comparable a los de los geómetras analíticos, se encontraba ya
     en Poncelet. Véase (Nagel 1939).

Ahora bien, aunque Hilbert reconoce esta dimensión 'más profunda' del debate asociada al problema de los *fundamentos de la geometría*, también es cierto que en su exposición subraya constantemente que la geometría proyectiva está íntimamente ligada a la intuición, razón por la cual la noción de "intuición espacial o geométrica" aparece muy a menudo a lo largo de sus notas de clases (Hilbert 1891a). En la medida en que en los trabajos siguientes, cuando su posición axiomática formal esté ya consolidada, Hilbert seguirá refiriéndose repetidamente a dicha noción, es oportuno realizar algunos comentarios respecto del contexto particular en el que aquí aparece.

En primer lugar, un rasgo interesante que se percibe a primera vista consiste en que, a la hora de hablar de la intuición geométrica, Hilbert no hace hincapié tanto en su origen empírico – algo que cambiará a partir del curso siguiente de 1894 – sino más bien en la oposición existente entre los métodos analíticos y los métodos sintéticos en geometría. Un ejemplo elocuente es la siguiente caracterización de la geometría analítica, que presenta Hilbert en la introducción de sus notas:

> Tan importantes fueron estos avances y tan magníficos los resultados alcanzados, tanto sufrió finalmente la geometría en cuanto tal bajo la formación unilateral [*einseitige Ausbildung*] de este método. Solamente se calculaba, sin tener la intuición de aquello que era calculado. Se perdió así el sentido por la figura geométrica y por la construcción geométrica. (Hilbert 1891a, p. 24)

De la misma manera, una descripción muy similar se encuentra hacia el final de este manuscrito:

> En lugar de operar con la intuición geométrica pura, [la geometría analítica] emplea el cálculo y la fórmula como herramienta de un significado esencial. La geometría analítica se conduce de tal manera que introduce desde el principio el concepto de magnitud variable y, de ese manera, para cada intuición geométrica exhibe de inmediato la expresión analítica, proporcionando por medio de esta última la demostración. De este modo se consigue obtener rápidamente mayor generalidad en los teo-

remas, respecto de lo que era posible con la intuición geométrica pura. (Hilbert 1891a, p. 55)

Con el calificativo 'pura', Hilbert no parece estar refiriéndose al estatus epistemológico de la intuición geométrica. Por el contrario, pretende adoptar una posición neutral en este respecto, fundamentalmente porque no se trata de un problema matemático sino estrictamente filosófico:

> Este axioma de las paralelas es proporcionado por la intuición. Si esta última es innata o adquirida, si aquel axioma expresa una verdad, si debe ser corroborado por la experiencia, o si ello es innecesario, es algo que aquí no nos ocupa. Sólo nos interesamos por la intuición y ella requiere de aquel axioma. (Hilbert 1891a, p. 27)

Como veremos más adelante, esta pretendida neutralidad en lo que respecta al estatus epistemológico de la intuición geométrica no tendrá mucho sentido en la medida en que se considere la geometría como una ciencia natural. Sin embargo, es interesante notar que Hilbert pretende definir la intuición geométrica en función de un aspecto específico de la metodología de la geometría sintética. Los pasajes anteriores parecen indicar que Hilbert piensa en la intuición geométrica como cierta capacidad, que de hecho puede ser instruida y desarrollada, de percibir las relaciones geométricas fundamentales, exhibidas por lo general en construcciones diagramáticas, con *independencia de consideraciones numéricas*. Dicho de otro modo, la noción de intuición geométrica (pura) es introducida en estas notas para enfatizar el carácter puramente sintético de la presentación de la geometría proyectiva, en oposición a una presentación analítica basada en la introducción de elementos numéricos, o sea, en la caracterización de las relaciones geométricas por medio de ecuaciones algebraicas.

Por otro lado, la posibilidad de encontrar una 'intuición geométrica' correspondiente a un concepto matemático, expresado originalmente de manera analítica, parece haber sido una preocupación importante de Hilbert en aquel momento. En efecto, éste es precisamente el tema que aborda en el breve artículo "Über die stetige Abbildung einer Linie auf einer Flachenstücke" (Hilbert 1891b), publicado aquel mismo año en los *Mathematische Annalen*. En este trabajo, Hilbert se ocupa de mostrar cómo es posible construir de un modo puramente geométrico una curva, definida previamente por Peano, que a su vez es un ejemplo de una función continua pero no diferenciable en ningún punto. Hilbert alude así, aunque muy superficialmente, a un problema muy en boga en aquel momento, a saber: los límites fijados a la exactitud de la intuición geométrica, a partir del descubrimiento de las "funciones monstruo", incapaces de ser representadas intuitivamente.[32]

Felix Klein, editor de los *Annalen* en aquel momento, le señaló a Hilbert la importancia de su investigación: "Que Ud. se aproxime a la cuestión de la intuición geométrica, me parece a mí fundamental".[33] Y el propio Hilbert se hace eco de la importancia de ejercitar en geometría la intuición del espacio [*Raumanschauung*], en las notas para un curso inmediatamente posterior, dedicado esta vez a la geometría analítica:

> Hasta que en este curso no hayamos avanzado lo suficiente, los trabajos siguientes no tendrán una relación directa con la geometría analítica, sino que sólo servirán para la ejercitación de nuestra intuición espacial. En la geometría plana se da la posibilidad de alcanzar un entendimiento a través de los símbolos. (Hilbert 1893/1894a, p. 2)[34]

Estas alusiones tempranas de Hilbert a la intuición geométrica, y en particular su esencial conexión con los métodos de la geométrica sintética, resultan asimismo relevantes en otro respecto. La relación entre la geometría y la intuición será apuntada constantemente por

---

[32] La más famosas de las funciones 'monstruo' es quizás la función de Weierstrass, descubierta en 1872. Más precisamente, Weierstrass descubrió que la función dada por la fórmula relativamente simple $y = \sum_{n=0}^{\infty} b^n \cos(a^n \pi x)$, era una función continua en todo punto pero no diferenciable o derivable en ninguno. Sin embargo, esta propiedad desafiaba claramente nuestra capacidad de visualización, puesto que si se intentaba dar una representación diagramática o gráfica de su comportamiento, entonces parecía imposible intuitivamente que la función sea continua pero no diferenciable en ningún punto. Sobre la función de Weierstrass y sus consecuencias para la validez de la intuición en matemática, véase Volkert (1986).

[33] Citado en (Toepell 1986, p. 40).

[34] Citado en (Toepell 1986, p. 29).

Hilbert en lo sucesivo, aunque siempre de un modo breve y sin profundizar nunca sobre esta cuestión epistemológica. En este sentido, el carácter de las referencias de Hilbert a la intuición geométrica no sólo se distingue de las discusiones llevadas a cabo en ámbitos filosóficos, sino que además dista considerablemente de las reflexiones sobre esta cuestión que estaban teniendo lugar dentro de círculos matemáticos. Por mencionar un ejemplo, en los trabajos de Pasch, un matemático que influyó notablemente en Hilbert, es posible encontrar discusiones precisas y elaboradas respecto del rol de la intuición en geometría, y en matemática en general. Por el contrario, las afirmaciones de Hilbert en torno a la función de la intuición en geometría nunca alcanzaron el grado de desarrollo y detalle evidenciado por este matemático.[35] Considero que éste es un aspecto importante a tener en cuenta, no sólo a la hora de interpretar el sentido de estas afirmaciones, sino también cuando se busca identificar sus supuestas filiaciones filosóficas.[36]

Una idea que defenderé en los capítulos siguientes consiste en sostener que la insistencia de Hilbert en la importancia de la intuición en geometría, y en matemática en general, no debe ser entendida como una *explicación filosófica sistemática del conocimiento matemático*, sino que más bien pertenece a la 'concepción' de la geometría que subyace a su trabajo *qua* matemático. Esta concepción de la geometría, sin embargo, poco tiene que ver con la "filosofía formalista de la matemática", con la cual se asocia a menudo su nombre. En este respecto, el papel atribuido por Hilbert a la intuición en la axiomatización de la geometría, juega un papel central. Aunque Hilbert se mostró siempre interesando y sensible frente a los problemas filosóficos inherentes a la matemática, sus reflexiones

---

[35] Sobre la filosofía de la matemática de Pasch, véase Schlimm (2010b).

[36] La identificación de la filosofía kantiana como la filosofía de la matemática putativa de Hilbert es más visible en el período dedicado a los fundamentos de la aritmética. Sin embargo, algunas alusiones en este período a Kant, por ejemplo su célebre epígrafe en *Fundamentos de la geometría* ("Todo el conocimiento comienza así con intuiciones, procede luego a conceptos, y termina en ideas") han sugerido la existencia de ciertas coincidencias de la concepción de la geometría defendida por Hilbert con la filosofía kantiana. Especialmente, estas coincidencias han sido enfatizadas por Majer (1995; 2006). Corry (1997; 2006) ha señalado además que en alguna medida la noción de intuición en Hilbert, en este período, debe ser interpretada en clave kantiana.

de carácter filosófico nunca alcanzaron, ni pretendieron alcanzar, un grado de elaboración tal como el evidenciado incluso por otros matemáticos de la época.

1.5. La conferencia de Wiener (1891)

En septiembre de 1981, poco tiempo después de finalizado su curso sobre geometría proyectiva, Hilbert asistió en Halle a la segunda reunión de la "Sociedad Alemana de matemáticos" (*Deutsche Mathematiker–Vereinigung*). Es bien sabido que una conferencia allí celebrada llamó particularmente su atención. Se trata de la conferencia de Hermann Wiener (1857–1939): "Sobre los fundamentos y la construcción de la geometría" (Wiener 1891). Puntualmente, es habitual afirmar que esta conferencia despertó notablemente el interés en Hilbert, en esta etapa bien temprana, por el problema de los fundamentos axiomáticos de la geometría. En efecto, así lo consigna Blumenthal (1922; 1935), el biógrafo oficial de Hilbert:

> Hilbert me relató que esta conferencia le provocó un interés tan grande para ocuparse de los axiomas de la geometría, que en el mismo viaje de regreso en tren emprendió la tarea: ello prueba que desde temprano estaba presente en él la inclinación por las consideraciones axiomáticas. (Blumenthal 1922, p. 68)

En su conferencia Wiener propone que la geometría sea desarrollada como una teoría abstracta, retomando de ese modo algunas ideas previamente postuladas por H. Grassmann y M. Pasch[37]:

> Aquello que debe exigirse a una demostración de un teorema matemático, es que utilice sólo aquellas premisas [*Voraussetzungen*] de las que el teorema realmente depende. Las premisas más básicas imaginables son

---

[37] La construcción de la geometría como una ciencia abstracta es una de las ideas centrales de las *Ausdehnungslehere* de H. Grassmann: "debe existir una rama de las matemáticas que desarrolla de un modo autónomo y abstracto las leyes que la geometría predica del espacio" (Grassmann 1844, p. 10). Sobre la presentación de Grassmann de la geometría como una teoría abstracta, véase (Grassmann 1995).

la existencia de ciertos objetos y de ciertas operaciones, a través de las cuales los objetos están conectados.
Si es posible relacionar tales objetos y operaciones sin
añadir nuevas premisas, de manera que de allí se sigan
teoremas, entonces estos teoremas forman un dominio
autónomo [*in sich begründetes Gebiet*] de la ciencia. Tal
es el caso, por ejemplo, de la aritmética. La utilización
de tal clase de objetos (elementos) y operaciones simples es también útil en la geometría, puesto que de un
modo similar se puede construir partiendo de ellos una
ciencia abstracta, independiente de los axiomas de la
geometría, y cuyas proposiciones siguen paralelamente
paso a paso a los teoremas de la geometría. (Wiener
1891, pp. 45–46)

Wiener sugiere que es posible construir la geometría de una manera abstracta, partiendo sólo de un conjunto de objetos o elementos no definidos, cuyas únicas propiedades son aquellas relaciones
básicas establecidas en los 'postulados básicos'. Sin embargo, estos
últimos deben ser considerados como "independientes de los axiomas de la geometría", si por 'axioma' se entiende a todo principio
autoevidente que predica una propiedad del espacio físico. Wiener
advierte entonces, aunque de un modo muy esquemático, que la
geometría puede ser construida como una *teoría abstracta* que conforma un dominio de la ciencia fundado en sí mismo, o sea, como
una teoría cuyos teoremas no hablan directamente de propiedades
fundamentales del espacio físico.

Sin embargo, Wiener establece al mismo tiempo una cierta correspondencia entre esta teoría abstracta y 'la geometría' (i.e. la
teoría de las propiedades espacio físico), en tanto que los teoremas
que forman el dominio de esta nueva ciencia abstracta deben ir
"paso a paso en paralelo con los teoremas de la geometría" (Wiener
1891, p. 45). En mi opinión, con esta afirmación Wiener intenta expresar lo siguiente: si bien debe reconocerse que esta nueva ciencia
abstracta, construida a partir de ciertos objetos simples y relaciones, de ningún modo se refiere al espacio físico, el objetivo inicial
de esta nueva metodología es *re-construir a la "geometría"* según
es entendida tradicionalmente, es decir, a la ciencia cuyos conceptos y leyes básicas están fundadas en nuestra intuición geométrica
del espacio. En este sentido, esta manera de plantear los objetivos

perseguidos en la investigación implica que debe existir un paralelo importante entre la teoría *abstracta* y la teoría *material*, por decirlo de algún modo. Como veremos en los próximos capítulos, esta afirmación de Wiener coincide con el modo en que Hilbert describe en este período la tarea emprendida en su nuevo abordaje axiomático a la geometría; más aún, podría decirse incluso que esta actitud fue una constante en las primeras concepciones axiomáticas abstractas de la geometría, en las postrimerías del siglo XIX.

Por otro lado, Wiener utiliza la geometría proyectiva del plano para ilustrar el modo en que la geometría puede ser construida como una ciencia abstracta:

> Un ejemplo lo proporciona aquí la geometría proyectiva del plano. Sean *puntos* y *líneas* los objetos, *unir* y *cortar* las operaciones; asúmanse las operaciones en un número finito. O bien, separadas de su vestimenta geométrica [*geometrischen Gewande*]: se presupone [la existencia] de elementos de dos clases, y operaciones de dos clases, mientras que se acepta que la combinación de dos elementos cualquiera de la misma clase produce un elemento de la otra clase. (Wiener 1891, p. 46)[38]

El modo en que Wiener describe abstractamente los conceptos fundamentales de una teoría geométrica en particular guarda muchas similitudes con las posteriores líneas iniciales de *Fundamentos de la geometría* (1899): "Pensemos tres conjuntos distintos de objetos: a los objetos del primer conjunto los llamamos puntos y los designamos con A, B, C, ..., a los objetos del segundo conjunto los nombramos rectas y los designamos con a, b, c, ..., a los objetos del tercer sistema, los llamamos planos, y los designamos con α, β, γ, ..." (Hilbert 1999, p. 1). Más aún, es posible ubicar precisamente en este contexto a una de las sentencias de Hilbert más conocidas y citadas, respecto de la naturaleza del método axiomático, particularmente en su aplicación a la geometría. En efecto, Blumenthal narra en su otro artículo biográfico, publicado varios años antes de la muerte de Hilbert, la siguiente anécdota ocurrida en el viaje de regreso a Königsberg desde la conferencia de Wiener:

---

[38] Es decir, la *unión* de dos puntos determina una línea, y dos líneas se *cortan* en un punto.

> En la sala de espera de la estación de trenes de Berlin, Hilbert discutió con dos colegas respecto de la geometría axiomática (si no me equivoco, con A. Schoenflies y E. Kötter), expresando su punto de vista a través de su famoso y característico *dictum* [Ausspruch]: en todo momento debe ser posible hablar de 'mesas', 'sillas' y 'jarros de cerveza', en lugar de 'puntos', 'líneas' y 'planos'. (Blumenthal 1935, pp. 402–403)

La matemática de las "mesas, sillas y jarros de cerveza" es una expresión muy recurrente a la hora de ilustrar la concepción axiomática abstracta de Hilbert. Asimismo, algunos años más tarde, nuestro autor utilizaría un ejemplo muy similar, en el contexto de la famosa controversia epistolar que mantuvo con Frege, a propósito del problema de los fundamentos (axiomáticos) de la geometría.[39] Sin embargo, resulta sumamente interesante encontrar una declaración similar en el primer volumen de sus "Diarios científicos" [*Wissenschaftliche Tagebücher*]. Se trata de un pasaje que, a partir del contexto, puede ser datado precisamente en esta época, esto es, entre 1891 y 1894. Hilbert alude allí nuevamente a la idea de la "matemática de las sillas y las mesas", aunque esta vez tomando como ejemplo al álgebra:

> Muchas cosas reunidas en un concepto proporcionan un sistema, por ejemplo, mesa, pizarrón, etc. ... En matemática consideramos sistemas de números o funciones. Ellos no deben ser necesariamente conjuntos numerables. El sistema es más bien dado y conocido, cuando una ley es conocida, y se puede decidir por medio de ella si un número o una función pertenece al sistema o no.[40]

---

[39] "Pero es realmente obvio que toda teoría es un andamiaje (esquema) de conceptos junto con sus conexiones necesarias, y que los elementos básicos pueden ser pensados de cualquier modo que uno quiera. Por ejemplo en lugar de puntos, pensemos en un sistema de amor, ley y deshollinador ... que satisface todos los axiomas" (Hilbert a Frege, 29.12.1899; en (Frege 1976, p. 69).

[40] "Mehrere Dinge zusammen in einem Begriff gefasst, geben ein System (,) z.B. Tisch, Tafel, etc. ... In der Mathematik betrachten wir Systeme von Zahlen oder von Funktionen. Dieselben brauchen nicht in abzählbare Menge zu sein. Das System ist vielmehr gegeben und bekannt, wenn man ein Gesetz

Hilbert anticipa aquí elocuentemente, y en principio a propósito de las ideas sugeridas por la conferencia de Wiener, lo que en breve se convertirá en la tesis central de su nuevo método axiomático formal o abstracto. Éste será el tema principal de los capítulos siguientes. Sin embargo, es oportuno realizar una observación más antes de finalizar.

Más allá del interés que despertó en Hilbert la propuesta de Wiener de desarrollar a la geometría como una teoría abstracta, respecto de la cual encontramos evidencia recién en el pintoresco relato de Blumenthal y en las propias notas de Hilbert, otra cuestión mencionada en aquella conferencia repercutirá notablemente en sus posteriores investigaciones geométricas. Los célebres teoremas de Desargues y Pappus – o Pascal, como lo llama Hilbert – jugaron un papel central en el desarrollo sistemático de la geometría proyectiva, en la primera mitad del siglo XIX. La importancia de estos teoremas podía percibirse, por ejemplo, en los métodos desarrollados por Von Staudt para introducir coordenadas en el plano y en espacio proyectivo. Es decir, para demostrar la unicidad del cuarto punto armónico, determinado a partir de la construcción del cuadrilátero completo, von Staudt utiliza el teorema de Desargues. Ahora bien, en su conferencia Wiener bautiza "teoremas de incidencia" [Schließungssätze] a aquellos teoremas, y realiza acerca de ellos una sugerente afirmación, de la cual no ofrece sin embargo una demostración:

> Pero estos dos teoremas de incidencia [los teoremas de Desargues y Pascal] son suficientes para probar, sin ninguna referencia ulterior a condiciones de continuidad o a procesos infinitos, el teorema fundamental de la geometría proyectiva, y así desarrollar íntegramente la geometría proyectiva lineal del plano. (Wiener 1891, p. 47)

La afirmación de Wiener resultaba muy atractiva debido a múltiples razones. En primer lugar, significaba una crítica directa a Klein, quien sostenía que era necesario añadir un axioma de continuidad a los métodos desarrollados por von Staudt para introducir coordenadas en el plano y en el espacio proyectivo. En segundo lugar,

---

kennt, vermöge dessen von einer vorgelegten Zahl oder Funktion entschieden werden kann, ob dieselbe zu dem System gehört oder nicht". *Cod Ms. D. Hilbert 600:1, pp. 72-73.*

mostrar que el teorema fundamental de la geometría proyectiva
podía ser demostrado utilizando sólo los teoremas de Desargues y
Pascal, implicaba al mismo tiempo la posibilidad de construir un
nuevo sistema geométrico que no requería de ningún tipo de suposición de continuidad.[41] Luego, encontrar una prueba de la afirmación
de Wiener se convertirá en un hecho determinante que conducirá a
Hilbert al convencimiento de la utilidad del método axiomático,
como una herramienta para alcanzar nuevos descubrimiento matemáticos. Sin embargo, éstos no serán los problemas que Hilbert
abordará en sus primeros trabajos sobre los fundamentos axiomáticos de la geometría. Por el contrario, todos estos problemas serán
una preocupación central en 1898/99, período en el que su nueva
concepción axiomática de la geometría estará ya plenamente desarrollada.

---

[41] Estos temas serán abordados en detalle en el capítulo 6.

CAPÍTULO 2

La temprana concepción axiomática de la geometría

2.1. Introducción

Hacia el final del capítulo anterior, he señalado que la conferencia de Wiener (1891) significó una motivación importante para que Hilbert centre su atención en los fundamentos axiomáticos de la geometría; en particular, dos cuestiones captaron principalmente su interés. Por un lado, la posibilidad de construir 'la geometría', en el sentido de la teoría de las propiedades del espacio (físico), como una teoría *abstracta*.[1] Por otro lado, la sugerencia de Wiener, según la cual sería posible utilizar los teoremas de Desargues y Pascal para probar el teorema fundamental de la geometría proyectiva, y desarrollar así esta teoría geométrica sin tener que apelar a ningún postulado de continuidad. Hilbert se ocupa de indagar la primera de estas cuestiones en su próximo curso dedicado a la geometría, en donde adopta ya una perspectiva decididamente axiomática.

El objetivo de este capítulo es reconstruir la temprana concepción axiomática de la geometría de Hilbert, tal como es presentada en sus notas de clases para cursos sobre geometría entre 1894 y 1898. Sostendré que lo que caracteriza a dicha concepción es: *i)* una posi-

---

[1] Por cierto, debemos reconocer que Wiener no fue el primero en proponer este tipo de abordaje a la geometría. Previamente, Grassmann (1844) había presentado uno de los primeros y más influyentes intentos de construir la geometría como una teoría abstracta de la extensión. Sobre la influencia de Grassmann en Hilbert, véase (Toepell 1995).

ción empirista respecto del *origen* de la geometría, en tanto Hilbert
afirma que los hechos, leyes y conceptos básicos que están en la
base de esta disciplina no pueden ser adquiridos a través del pensamiento puro, sino que para ello es necesario recurrir a la experiencia
y la intuición; *ii)* una posición axiomática formal, que concibe el
resultado de una axiomatización como una estructura relacional,
en donde los términos básicos no poseen una referencia (intuitiva)
fija, sino que pueden recibir diversas interpretaciones, ya sea dentro de otras teorías matemáticas o incluso físicas, como así también
aplicaciones empíricas.

El capítulo sigue un orden cronológico. En la primera parte (2.2)
me ocuparé del primer abordaje axiomático a la geometría, a saber: las notas de clases para el curso (Hilbert 1893/1894b). Por un
lado, analizaré la posición empirista que Hilbert defiende en este
manuscrito, al afirmar que la geometría es, en cuanto a su origen,
una ciencia natural. Por otro lado, destacaré el carácter abstracto
o formal que Hilbert le confiere en este curso a su nueva concepción
del método axiomático. En particular, comentaré una serie de pasajes en donde el matemático alemán caracteriza por primera vez una
teoría axiomática como un "esquema o entramados de conceptos"
[*Fachwerk von Begriffen*].

En la segunda parte del capítulo (2.3) me encargaré de analizar
estos mismos temas en los cursos que constituyen los antecedentes
inmediatos de la primera edición de *Fundamentos de la geometría*, a
saber: (Hilbert 1898/1899a) y (Hilbert 1898/1899b). Sostendré que
en estos textos la nueva concepción del método axiomático se halla plenamente desarrollada. Especialmente, afirmaré que, a partir
de 1895, los trabajos de Hilbert sobre geometría tomaron un creciente carácter "metamatemático", al punto tal que los estudios
metageométricos sobre la independencia de los axiomas, por medio de la construcción de "modelos" aritméticos o analíticos, son
emprendidos más detalladamente en estos cursos que en su libro
Fundamentos de la geometría.

2.2. El primer abordaje axiomático (1894)

2.2.1. La geometría: una ciencia natural

En el semestre de verano de 1893, Hilbert, que todavía se encontraba trabajando en Königsberg como *Privatdozent*, anunció un

nuevo curso dedicado a los fundamentos de la geometría. El curso, titulado "Axiomas de la geometría", fue sin embargo aplazado para el semestre siguiente, dado que el número de alumnos inscriptos era insuficiente.[2] El aplazamiento le permitió introducir numerosas modificaciones en las notas originales, en muchos casos añadiendo referencias sumamente importantes. El resultado de este curso fueron las notas de clases tituladas "Grundlagen der Geometrie" (Hilbert 1893/1894b).[3] Este curso es el primer tratamiento axiomático de cualquier rama de la matemática realizado por Hilbert.

El método axiomático, en el sentido que más tarde adquirirá en sus trabajos geométricos, no está aquí plenamente desarrollado como en (Hilbert 1898/1899a), (Hilbert 1898/1899b) y en la primera edición de *Fundamentos de la geometría*.[4] Por un lado, Hilbert no lleva a cabo una investigación axiomática tal como es definida en la introducción de su curso de 1891, *i. e.*, "una investigación sistemática de aquellas geometrías que surgen cuando uno o más axiomas [de la intuición] son dejados de lado" (Hilbert 1891a, p. 22) o reemplazados por su negación. En cambio, en estas notas Hilbert se dedica exclusivamente a presentar un sistema de axiomas para la geometría euclídea elemental y a definir, sobre la base de los dos primeros grupos (incidencia y orden), algunos conceptos y teoremas fundamentales de la geometría proyectiva. Por otro lado, Hilbert lleva a cabo investigaciones "metageométricas" (*i. e.*, estudio de la independencia de un axioma o grupo de axiomas y de la consistencia de un sistema axiomático), utilizando el método de proporcionar distintas interpretaciones o 'modelos' de los axiomas. Sin embargo, estas notas de clases constituyen el inicio de un *análisis axiomático* de la geometría, de donde se sigue que este texto prepara el camino

---

[2] Hilbert da cuenta de esta situación en una carta a F. Klein, fechada el 23 de mayo de 1893:

> En cuanto a los asistentes, este semestre ha sido negativo como nunca: imparto dos cursos, cada uno para un solo asistente . . . ; mi tercer curso, sobre geometría no euclídea, no ha podido realizarse, aunque sigo trabajando sobre él para mí mismo. (Hilbert a Klein, 23 de mayo de 1893; en Frei 1985, p. 89)

Véase (Toepell 1986, pp. 44–49).

[3] Sobre la composición de estas notas véase la introducción al segundo capítulo de (Hallett y Majer 2004).

[4] En adelante utilizaré el término "Festschrift" (*escrito celebratorio*) para referirme a la primera edición de *Fundamentos de la geometría*.

para los posteriores tratamientos "metageométricos".

Otro aspecto interesante de este curso es que permite apreciar la influencia que ejerció el libro *Lecciones de geometría moderna* (1882) de Moritz Pasch (1843–1930), sobre las primeras investigaciones axiomáticas de Hilbert en el campo de la geometría. En efecto, ello es reconocido por el propio autor, en la carta dirigida a Klein recién mencionada:

> Creo que se puede aprender mucho, respecto de las disputas de los geómetras en torno a los axiomas de la geometría, del inteligente libro de Pasch. También tuvo Pasch el mérito de haber reconocido la necesidad del concepto 'entre', aunque sin embargo construyó un conjunto de axiomas redundante [*überflussig*]. (...) En mi opinión, la pregunta respecto de cuál es el sistema más pequeño de condiciones (axiomas), que uno debe establecer para un sistema de cosas [*Einheiten*], de manera que el mismo sistema sirva para describir la forma externa del mundo exterior, no ha sido todavía resuelta. (Hilbert a Klein, 23 de Mayo de 1893; en Frei 1985, p. 90)[5]

En lo que sigue podremos reconocer la influencia de Pasch tanto en aspectos matemáticos de la presentación axiomática de Hilbert, esto es, en la elección de los distintos axiomas, como en algunos elementos de su concepción de la geometría.

Hilbert comienza sus notas de clases, como es habitual, con una introducción en donde realiza unas breves observaciones en torno a su concepción general de la geometría, y a las bases epistemológicas de nuestro conocimiento geométrico. En varios puntos estas consideraciones coinciden con las ideas expresadas en las notas del curso precedente de 1891. Sin embargo, la imagen de la geometría resulta ahora conjugada con algunas de las ideas centrales de su nuevo método axiomático formal o abstracto.

En primer lugar, Hilbert alude nuevamente a la tesis general respecto de la naturaleza de las teorías matemáticas, presentada anteriormente en (Hilbert 1891a). Según esta tesis, la geometría no debe

---

[5] Citado también en (Toepell 1986, pp. 44–45).

ser considerada una disciplina matemática pura, en tanto que para su construcción requiere de algo más que del pensamiento puro. Sin embargo, a diferencia del curso anterior, Hilbert adopta ahora una posición más abiertamente empirista. En parte, ello se explica en virtud de su reciente lectura del libro de Pasch (1882). En las primeras líneas de este curso nos encontramos con la siguiente caracterización de la geometría:

> Entre los *fenómenos o hechos de la experiencia* que se nos ofrecen en la observación de la naturaleza, existe un *grupo particularmente destacado*, es decir, el grupo de aquellos *hechos* que determinan la forma externa de las cosas [die äussere Gestalt der Dinge]. De estos hechos se ocupa la *geometría*. (Hilbert 1893/1894b, p. 72)

Este manera de caracterizar la geometría es muy similar a la definición que presenta Pasch en la introducción de su libro:

> Los conceptos geométricos son ese grupo especial de conceptos que sirven para describir el mundo externo [*Aussenwelt*], y se refieren a la forma, magnitud y posición mutua de los cuerpos. (...) El punto de vista así indicado, que será asumido en lo que sigue, es que la geometría es una parte de la ciencia natural. (Pasch 1882, p. 3)

Ahora bien, de un modo muy similar, en estas notas de clases Hilbert describe el objeto de estudio de la geometría de la siguiente manera:

> Como cada ciencia busca ordenar el grupo básico de hechos de su propio ámbito, o describir los fenómenos, como dice Kirchhoff[6], así hace exactamente la geometría con aquellos *hechos geométricos*. Esta organización o descripción acontece por medio de ciertos *conceptos*, que

---

[6] Hilbert se refiere aquí al prefacio de Kirchhoff (1877): "Por estas razones sostengo que la tarea de la mecánica es describir los movimientos que ocurren en la naturaleza, y en efecto, describirlos del modo más simple y completo posible" (Kirchhoff 1877, p. III).

están conectados entre sí a través de las leyes de la lógica. Una ciencia se encuentra más avanzada, esto es, el
entramado de conceptos [Fachwerk der Begriffe] es más
completo, cuanto más fácilmente cada fenómeno o hecho
es acomodado. (Hilbert 1893/1894b, p. 72)

Hilbert afirma que la geometría, en función de su origen empírico, se encuentra naturalmente más cerca de disciplinas físicas como
la mecánica, que de la aritmética o el análisis. En este sentido, su
objetivo puede ser enunciado como la descripción de un conjunto
o grupo básico de hechos geométricos[7], en gran parte con un origen empírico. Tal descripción es llevada a cabo por medio de la
construcción de un esquema o entramado de conceptos [*Fachwerk
von Begriffen*], cuyo significado Hilbert se ocupará pronto de aclarar. Sin embargo, sabemos ya que su construcción está guiada por
un criterio fundamental, a saber: el entramado de conceptos debe
ser elaborado de tal manera que en él estén representados o incluidos la totalidad de los hechos o fenómenos que componen nuestro
conocimiento geométrico.

Ahora bien, al afirmar que la geometría es la ciencia encargada
de estudiar "el grupo de hechos que determina la forma externa de
las cosas en el espacio"[8], Hilbert no pretende solamente resaltar el
carácter de la geometría, *en cuanto a su origen*, como una ciencia
natural. Con esta caracterización Hilbert busca enfatizar además el
hecho de que las proposiciones básicas de la geometría elemental no
son muy distintas que las proposiciones de la física en cuanto a que,
en un sentido factual, formulan una multitud de hechos del "mundo
exterior" [*Aussenwelt*]. Al resaltar el carácter de la geometría como
una ciencia natural, Hilbert subraya su papel significativo en nuestro conocimiento de la naturaleza. En este respecto la geometría
elemental puede ser considerada como una de las primeras ramas
de la física. Veremos que esta característica es también mencionada
en cursos posteriores.

Hilbert afirma seguidamente que la geometría se diferencia de
otras ciencias físicas como la mecánica, la teoría de la electricidad,

---

[7] Más adelante nos referiremos a la noción de "hecho geométrico".

[8] Hilbert repite esta afirmación en numerosas oportunidades a lo largo de estas
notas. Por ejemplo, en (Hilbert 1893/1894b, p. 74) y (Hilbert 1898/1899b,
p. 221).

la óptica, etc., no en virtud de una característica esencial asociada a su *naturaleza*, sino debido a su avanzado estado de desarrollo. El notable grado de avance que ha alcanzado la geometría desde los tiempos de Euclides, y el consenso generalizado respecto de los 'hechos' que forman este dominio o ámbito de conocimiento, permiten que esta disciplina pueda ser sometida sin mayores problemas a un tratamiento axiomático (formal):

> La geometría es básicamente una ciencia tan desarrollada, que todos sus hechos pueden ser ya deducidos por medio de *inferencias lógicas* a partir de hechos previos; algo completamente distinto ocurre, por ejemplo, en la teoría de la electricidad o la óptica, donde todavía hoy nuevos hechos son descubiertos. Empero, respecto de su origen, la geometría es una *ciencia natural*, como lo mostraré claramente más tarde. (Hilbert 1893/1894b, p. 72)

Sin dudas es posible ver aquí una anticipación de lo que más tarde será el sexto de sus célebres "Problemas matemáticos" de París:

> Las investigaciones en fundamentos de la geometría sugieren el siguiente problema: Tratar del mismo modo, por medio de axiomas, aquellas ciencias físicas en las que la matemática desempeña un papel importante; en primer lugar están la teoría de la probabilidad y la mecánica. (Hilbert 1900b, p. 306)

Más aún, hacia el final de estas notas, Hilbert plantea el mismo problema, prácticamente en los mismos términos:

> Según el modelo de la geometría deben ser tratadas ahora todas las otras ciencias, en primer lugar la mecánica, pero posteriormente también la óptica, la teoría de la electricidad, etc. (Hilbert 1893/1894b, p. 121)

Hilbert adopta en su concepción temprana de la geometría una posición visiblemente empirista, pero que no radicaliza en ningún momento. Es decir, su empirismo consiste en sostener que los hechos, leyes y conceptos básicos que están en la base de la geometría no pueden ser adquiridos a través del pensamiento puro, sino que para ello es necesario recurrir a la experiencia y a la intuición:

Puesto que no todos los conceptos son deducidos a través de la *lógica pura*, sino que muchos de ellos provienen
de la *experiencia*, la importante pregunta que será abordada en este curso es: ¿Cuáles de los *hechos fundamentales* son suficientes para construir toda la geometría?
A estos hechos no *demostrables* los fijamos de antemano
y los llamamos *axiomas*. (Hilbert 1893/1894b, p. 72)

Sin embargo, en ningún lugar de estas notas, ni en sus cursos
posteriores, Hilbert profundiza este empirismo exigiendo que todos
los conceptos primitivos y proposiciones básicas de la geometría
axiomática tengan como correlato un conjunto de conceptos y proposiciones empíricas u observacionales. Como es bien sabido, éste
era uno de los requerimientos fundamentales del programa empirista de Pasch para la fundamentación de la matemática.[9]

Con esta imagen de fondo de la base epistemológica de la geometría, Hilbert describe su empresa de axiomatizar la geometría en
los siguientes términos:

El problema de nuestro curso versa así: [determinar]
cuáles son las condiciones *necesarias, suficientes* e independientes entre sí, que deben establecerse en un sistema de cosas, para que a cada propiedad de estas cosas le
corresponda un hecho geométrico, e inversamente, para
que por medio del mencionado sistema de cosas sea posible una *descripción completa u organización* de todos
los hechos geométricos; o para que nuestro sistema se
convierta en una imagen [*Bild*] de la realidad geométrica. (Hilbert 1893/1894b, p. 73)

Con la afirmación de que su sistema de cosas debe poder con-
vertirse en una "imagen [*Bild*] de la realidad geométrica", Hilbert
alude directamente a la *Bildtheorie* de Heinrich Hertz. Esta lectura
se confirma algunas páginas más tarde, cuando afirma también que
sus axiomas de la geometría pueden ser entendidos como las *Bilder*
de Hertz.[10] Sin embargo, dado que esta relación será el tema central
del próximo capítulo, aplazamos por el momento esta discusión.

---

[9] Sobre el programa empirista de Pasch para la fundamentación de la matemática véase Torretti (1984), Gandon (2005) y, especialmente, Schlimm
(2010b).

[10] Cf. (Hilbert 1893/1894b, p. 74).

Por otra parte, el lenguaje utilizado por primera vez aquí por Hilbert, y que luego se volverá habitual en sus presentaciones axiomáticas, denota la influencia de Dedekind; especialmente, de su libro *¿Qué son y para qué sirven los números?* (Dedekind 1888). En efecto, los términos 'cosa' [*Ding*] y 'sistema' [*System*] son de gran importancia en esta obra. Dedekind se ocupa de aclarar su significado en los primeros parágrafos: "En lo sucesivo entiendo por *cosa* todo objeto de nuestro pensamiento" (Dedekind 1888, p. 105); y respecto de la noción de sistema aclara: "Sucede con mucha frecuencia que distintas cosas a, b, c ..., consideradas por cualquier motivo bajo un mismo punto de vista, son reunidas mentalmente, y se dice entonces que constituyen un *sistema S*" (*Íbid*). De este modo, aunque el término 'cosa' pueda parecer muy vago, Hilbert mienta con ello – siguiendo a Dedekind – que los tres sistemas de objetos, postulados como los objetos primitivos del sistema axiomático, son de una naturaleza totalmente indeterminada. En la medida en que su concepción axiomática vaya evolucionando, Hilbert comenzará a emplear el término 'cosas del pensamiento' [*Gedankendinge*], para aclarar que aquellos elementos que tomamos como básicos en una presentación axiomática pertenecen exclusivamente a un nivel conceptual.[11]

2.2.2. El nuevo método axiomático

La presentación axiomática de la geometría que Hilbert realiza en este curso no alcanza ciertamente el nivel de desarrollo de sus presentaciones posteriores; especialmente, los estudios "meta-geométricos" están prácticamente ausentes.[12] Sin embargo, es po-

---

[11] Sobre el uso de los términos 'cosa' y 'sistema' en Dedekind, véase Ferreirós (2007). Por otra parte, en un reciente artículo, Ferreirós (2009) ha enfatizado la influencia de Dedekind sobre Hilbert, en este período temprano. Por el contrario, diferencias importantes entre los abordajes de ambos autores han sido destacadas por Klev (2011).

[12] Quizás ésta haya sido una razón por la cual Hilbert consideró inicialmente las investigaciones axiomáticas como "poco interesantes" y "estériles", desde un punto de vista matemático. Esta opinión se encuentra en una carta a su colega y amigo, Adolf Hurwitz:

Por cierto mi curso sobre los axiomas de la geometría no me ha resultado, por lo menos hasta ahora, para nada edificante. Siempre lo mismo: si se debe tomar esto o aquello como axioma; siempre el mismo tono insípido, sin la vívida frescura de los nuevos

sible apreciar en este manuscritos de 1894 algunas características que poco después serán centrales en su exposición más acabada del método axiomático abstracto o formal, como así también en su concepción axiomática de la geometría. En primer lugar, en este curso Hilbert dispone por primera vez a los axiomas de la geometría en cinco grupos diferentes. Esta agrupación se explica principalmente en virtud de una división conceptual, aunque en textos posteriores Hilbert advierte que a cada uno de estos grupos le corresponde distintos niveles de justificación empírico/intuitiva. Los grupos de axiomas son los siguientes:

- A– Axiomas de existencia

- B– Axiomas de posición

- C– Axioma de continuidad

- D– Axiomas de congruencia

Aunque las cuestiones más bien técnicas en relación a los sistemas axiomáticos de Hilbert serán tratadas en la tercera parte de este libro, es oportuno realizar algunas breves aclaraciones respecto de este primer sistema de axiomas para la geometría euclídea elemental.

2.2.2.1. El primer sistema de axiomas para la geometría euclídea

El primer grupo de 'axiomas de existencia' [*Existenzaxiome*] o 'enlace', como los designa más tarde Hilbert en *Fundamentos de la geometría* (1899), estaba compuesto por los siguientes ochos axiomas:

1. Dos puntos cualesquiera A, B determinan siempre una y sólo una línea a.

2. Dos puntos cualesquiera A, B sobre la línea a, determinan la línea a; o en fórmulas de $AC = a$ y $BC = a$, $A \neq B$ se sigue que $AB = a$.

---

resultados. (Hilbert a Hurwitz, 13 de junio de 1894). Citado en (Toepell 1986, p. 100)

3. Tres puntos cualesquiera A, B, C, que no están en una línea, determinan uno y sólo un plano α.

4. Tres puntos cualesquiera A, B, C que están en un plano α, pero no sobre una línea, determinan el plano α; en fórmulas, de $ADE = \alpha$, $BDE = \alpha$, $CDE = \alpha$ se sigue $ABC = \alpha$.

5. Si dos puntos A, B sobre una línea a se encuentran en un plano α, entonces todos los puntos de a se encuentran en el plano α.

6. Si dos planos tienen un punto en común, entonces tienen al menos otro punto en común, y por lo tanto la línea que pasa por A, B.

7. Existen al menos cuatro puntos que no se encuentran en un mismo plano.

8. En toda línea existen al menos dos puntos, en todo plano existen al menos tres puntos que no están sobre una misma línea.[13]

Mientras que los dos primeros axiomas y el octavo describen las relaciones de incidencia de los elementos geométricos (puntos y líneas) en el plano, los seis restantes determinan las relaciones de incidencia en el espacio. Asimismo, los ochos axiomas aquí formulados coinciden – aunque no literalmente – con los axiomas de enlace de la segunda edición de *Fundamentos de la geometría* (Hilbert 1903).[14] En la elección y formulación de estos axiomas se aprecia la influencia de Pasch, en tanto seis de los ocho axiomas coinciden casi exactamente con los principios [*Grundsätze*] formulados en (Pasch 1882).[15]

---

[13] (Hilbert 1893/1894b, pp. 73–74).

[14] En la primera edición, el grupo de axiomas de enlace estaba formado por siete axiomas, a saber: Hilbert no incluye en esta versión inicial al axioma espacial: "existen al menos cuatro puntos sobre una recta". Este axioma tampoco es incluido en (Hilbert 1898/1899a) y (Hilbert 1898/1899b).

[15] Una diferencia importante es que Pasch organiza sus principios o axiomas de un modo diferente, esto es, en función de los elementos – axiomas para la recta, para el plano, etc. – y no en función de las relaciones – incidencia, orden, congruencia –. Para un examen detallado de los axiomas de Pasch, véase Contro (1976) y Torretti (1984).

Por otro lado, el grupo de axiomas de posición u 'orden' estaba integrado por seis axiomas:

1. Entre dos puntos A y B existe siempre al menos un tercer punto de la línea.

2. Dados tres puntos en una línea, uno de ellos se encuentra siempre entre los otros dos.

3. Si C se encuentra entre A y B, si D se encuentra entre A y C, entonces D se encuentra también entre C y B.

4. Si C se encuentra entre A y B, y D se encuentra en A y C, entonces D no se encuentra entre C y B.

5. Si A y B son dos puntos de una línea, entonces existe siempre un punto C, que se encuentra entre A y B.

6. Si en un plano son dados tres puntos que no están sobre una misma línea y una línea cruza AB, pero no pasa por C, entonces o esta línea cruza AC pero no BC, o cruza BC, pero no AC.[16] (Figura 2.1)

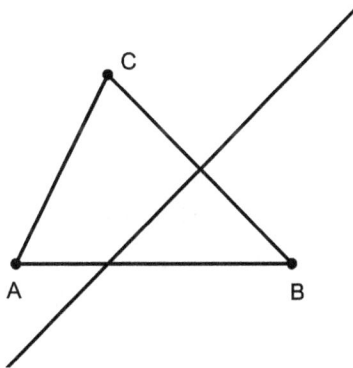

Figura 2.1.: Axioma de Pasch.

Hilbert sigue también aquí a Pasch, en tanto cinco de los seis axiomas son tomados de su libro. El más conocido de ellos es el sexto axioma, conocido habitualmente como el "axioma de Pasch". Esta

---

[16] (Hilbert 1893/1894b, pp. 76–78).

lista de axiomas sufrirá importantes modificaciones en el sistema final de axiomas del *Festschrift*, en tanto sólo dos de ellos serán conservados (los axiomas 2 y 6).

Tras presentar los axiomas de existencia (enlace) y posición (orden), y demostrar a partir de ellos algunos teoremas elementales, Hilbert hace un breve paréntesis para introducir una serie de conceptos básicos de la geometría proyectiva y probar algunos teoremas fundamentales. Se introducen los conceptos de haz de líneas, haz de planos y la relación de 'separación' entre cuatro puntos de una línea – equivalente a la relación de orden en la geometría euclídea.[17] Asimismo, se define el concepto de posición armónica de cuatro puntos sobre una línea, utilizando para ello la construcción del cuadrilátero completo. Por último, otro resultado que encontramos aquí es una demostración de la unicidad del cuarto elemento armónico, en la cual el teorema de Desargues resulta fundamental.[18]

La construcción del cuatro punto armónico permite la introducción del número en la geometría, i.e. la introducción de coordenadas. Hilbert muestra cómo es posible asignarle a cada punto sobre la línea un número real (positivo).[19] En cambio, para que la afirmación recíproca se cumpla, es necesario postular un axioma de continuidad. En consecuencia, Hilbert incluye en su sistema de axiomas el siguiente axioma de continuidad:

> **Axioma de continuidad**: Dada una sucesión de infinitos puntos ordenados P_1, P_2, P_3, ..., si todos los puntos se encuentran de un lado del punto A, entonces existe siempre uno y sólo un punto P, tal que todos los puntos de la sucesión se encuentran sobre ese mismo lado respecto de P, y al mismo tiempo no existe ningún punto entre P y el resto de los puntos de la sucesión. P se denomina el punto límite. (Hilbert 1893/1894b, p. 92)

Este axioma de continuidad, que establece la existencia de un punto límite para una sucesión (monótona) creciente y acotada superiormente de puntos sobre una línea, garantiza la correspondencia

---

[17] Cf. (Hilbert 1893/1894b, pp. 80–81).

[18] Cf. (Hilbert 1893/1894b, pp. 81–85).

[19] Cf. (Hilbert 1893/1894b, pp. 85–91). Como lo observa (Toepell 1986, p. 73), Hilbert sigue aquí esencialmente a Killing (1885). Para probar que a cada punto de la línea le corresponde un único número real, es necesario además el axioma de Arquímedes

uno–a–uno entre los puntos de la línea y el conjunto de los números reales. Seguidamente, Hilbert define el concepto de razón doble
de cuatro puntos sobre una línea y demuestra que es un invariante
proyectivo. Una vez definido este concepto se introduce un sistema
de coordenadas, con lo cual concluye su exposición de la geometría
proyectiva.

En cuarto lugar Hilbert introduce el grupo de axiomas de congruencia. Éste es el grupo de axiomas que más cambios sufrirá hasta
llegar su presentación final en el *Festschrift*. En efecto, mientras que
en este manuscrito encontramos nueve axiomas de congruencia, en
su libro este grupo sólo constará de seis axiomas. Sin embargo, la
idea fundamental de Hilbert para el tratamiento de la relación de
congruencia está en estas notas completamente delineada. Mientras que la congruencia lineal en geometría, ya sea la noción misma de congruencia como las proposiciones fundamentales que la
regulaban, había estado originalmente motivada por simples observaciones acerca del *movimiento de cuerpos rígidos* en el espacio,
los axiomas de congruencia de Hilbert no tienen más que nada ver
con el movimiento en sí mismo.[20] Por el contrario, Hilbert entiende
que el análisis matemático del movimiento espacial requiere de una
noción neutral, e independientemente definida, de congruencia. Hilbert utiliza entonces un conjunto simple de axiomas para establecer
una noción "abstracta" de congruencia, que puede ser aplicada en
el análisis del movimiento, pero que sin embargo es independiente
de la cuestión meramente empírica de si existen o no de hecho cuerpos rígidos, y de si estos cuerpos pueden llegar a ser congruentes
en un sentido intuitivo.[21]

Los axiomas que describen esta noción "abstracta" de congruencia son los siguientes:

1. Dos puntos A, B determinan un segmento. Sean A, B dos puntos dados sobre una línea a, y A' y S otros dos puntos sobre
   la misma línea o sobre otra línea a', entonces es posible determinar sobre a' uno y sólo un punto B', el cual se encuentra
   junto con S sobre el mismo lado respecto de A', y tal que AB

---

[20] La conexión entre los axiomas de congruencia de Hilbert y el movimiento
de cuerpos rígidos en el espacio no es, sin embargo, difícil de establecer.

[21] Sobre el nuevo tratamiento que Hilbert la da a la noción de congruencia en
geometría, véase (Hallett 2008).

$= A'B'$. Si $AB = A'B'$, entonces también $A'B' = AB$ y $AB = BA.$[22]

2. Si dos segmentos son iguales a un tercero, entonces son iguales entre sí.

3. Si $AB = A'B'$ y $AC = A'C'$ y A se encuentra sobre la linea $a = ABC$, y además A' se encuentra sobre la linea $a' = A'B'C'$ y entre B' y C', entonces también $BC = B'C'$ y se llama la suma de ambos segmentos.

4. Si $AB = A'B'$, $AC = A'C'$ y B, C se encuentran sobre la línea $a = ABC$ y sobre el mismo lugar respecto de A, y si B', C' se encuentran sobre la linea $a' = A'B'C'$ y sobre el mismo lugar respecto de A', entonces $BC = B'C'$ y se llama la diferencia entre los segmentos AB y AC. (Figura 2.2)

Figura 2.2.: Cuarto axioma de congruencia.

5. Tres puntos BAC determinan un ángulo, si B' se encuentra sobre AB y además en el mismo lugar respecto de A, al igual que B, entonces $\angle B'AC = \angle BAC$. Si son dados el ángulo BAC, la línea $A'B'$ y un punto S, que no se encuentra sobre la misma línea, entonces es posible determinar siempre un punto C', el cual se encuentra en el mismo lugar respecto de $A'B'$, tal que $\angle B'A'C' = \angle BAC$. Además $\angle BAC = \angle B'A'C' = \angle CAB$. Si el punto C'' satisface las mismas condiciones, entonces $AC'C''$ se están sobre una línea. (Figura 2.3)

---

[22] La propia formulación de Hilbert de los axiomas es aquí un poco confusa y está llena de correcciones al margen. Ello resulta comprensible, en tanto este grupo está siendo todavía objeto de constantes modificaciones. Por otra parte, en estas notas de clases Hilbert utiliza indistintamente a los signos "$=$" y "$\equiv$".

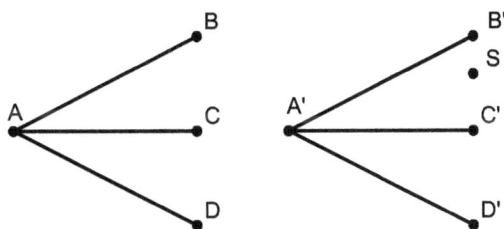

Figura 2.3.: Quinto axioma de congruencia.

6. Si $AB = A'B'$, $AC = A'C'$ y además $BC = B'C'$, entonces $\angle BAC = \angle B'A'C'$, y recíprocamente: si $AB = A'B'$, $AC = A'C'$, $\angle BAC = \angle B'A'C'$, entonces $BC = B'C'$.

7. Si dos ángulos son iguales a un tercero, entonces son iguales entre sí.

8. Si $\angle BAC = \angle B'A'C'$ y $\angle DAB = \angle D'A'B'$ y, por un parte, D y C se encuentran en distintos lados respecto de AB, y por otra parte D', C' se encuentran en distintos lados respecto de $A'B'$, entonces $\angle CAD = \angle C'A'D'$ y se llama la suma de ambos ángulos.

9. Si se cumple todo lo anterior, sólo que por una parte D, C se encuentran en el mismo lugar respecto de AB, y $D'C'$ en el mismo lugar respecto de $A'B'$, entonces $\angle CAD = \angle C'A'D'$ y se llama la diferencia.

Finalmente, Hilbert presenta en último lugar al axioma de las paralelas, con lo cual el sistema de axiomas para la geometría euclídea es completado. La versión aquí formulada no se corresponde con el postulado original de Euclides, sino con el conocido "axioma de Playfair", que afirma que por un punto exterior a una recta puede trazarse exactamente una recta paralela a dicha recta.[23]

---

[23] Cf. (Hilbert 1893/1894b, p. 122).

2.2.2.2. El método axiomático abstracto en 1894

Hasta aquí una rápida descripción del sistema de axiomas que presenta Hilbert en este primer abordaje axiomático a la geometría. Veamos ahora cómo la nueva concepción formal del método axiomático comienza a ser caracterizada en estas notas. En primer lugar, Hilbert adhiere al llamado 'deductivismo' de Pasch (1882), es decir, a la posición según la cual las demostraciones geométricas deben proceder de un modo estrictamente deductivo, sobre la base que aportan los axiomas de la teoría, y sin ningún tipo de referencia directa a construcciones diagramáticas o figuras geométricas:

> En efecto, si la geometría ha de ser realmente deductiva, el proceso de inferencia debe ser siempre independiente del significado de los conceptos geométricos, al igual que debe ser independiente de los diagramas [*Figuren*]; sólo las relaciones fijadas entre los conceptos geométricos según aparecen en las proposiciones utilizadas, por ejemplo en las definiciones, pueden ser tomadas en consideración. Durante la deducción es útil y legítimo, pero de ningún modo necesario, pensar en el significado de los conceptos geométricos; de hecho, cuando se vuelve verdaderamente necesario hacerlo, ello revela que hay una laguna [*Lückenhaftigkeit*] en la deducción, y que (si esta laguna no puede ser eliminada modificando el razonamiento), las premisas son demasiado débiles para apoyarlo. (Pasch 1882, p. 98)

Este pasaje de las *Vorlesungen über neuere Geometrie* (Pasch 1882), citado muy a menudo, le valió a Pasch el renombre de "padre del rigor en geometría" (Freudenthal 1962, p. 619) o también de "padre de la axiomática moderna" (Tamari 2007). Con la expresión 'por medios puramente deductivos' Pasch quiere significar que, sin importar el contenido (empírico) que se supone deben expresar las proposiciones básicas de la geometría, una vez que éstas han sido establecidas, ninguna referencia ulterior a la experiencia o la intuición es necesaria para su desarrollo deductivo. Según lo advierte el propio Pasch:

> Los axiomas deben contener todo el material empírico necesario para construir la matemática, de manera

que una vez establecidos, no es más necesario recurrir a observaciones empíricas. (Pasch 1882, p. 18)

Aunque la utilización sustantiva de diagramas en las pruebas geométricas había sido fuertemente criticada por los geómetras desde comienzos del siglo XIX[24], Pasch tuvo el mérito de haber articulado por primera vez una posición clara respecto de los métodos de demostración que debían ser considerados como legítimos en geometría.[25] Esta articulación, sin embargo, fue rápidamente compartida por gran parte de los geómetras de la época, no sólo dentro de Alemania, sino con gran ímpetu en Italia.[26] Hilbert adhiere, en este primer abordaje axiomático a la geometría, a la idea de que las demostraciones geométricas sólo deben estar basadas en los axiomas y, por lo tanto, no se debe recurrir en ellas a la intuición. Ello lo manifiesta explícitamente en el siguiente pasaje de su manuscrito, en donde parafrasea visiblemente a Pasch:

Un sistema de puntos, líneas y planos se denomina diagrama o figura. La demostración [de esta proposición][27] puede ser también llevada a cabo de la mano de una figura apropiada, sin embargo esta referencia no es de ningún modo *necesaria*; ella hace más fácil la *compresión* y es un *medio fructífero* para el descubrimiento de nuevos teoremas. Pero cuidado, [esta referencia] fácilmente puede conducir a errores. El teorema está recién probado cuando *la demostración es completamente independiente de la figura*. La prueba debe estar basada

---

[24] Como se ha visto en el capítulo anterior, el surgimiento de la geometría proyectiva, a comienzos del siglo XIX, tuvo una gran importancia en la crítica a la utilización de los diagramas en las pruebas geométricas. El artículo de Nagel (1939) es un estudio clásico sobre esta temática

[25] Para ser más precisos, en 1882 Pasch sólo plantea este idea de un modo general. Su programa deductivista es en cambio desarrollado posteriormente. Véase (Schlimm 2010b).

[26] Sobre la recepción de Pasch (1882) por los geómetras italianos, véase Gandon (2005), Bottazzini (2001b) y Avellone y otros (2002). Una clara excepción fue Klein (1890). Sobre las discusiones entre Pasch y Klein respecto del papel de los diagramas en geometría véase Schlimm (2010a).

[27] Hilbert se refiere a la proposición: "A través de una línea y de un punto, que no se encuentra en esta misma línea, pasa siempre uno y sólo un plano"(Hilbert 1893/1894b, p. 75).

> paso a paso en los *axiomas previamente establecidos*. El
> dibujar figuras equivale al *experimento* del físico, y la
> *geometría experimental* queda ya concluida con [el es-
> tablecimiento de] los axiomas. Si nos apartamos *en lo
> más mínimo* de esta posición, entonces el proceso de de-
> mostración [*Beweisverfahren*], y con ello toda la investi-
> gación, pierde *todo su sentido*. (Hilbert 1893/1894b, p.
> 75)

Junto con este requerimiento característico del método axiomático moderno, que establece que un teorema sólo puede considerarse
demostrado cuando es completamente independiente de la figura
geométrica[28], Hilbert exhibe también otros elementos que apuntan
al carácter abstracto que pretende imprimirle a su nueva idea de
axiomática. En primer lugar, renuncia a ofrecer una definición descriptiva *à la Euclides* de los términos básicos de su teoría geométrica; en cambio, el primer paso de la presentación axiomática consiste
ahora en postular la existencia de un sistema o conjunto de objetos
cualesquiera, sujeto a las condiciones impuestas por los axiomas.[29]
Estos objetos reciben por convención su designación geométrica habitual, aunque se aclara que de ningún modo refieren a los objetos
dados en la intuición geométrica:

> En efecto, antes de los axiomas de existencia se debe
> añadir lo siguiente: Existe un sistema de cosas, a las
> que llamamos puntos, un segundo y un tercer sistema
> de cosas, a las que deseamos llamar líneas y planos.
> (Hilbert 1893/1894b, p. 74)

Más importante aún, en estas notas de clases Hilbert afirma, *por
primera vez*, que su sistema axiomático para la geometría euclídea
elemental no debe ser entendido como una descripción directa o
inmediata del espacio físico, sino más bien como un 'esquema de
conceptos', capaz de recibir diversas interpretaciones:

---

[28] Para una discusión reciente sobre la posición de Hilbert respecto del papel
de los diagramas en matemática, véase Smadja (2012).

[29] Es precisamente en virtud de esta suposición inicial de la existencia de un
conjunto de objetos indeterminados, por la que Hilbert llama más tarde
"axiomática existencial" a su concepción del método axiomático. Véase la
descripción del método axiomático formal en (Hilbert y Bernays 1934, pp.
1–3).

> En general debe afirmarse: nuestra teoría proporciona
> sólo un esquema [*Schema*] de conceptos, conectados en-
> tre sí por las invariables leyes de la lógica. Se deja libra-
> do al entendimiento humano [*menschlicher Verstand*]
> cómo aplicar este esquema a los fenómenos, cómo lle-
> narlo de material [*Stoff*]. Ello puede ocurrir de diver-
> sas maneras: pero siempre que los axiomas sean satis-
> fechos, entonces los teoremas son válidos. Cuanto más
> fácil y más variadas son las aplicaciones, tanto mejor es
> la teoría. (Hilbert 1893/1894b, p. 104)

En la medida en que su nueva concepción axiomática vaya con-
solidándose, Hilbert irá ganando claridad respecto de este punto.
Sin embargo, este pasaje muestra que, ya en 1894, *la idea central
de su concepción formal del método axiomático estaba bien definida.* Hilbert reconoce que su axiomatización de la geometría arroja
un "esquema de conceptos" que se halla separado de la realidad
[*Wirklichkeit*], en el sentido de que su teoría axiomática no intenta
ofrecer una descripción directa del espacio físico. Por el contrario, de
acuerdo con su nueva concepción del método axiomático, la relación
entre su teoría geométrica axiomatizada y la 'realidad' acontece a
través de interpretaciones o 'aplicaciones' [*Deutungen*], que Hilbert
ejemplifica de la siguiente manera:

> Con los axiomas anteriores de existencia y posición po-
> demos describir ya un amplio conjunto de hechos geomé-
> tricos y fenómenos. Sólo necesitamos tomar 'cuerpos',
> por puntos, líneas y planos, 'rozar', por pasar a través, y
> 'estar quieto o fijo' por determinar. Los cuerpos los pen-
> samos en general sólo en un número finito y así consegui-
> mos que, por medio de esta interpretación, los axiomas
> se cumplan (...) Sabemos entonces que, en cualquier
> caso, todas las proposiciones establecidas hasta ahora
> se cumplen, y de hecho, con exactitud. Si encontramos
> que en la aplicación una proposición no se cumple (exac-
> tamente), entonces ello se debe a que la aplicación es
> falsa, i.e. los cuerpos, el movimiento y el rozar, no valen
> para nuestro esquema de axiomas (en general). (Hilbert
> 1893/1894b, pp. 103–104)

Es necesario aclarar que, aunque Hilbert sostiene aquí que la interpretación propuesta debe cumplir "exactamente" las condiciones impuestas por los axiomas, poco después en estas mismas notas de clase reconoce abiertamente que las interpretaciones *empíricas* de un sistema axiomático formal sólo pueden tener un carácter *aproximativo*. Por otro lado, dado que el esquema de conceptos puede tener múltiples – e incluso infinitas – aplicaciones, Hilbert admite que en principio ninguna interpretación debe ser privilegiada por sobre las otras. Por el contrario, cuanto más variadas sean las interpretaciones o aplicaciones posibles, mejor es la teoría en cuestión.[30]

Ahora bien, puesto que los sistemas axiomáticos son considerados ahora como 'esquemas de conceptos', Hilbert deberá reconocer que las teorías geométricas, aun cuando se afirme que su origen se encuentra en la experiencia, no pueden ser directamente verdaderas o falsas por representar correctamente, o por fallar en representar, ciertos objetos (físicos) o dominio determinado. Por el contrario, la condición fundamental que se exigirá de toda teoría axiomática es la *consistencia*. La realidad no determina a la teoría geométrica, en el sentido de que la limita a lo que, a primera vista, está intuitiva y empíricamente justificado; en cambio, la única limitación que se fija es que constituya un sistema de axiomas libre de contradicciones. Hilbert aclara esta idea hacia el final de sus notas, en donde critica duramente a los "filósofos" que rechazan de antemano la posibilidad de las geometrías no–euclídeas, al afirmar que éstas contradicen las leyes del espacio físico euclídeo:

> El experimento nos muestra ahora que la suma de los ángulos no difiere de π. Una diferencia de π incluso en el caso de triángulos enormes en la astronomía, no se ha presentado todavía en la actualidad. (...) En virtud de

---

[30] Este pasaje puede considerarse como una anticipación a una de sus respuestas a Frege:

> Todas las proposiciones de la teoría de la electricidad son por supuesto válidas también para cualquier otro sistema de cosas que sea sustituido por los conceptos de magnetismo, electricidad ..., bajo la condición de que los axiomas dados se cumplan. Pero esta circunstancia no puede ser nunca un defecto en una teoría – más bien, es una ventaja enorme – y en cualquier caso es inevitable. (Hilbert a Frege, 29 de diciembre de 1899; en Frege 1976, p. 67)

este experimento[31] rechazamos la utilización de la geometría hiperbólica y la reservamos eventualmente para
un uso posterior más sustantivo, en el caso de que medi-
ciones más precisas sobre triángulos de gran magnitud
revelen una diferencia respecto de π. Resulta necio, como lo hace por ejemplo Lotze[32], rechazar de antemano la
posibilidad de la geometría no–euclídea. La posibilidad
misma, es decir, la consistencia interna, puede ser en
cambio exhibida rigurosamente. En efecto, para ello se
puede construir un sistema de unidades – puntos, líneas,
planos (e incluso definir a través de números de un modo puramente aritmético), para el cual todos nuestros
axiomas – existencia, posición, congruencia – se cumplen y en el que por un punto pasan infinitas rectas
paralelas a una recta dada. Un sistema tal se encuentra
fácilmente, si se toman todos los puntos internos de una
esfera y se toma como plano todas las esferas existentes
ortogonales a la esfera dada. (Hilbert 1893/1894b, pp.
119–120)

Por un lado, Hilbert advierte que las diversas interpretaciones
posibles de un sistema axiomático formal para la geometría tienen
necesariamente *un carácter aproximativo*. Más aún, aunque *en este período temprano* Hilbert pensaba que el experimento de Gauss
revelaba que la geometría euclídea era una descripción verdadera
del espacio físico[33], al mismo tiempo era muy claro en cuanto a

---

[31] Hilbert se refiere al intento de Gauss de demostrar la validez empírica del
axioma de las paralelas, por medio de la medición de los ángulos de un
triángulo construido tomando como vértices tres picos de unos cerros ale-
daños a Göttingen. En efecto, Hilbert agrega como nota al pie la siguiente
referencia:

> Gauss explica – y con él toda la tradición en Göttingen – que su
> convencimiento de la validez de la geometría común radica en haber
> encontrado que la suma de los ángulos del triángulo Inselsberg,
> Brocken, y el alto Hagen es igual a $180°$. (Hilbert 1893/1894b, p.
> 119)

Un análisis histórico del significado del (supuesto) experimento de Gauss
puede consultarse en (Miller 1972) y (Schloz 2004).

[32] Hilbert se refiere a Lotze (1879).

[33] Por supuesto, este convencimiento cambiará con la llegada de la teoría de
la relatividad especial y general. Sobre la posición de Hilbert respecto de

que una interpretación (empírica) nunca podría llegar a un grado
de precisión tal como para decidir si una proposición como el postulado de las paralelas es verdadera o no. Por otro lado, en este
pasaje se sugiere que la consistencia de un sistema axiomático, por
ejemplo para la geometría hiperbólica, podría ser demostrada por
medio de la construcción de un modelo aritmético. Sin embargo,
esta alternativa no es profundizada, lo cual resulta consecuente con
el hecho de que en este primer abordaje axiomático a la geometría
las investigaciones metageométricas, por medio de la construcción
de realizaciones o 'modelos' aritméticos de los axiomas geométricos,
no son desarrolladas en absoluto. Hilbert sólo se limita meramente
a *sugerir* que las propiedades de independencia de un axioma o un
conjunto de axiomas pueden ser probadas por medio de *interpretaciones aritméticas*:

> Cada uno de los cinco axiomas de existencia es inde-
> pendiente de los cuatro axiomas restantes. De hecho,
> como puede verse fácilmente, siempre podemos cons-
> truir aritméticamente los tres sistemas de cosas: puntos,
> líneas y planos, i.e. a través de coordenadas, de mane-
> ra que cuatro axiomas cualesquiera son satisfechos, y
> el quinto no. Sin embargo, en lo que sigue no me ocu-
> paré de esto. (Hilbert 1893/1894b, p. 76)[34]

Por último, Hilbert menciona en este manuscrito otro aspecto
importante de su nueva concepción axiomática de la geometría. Este
rasgo es expresado, aunque de un modo lacónico, en la siguiente
observación:

> Cada sistema de unidades y axiomas que describe com-
> pletamente los fenómenos está tan justificado como cual-
> quier otro. Mostrar sin embargo que el sistema axiomá-
> tico aquí especificado es, respecto de cierto punto de
> vista, el más simple posible. (Hilbert 1893/1894b, p.
> 104)

---

las consecuencias que conllevaban estas teorías físicas para el estatus de la
geometría, véase (Corry 2004; 2006).

[34] La misma observación, respecto del grupo de axiomas de posición, se encuentra en (Hilbert 1893/1894b, p. 79).

El conjunto de 'hechos geométricos' que conforma el acervo de conocimientos de la geometría elemental puede ser descripto por medio de diferentes sistemas de axiomas. Sin embargo, Hilbert admite que todos los sistemas axiomáticos deben considerarse como igualmente justificados, bajo la condición de que sean capaces de "incluir o acomodar" [*unterbringen*] la totalidad de estos hechos geométricos dentro de la teoría axiomática, ya sea como axiomas o como consecuencias lógicas de los axiomas. Ahora bien, Hilbert expresa también la preocupación de que su sistema de axiomas sea, "respecto de cierto punto de vista", el más simple posible. En mi opinión, con esta afirmación nuestro autor alude a un componente importante de su concepción abstracta del método axiomático formal, que aquí sólo anticipa, pero que más tarde será explicitado con claridad. Este rasgo puede resumirse como sigue: en virtud del modo en que ahora se concibe la relación entre un sistema de axiomas para la geometría y la realidad o el espacio físico, es necesario convenir que los conceptos básicos de una teoría axiomática pueden ser escogidos libremente. En lugar de hablar de 'puntos', 'líneas' y 'planos' como los términos básicos, podemos utilizar los conceptos de 'círculo' y 'esfera'; e incluso podemos intentar construir un sistema axiomático para la geometría elemental a partir de un único término primitivo, por ejemplo, "punto".[35]

Una vez seleccionados los conceptos básicos, existe todavía una completa libertad para establecer qué proposiciones deben ser tomadas como axiomas y cuáles deben ser demostradas a partir de ellos. Dada esta libertad, una manera de entender entonces la "simplicidad" recién mencionada es que el sistema conste de la menor cantidad posible de conceptos primitivos y axiomas. Sin embar-

---

[35] Veblen (1904) es un ejemplo de una construcción axiomática de la geometría elemental, en donde se utiliza a la noción de 'punto' y 'orden' como los únicos términos primitivos del sistema. Asimismo, en la última década del siglo XIX y en la primera del siglo XX, varios matemáticos italianos llevaron a delante un programa de investigación, cuyo objetivo fundamental era presentar a las distintas teorías geométricas como teorías "hipotético–deductivas", en donde se intentaba reducir lo más posible el número de conceptos primitivos y axiomas. Dentro de este contexto, uno de los autores más importantes fue Mario Pieri (1860–1913), quien en 1900 presentó un sistema de postulados para la geometría euclídea elemental, sobre la base de sólo dos nociones primitivas: punto y movimiento (Cf. Pieri 1900). Sobre las contribuciones de Pieri, véase Marchisotto y Smith (2007).

go, aunque Hilbert advierte desde un inicio que, en principio, los conceptos primitivos y axiomas de un sistema axiomático para la geometría pueden ser escogidos con completa libertad, adopta en cambio al respecto una actitud en cierto sentido "tradicional".

Por razones o motivos que expondremos en los dos capítulos siguientes, Hilbert no desea apartarse *radicalmente* de la exposición clásica de la geometría llevada a cabo por Euclides. Bernays reconoce precisamente esta actitud de la siguiente manera: "En este trabajo [*Fundamentos de la geometría*], Hilbert crea un nuevo sistema de axiomas para la geometría, que selecciona de acuerdo a los criterios de simplicidad y completitud lógica, siguiendo los conceptos de Euclides lo más cerca posible" (Bernays 1922, p. 94). De este modo, no sólo el sistema axiomático de Hilbert dista mucho de ser el más económico posible, sino que además nunca expresó un interés concreto en sistemas axiomáticos alternativos para la geometría elemental, en donde se utilizaba un único o a lo sumo dos términos primitivos. La "simplicidad" a la que aquí se refiere Hilbert tiene entonces más que ver con la capacidad del sistema de axiomas de reflejar "de un modo directo" los hechos intuitivos básicos de la geometría, antes que con un número más reducido de nociones no definidas y axiomas.

Por otro lado, resulta muy interesante notar que, en sus primeros estudios axiomáticos en el campo de la geometría elemental, Hilbert no concebía la completa libertad con la que ahora podían ser elegidos los axiomas, como un rasgo enteramente positivo. En una carta escrita ese mismo año a Ferdinand von Lindemann (1852-1939), su anterior maestro en Königsberg[36], Hilbert expresa algunos reparos respecto de la supuesta "arbitrariedad" con la que pueden ser postulados los axiomas de la geometría:

> Algo me resulta todavía insatisfactorio en el establecimiento de los axiomas, lo cual reside en que la elección de los axiomas acontece con cierta arbitrariedad y no existe un principio efectivo, respecto de por qué uno no debería mejor tomar como axiomas a ciertas condiciones simples, y lo mismo a la inversa. (Hilbert a Lindemann,

---

[36] Sobre la relación entre Lindemann y Hilbert véase Rowe (2000) y Reid (1996).

17 de julio de 1894); citado en (Toepell 1986, pp. 100–101)

Aquellos habituados a la presentación axiomática formal de la geometría elemental en *Fundamentos de la geometría* (1899), encontrarán llamativo que Hilbert haya podido expresar una preocupación de tal índole. En efecto, una consecuencia inmediata del abandono de la concepción de los axiomas de la geometría como verdades intuitivas "autoevidentes", es que cualquier proposición puede ser en principio postulada libremente como axioma de la geometría, bajo la condición antes mencionada de que del sistema de axiomas (independientes) resultante puedan deducirse lógicamente todos los "hechos geométricos" que constituyen el dominio de esta disciplina. Más aún, en su reseña a la primera edición de *Fundamentos de la geometría* (1899), Poincaré manifiesta esta misma preocupación advertida previamente por Hilbert, aunque esta vez señalándola como un evidente defecto de la propuesta del matemático alemán:

> El punto de vista lógico parece sólo interesarle. Si una serie de proposiciones son dadas, él se asegura de que se sigan lógicamente de la primera. Cuál es el fundamento de esta primera proposición, cuál es su origen psicológico, es algo de lo que no se ocupa. E incluso si tenemos, por ejemplo, tres proposiciones A, B, C y si la lógica permite, partiendo de cualquiera de ellas, deducir las otras dos, para él es indiferente si consideramos a A como un axioma y de allí deducimos B y C, o si contrariamente, consideramos a C como un axioma y de allí deducimos A y B. Los axiomas son postulados; no sabemos de dónde provienen, y es por lo tanto fácil postular a A como C. (Poincaré 1902, p. 272)

En lo que sigue veremos que ésta fue una preocupación constante de Hilbert en este período temprano; una preocupación que estaba anclada en su concepción de la naturaleza de la geometría y del conocimiento matemático en general. Sin embargo, podemos concluir que, en este primer abordaje a la geometría, Hilbert pone de manifiesto los dos elementos o rasgos que, en mi opinión, caracterizan su concepción temprana de la geometría, a saber: *i)* una posición axiomática formal, que concibe el resultado de una axiomatización como una estructura relacional en donde los términos básicos no poseen una referencia (intuitiva) fija, sino que pueden recibir diversas interpretaciones, tanto dentro de otras teorías matemáticas o físicas, como así también interpretaciones empíricas; *ii)* una posición empirista respecto del origen de la geometría y de su lugar dentro de las distintas disciplinas matemáticas.

2.3. Hacia *Fundamentos de la geometría* (1899)

El curso de 1894 que hemos analizado en la sección anterior fue secundado por dos trabajos sobre geometría. En primer lugar, el curso "Geometría analítica del plano y el espacio" (Hilbert 1894/1895); en segundo lugar, una carta "científica" a Felix Klein, publicada más tarde en forma de artículo en *Mathematische Annalen*, con el título: "Sobre la línea recta como el camino más corto entre dos puntos" (Hilbert 1895). Este artículo reviste un gran interés, en tanto pone en evidencia que, a partir de 1895, las investigaciones geométricas de Hilbert cobraron un creciente carácter "metamatemático". Sin embargo, entre 1895 y 1898, la geometría estuvo muy lejos de ser su principal tema de estudio. Durante este período, Hilbert se dedicó intensamente a la teoría de números; específicamente, a los cuerpos de números algebraicos. Su incursión en este campo culminó con el trabajo que lo catapultó como matemático de renombre internacional: "La teoría de cuerpos de números algebraicos", más conocido como *Zahlbericht* (Hilbert 1897).[37]

Esta contribución determinó en gran medida que en Göttingen, en donde se hallaba trabajando ya desde 1895, Hilbert fuera conocido principalmente como un notable especialista en álgebra y teoría de números. Su anuncio de un nuevo curso sobre geometría, para el semestre de invierno de 1898/99, ocasionó por ello una enorme sorpresa dentro de esta comunidad matemática. Otto Blumenthal, su biógrafo oficial, señala lo siguiente:

> Para el semestre de invierno de 1898/99 Hilbert había anunciado un curso sobre "Elementos de la geometría

---

[37] Un resumen de las contribuciones de Hilbert a la teoría de los cuerpos de números algebraicos puede encontrarse en (Rowe 2000).

euclídea". Ello causó entre los estudiantes una gran sorpresa, puesto que al igual que nosotros los más viejos,
participantes de los "paseos por los cuerpos de números"
[*Zahlkörperspaziergängen*], no habían notado jamás que
Hilbert se ocupaba de cuestiones geométricas: él sólo
hablaba de cuerpos de números. (Blumenthal 1935, p.
402)

Sabemos ahora que esta opinión estaba totalmente infundada,
dado que desde 1891 Hilbert estaba interesado por cuestiones geométricas. Sin embargo, es cierto que entre 1895 y 1898, la geometría
sólo ocupó un interés tangencial en sus investigaciones matemáticas.
Toepell (1985; 1986) ha mostrado convincentemente que un episodio
en particular renovó su interés por el problema de los fundamentos
de la geometría.

Según se ha señalado, uno de los aspectos de la conferencia de
Wiener (1891) que más llamó la atención de Hilbert, fue la sugerencia de que es posible utilizar los teoremas de Desargues y
Pascal, a veces referidos como los 'teoremas de incidencia' [*Schliessungssätze*], para demostrar el teorema fundamental de la geometría
proyectiva y así desarrollar un nuevo sistema geométrico que no
incluya ningún principio de continuidad.[38] Sin embargo, esta afirmación se limitaba a ser una mera tesis a demostrar, dado que ni
en su conferencia de 1891, ni en un trabajo ampliatorio de 1893,
Wiener proporciona una prueba.[39] Luego, como lo reporta Toepell
utilizando una carta de Hilbert a Hurwitz, el interés del primero sobre los fundamentos de la geometría se vio revitalizado en
1898, cuando Friedrich Schur (1856–1932) presentó una prueba del
teorema de Pascal en la que no se utilizaba ningún postulado de
continuidad.[40] Hilbert reanudó entonces inmediatamente sus investigaciones axiomáticas, esta vez presentado particular atención en
el papel que las condiciones de continuidad desempeñan en la geometría euclídea elemental, particularmente en la introducción de
coordenadas numéricas.

---

[38] Sobre las discusiones en torno al teorema fundamental de la geometría, y a
sus diversas demostraciones, véase (Voelke 2008).

[39] Cf. (Wiener 1891; 1893).

[40] Cf. (Schur 1898). Toepell (1985; 1986) analiza la recepción de Hilbert del
artículo de Schur.

El resultado de esta nueva incursión en los fundamentos de la geometría fue el curso de 1898/1899 recién mencionado. Este curso posee dos versiones diferentes. Una consiste en las notas elaboradas por el propio Hilbert – (Hilbert 1898/1899b)–, y en ese sentido, similares a las notas de clases que hemos analizado anteriormente. En cambio, en la segunda versión – (Hilbert 1898/1899a) – la redacción [*Ausarbeitung*] de las notas estuvo a cargo de un estudiante de doctorado: Hans von Schaper.[41] Este curso reviste así un enorme interés. Por un lado, la nueva concepción formal del método axiomático, tal como es ilustrada en *Fundamentos de la geometría*, se halla ya plenamente desarrollada; incluso en ocasiones las investigaciones metageométricas son llevadas a cabo más detalladamente. Por otro lado, y a diferencia de aquella obra, las diversas pruebas y demostraciones geométricas están acompañadas por importantes, aunque a veces breves, reflexiones sobre su significado metodológico y epistemológico.[42] En particular, Hilbert confirma en estas notas los dos aspectos que caracterizan su temprana concepción axiomática de la geometría, a saber: una concepción formal del método axiomático y una posición empirista en cuanto al origen de la geometría.

2.3.1. "La ciencia natural más completa"

Hilbert vuelve a presentar en la introducción de este nuevo curso una serie de reflexiones generales respecto de la naturaleza de la geometría y del método axiomático. En primer lugar, el matemático alemán repite la posición empirista antes aludida, al afirmar que la geometría debe ser considerada, *en cuanto a su origen*, una ciencia natural:

> Vamos a reconocer que la geometría es una *ciencia natural*, pero una ciencia tal, cuya teoría debe ser llamada *completa*, y que al mismo tiempo constituye un *modelo* para el *tratamiento teórico* de otras ciencias naturales. (Hilbert 1898/1899b, p. 221)

Nuevamente vemos aquí una anticipación, casi literal, del sexto de los "Problemas matemáticos" de París (Hilbert 1900b). Por otra

---

[41] Para una descripción detallada de estas dos versiones del manuscrito de Hilbert, véase (Hallett y Majer 2004, pp. 186–189)

[42] Sobre la relación entre estas notas de clase y el *Festschrift*, véase la introducción al capítulo cuatro de (Hallett y Majer 2004).

parte, al calificar a la geometría como una "ciencia natural completa", se alude a un rasgo que ya hemos mencionado. A diferencia de
otras ciencias físicas como la mecánica, la teoría de la electricidad, la
óptica, etc., donde 'nuevos hechos' son descubiertos continuamente,
Hilbert entiende que el notable grado de desarrollo y refinamien-
to conceptual que ha alcanzado la geometría desde los tiempos de
Euclídes, le confiere un grado de seguridad, especialmente en lo
que toca a los 'hechos geométricos' fundamentales, superior al de
aquellas ciencias naturales. En otras palabras, la geometría es particularmente susceptible de recibir un completo análisis axiomático
debido al notable grado de desarrollo que ha alcanzado, antes que
a una característica esencial o específica ligada a su naturaleza. Es
en este preciso sentido que Hilbert concibe la geometría como la
"ciencia natural más completa" [*die vollkommenste Naturwissens-
chaft*].

Otra afirmación interesante que realiza Hilbert en sus propias
notas de clases, es el modo en que se precisa el objeto de estudio de
la geometría euclídea elemental y su caracterización como la "geometría de la vida cotidiana" [*die Geometrie des täglichen Lebens*]:

> En lo que toca al *material* [Stoff], nos ocuparemos de los
> *teoremas de la geometría elemental*, que hemos apren-
> dido tempranamente en la escuela: *teoría de las parale-
> las, teoremas de congruencia, igualdad de los polígonos*,
> teoremas sobre los *círculos, etc.*, en el plano y en el es-
> pacio; en breve, [nos ocuparemos] de lo que en los ma-
> nuales escolares se llama *planimetría* y *estereometría*,
> y que nosotros llamaremos aquí *geometría euclídea*. Es-
> ta geometría es, por así decirlo, la geometría de la *vi-
> da cotidiana*. Ella constituye la base de todas nuestras
> *consideraciones acerca de la naturaleza* y de todas las
> *ciencias naturales*. (Hilbert 1898/1899b, p. 221)

Las citas anteriores indican que el empirismo de Hilbert se circunscribe a sostener que la geometría es una ciencia empírica sólo
en cuanto a su origen; en este respecto, la geometría elemental puede ser considerada como una de las primeras ramas de la física.
Sin embargo, Hilbert no profundiza o radicaliza su empirismo exigiendo, por ejemplo como Pasch, que todos los conceptos básicos
y proposiciones fundamentales deban referirse a objetos y hechos

empíricamente observables. Por el contrario, el espíritu de _Fundamentos de la geometría_ (1899) se halla completamente presente en este curso y, por consiguiente, Hilbert defiende una concepción formal o abstracta del método axiomático. Es interesante notar cómo se conjugan estos dos elementos en su estudio de la geometría – posición axiomática abstracta y concepción de la geometría como una ciencia natural –:

> La geometría elemental (euclídea) tiene como objeto los hechos y leyes que el comportamiento [_Verhalten_] espacial de las cosas nos presenta. Según su estructura, es un sistema de proposiciones [_Sätzen_] que – en mayor o menor medida – pueden ser deducidas de un modo puramente lógico a partir de ciertas proposiciones indemostrables, los axiomas. Esta conducta, que en menor completitud encontramos, por ejemplo, en la física matemática, puede expresarse brevemente en la sentencia: _la geometría es la ciencia natural más completa._ (Hilbert 1898/1899a, p. 302).

Es preciso admitir que, en virtud de su concepción axiomática abstracta, la pretensión de que la geometría pueda ofrecer una descripción directa de la forma o el comportamiento de los cuerpos en el espacio debe ser rechazada. Sin embargo, Hilbert parece articular su posición de la siguiente manera: en primer lugar, el estudio axiomático abstracto debe proporcionarnos un conocimiento más claro de la estructura – i.e. las propiedades lógicas de los axiomas y su relación con los teoremas fundamentales – de la geometría euclídea. En este sentido, el sistema axiomático obtenido por medio de la axiomatización arroja un entramado de conceptos que no posee una relación directa o inmediata con un dominio fáctico intuitivo. Mas, en lo que respecta al lugar de la geometría dentro de las disciplinas matemáticas fundamentales, ésta sigue siendo una ciencia que en su base está esencialmente ligada a la experiencia y a nuestra intuición espacial.

Esta observación reviste una gran importancia para comprender cuál es, para Hilbert, una de las funciones principales del tratamiento axiomático formal de la geometría. Dado su carácter como una ciencia natural – en cuanto a su origen –, la función central del nuevo método axiomático es convertir a la geometría, con su contenido empírico factual, en una disciplina matemática pura. Hilbert lo afirma explícitamente en las notas de clases para un curso sobre mecánica, también dictado en el semestre de invierno de 1898/99. En la introducción de estas notas, la mecánica es definida como la ciencia que estudia el movimiento de la materia, cuya finalidad es describir este movimiento del modo más completo y simple posible. Empero, para conocer el lugar que ésta ocupa entre la matemática y las ciencias naturales, es necesario observar el caso de la geometría:

> También la geometría surge [como la mecánica] de la observación de la naturaleza, de la experiencia, y en ese sentido es una *ciencia experimental*. En mi curso sobre geometría euclídea me introduciré en este tema más de cerca. Pero sus fundamentos experimentales son tan irrefutables y tan *generalmente reconocidos*, han sido confirmados en un grado tal, que no se requiere de ninguna prueba ulterior. Todo lo que se necesita es derivar estos fundamentos de un conjunto mínimo de *axiomas independientes* y así construir todo el edificio de la geometría por *medios puramente lógicos*. De este modo [i.e. por medio del tratamiento axiomático], la geometría se vuelve una *ciencia matemática pura*. También en la mecánica los *hechos fundamentales* son reconocidos por todos los físicos. Sin embargo, la *organización* de los conceptos básicos está sujeta todavía al cambio de opiniones (. . .) y por lo tanto la mecánica no puede ser llamada hoy una ciencia *matemática pura*, al menos en el mismo grado en que lo es la geometría. Debemos esforzarnos para que llegue a serlo. Debemos ensanchar los límites de la matemática pura, no sólo en nombre de nuestro interés matemático, sino más bien en razón del interés de la ciencia en general. (Hilbert 1898/1899c, pp. 1–2)[43]

El grado de avance alcanzado por la geometría es lo que vuelve *imprescindible* su análisis axiomático, en el modo en que ahora es reformulado por Hilbert. En un pasaje con un tono muy similar a la

---

[43] Citado también en (Corry 2004, p. 90).

conferencia "El pensamiento axiomático" (Hilbert 1918), pronunciada en Zurich casi veinte años más tarde, Hilbert subraya esta necesidad:

> Cuanto más se acerca una ciencia natural a su objetivo: "la deducción lógica de todos los hechos que pertenecen a su campo a partir de ciertas proposiciones fundamentales", tanto más necesario se vuelve investigar estos mismos axiomas con precisión, indagar sus relaciones mutuas, reducir su número tanto como sea posible, etc. (Hilbert 1898/1899a, p. 302)[44]

En los dos últimos pasajes citados, Hilbert pone de manifiesto otro aspecto central de su empresa de axiomatizar la geometría, que es oportuno mencionar, a saber: su presentación axiomática de la geometría debe proceder de manera tal que, una vez fijados los axiomas, la geometría "debe poder ser construida por medios puramente lógicos"; o del mismo modo, el objetivo de su axiomatización es la "deducción lógica de todos los hechos a partir de los axiomas". Es oportuno realizar un breve comentario respecto de qué es lo que entiende Hilbert, en esta etapa inicial, por la expresión "medios puramente lógicos".

En primer lugar, debemos reconocer que esta expresión posee, en sentido estricto, un carácter *programático*. Es decir, en ningún lugar en estas notas de clases, ni tampoco en el *Festschrift*, Hilbert da cuenta explícitamente de qué *principios o leyes lógicas* pueden ser utilizados en las demostraciones de los teoremas. En otras palabras, en estos primeros estudios axiomáticos, Hilbert no presenta ni alude a ningún sistema o cálculo lógico que pudiera servir como la *lógica subyacente* de sus sistemas axiomáticos.[45] Hilbert admite de hecho que se trata de una presuposición, al señalar más tarde en este mismo manuscrito que, en su abordaje axiomático a la geometría, las "leyes de la lógica" debían ser consideradas como *dadas de antemano*:

> Es importante fijar con precisión el punto de partida de nuestra investigación: *las leyes de la lógica pura, y*

---

[44] Cf. (Hilbert 1918).

[45] Hilbert presentó un primer esbozo de un sistema o cálculo lógico recién en 1905. Esta cuestión será abordada en el capítulo 7.

> en especial la aritmética, las consideramos como dadas.
> (Sobre la relación entre lógica y aritmética véase Dede-
> kind: ¿Qué son y para que sirven los números?) Nues-
> tra pregunta es la siguiente: ¿Qué proposiciones debe-
> mos "adjuntar" al dominio recién definido [i.e. al con-
> junto de hechos geométricos], para obtener la geometría
> euclídea? (Hilbert 1898/1899a, p. 303)

Hilbert tampoco aclara a qué se refiere con "las leyes de la lógica
pura", aunque todo lleva a suponer que *en este momento* estaba
pensando en la lógica tradicional (aristotélica).[46] Del mismo modo, es claro que Hilbert presupone también que el aparato lógico
no especificado, que debía ser utilizado como la lógica subyacente de su sistema axiomático, debía ser "correcto" o "sólido", esto
es, si los axiomas son válidos para una interpretación dada, entonces los teoremas también lo son. En suma, la afirmación según la
cual el método axiomático formal debía permitir la construcción
puramente lógica de la geometría está inmediatamente ligada a la
búsqueda de rigor y precisión en las demostraciones matemáticas.
Hilbert comparte este objetivo con otros programas del siglo XIX,
como por ejemplo los de Dedekind, Frege y Pasch. En el caso de
la geometría, la búsqueda de rigor en las demostraciones geométricas suponía que: *i.)* todos los axiomas o postulados necesarios para
construir la teoría geométrica debían ser establecidos explícitamente desde un inicio, y nuevos principios no debían ser asumidos durante el desarrollo de la teoría, *ii.)* el resto de las proposiciones
o teoremas de la geometría debían ser obtenidos sobre la base de
deducciones puramente lógicas, en el sentido en que *no se apele a
ningún tipo de diagramas o construcciones geométricas en las demostraciones.* El nuevo método axiomático debía así cumplir las
exigencias de que no sólo no existan "lagunas lógicas" en las demostraciones geométricas, sino que además elementos "extraños o
exógenos" como los diagramas o figuras geométricas, no sean reconocidos como instrumentos válidos en las pruebas. Esta vinculación
entre el método axiomático y la búsqueda de rigor en matemática
es uno de los rasgos más enfatizados en su conferencia de París

---

[46] Hilbert comenzó a ver a la lógica tradicional aristotélica como problemática
a partir del descubrimiento, en 1903, de las paradojas de Russell.

"Problemas matemáticos" (Hilbert 1900c).[47]

Pasemos ahora a analizar cómo describe Hilbert, ya en 1898, su nueva concepción abstracta del método axiomático.

2.3.2. El método axiomático formal y la 'matemática de los axiomas'

La concepción abstracta del método axiomático, exhibida poco después en el *Festschrift* (Hilbert 1899), se halla completamente articulada en estas notas de clases. En primer lugar, Hilbert aclara más directamente que, aunque los términos primitivos de su teoría axiomática reciben por convención su nombre habitual, no debe pensarse que ellos refieren a los objetos de la intuición geométrica:

> Vayamos ahora a nuestra tarea. *Para construir la geometría euclídea pensamos tres sistemas de cosas, a las que llamamos puntos, líneas y planos, y queremos designar con A, B, C, …; a, b, c, …; α, β, γ, ….* No debemos pensar que por medio de los nombres escogidos estamos añadiendo a estas cosas ciertas propiedades geométricas, como las que comúnmente asociamos con estas designaciones. *Hasta ahora sólo sabemos que las cosas de un sistema son diferentes a las cosas de los otros dos sistemas. Estas cosas reciben todas las demás propiedades a través de los axiomas, que reunimos en cinco grupos.* (Hilbert 1898/1899a, p. 304)

La primera parte de este pasaje coincide casi literalmente con el modo en que se inicia la exposición axiomática en el *Festschrift*.[48] Por otra parte, en sus "Diarios científicos" [*Wissenschafliche Tagebücher*] Hilbert advierte de la misma manera que los conceptos primitivos de su teoría pertenecen a un orden conceptual, y por lo tanto no deben ser identificados con los objetos de la intuición geométrica: "Los puntos, líneas y planos de mi geometría no son sino 'cosas del pensamiento' [*Gedankendinge*], y en cuanto tales nada tienen que ver con los puntos, líneas y planos reales".[49]

---

[47] Véase, por ejemplo, (Hilbert 1900c, p. 293).

[48] Cf. (Hilbert 1899, p. 4).

[49] *Cod. Ms. Hilbert 600:3*, p. 101. Hilbert emplea el término "Gedankendinge", aunque en relación a la aritmética, en (Hilbert 1905a). Hemos señalado que

Este modo de distinguir los términos primitivos de una teoría axiomática formal de los objetos de la intuición geométrica, ha sido muy a menudo utilizado para ilustrar el giro metodológico que Hilbert le imprimió a la idea de axiomática. Por ejemplo, en su clásico artículo, publicado en ocasión de la octava edición de *Fundamentos de la geometría*, Hans Freudenthal señala: '"Pensamos tres sistemas diferentes de cosas' ... – con esta afirmación el vínculo entre la realidad y la geometría es eliminado. La geometría se convierte en matemática pura, y la pregunta acerca de si puede, y cómo puede, ser aplicada a la realidad es respondida del mismo modo que en cualquier otra rama de las matemáticas" (Freudenthal 1957, p. 111).

Si con la expresión "el vínculo con la realidad es eliminado", se alude al hecho de que los sistemas axiomáticos de Hilbert son abstractos o formales y, por lo tanto, no poseen una interpretación (intuitiva) fija, entonces esta caracterización es correcta. Sin embargo, para Hilbert ello no significaba que una teoría geométrica axiomática no tenía más ningún significado para la realidad; por el contrario, *en cierto sentido*, un sistema de axiomas (formal) tenía un significado aún mayor para la realidad, en tanto que ahora las conexiones o aplicaciones podían ser establecidas "de múltiples maneras" (Hilbert 1893/1894b, p. 104).

En un curso correspondiente a un período muy posterior, Hilbert sigue reconociendo que el "entramado de conceptos", producto de la axiomatización formal, conserva un importante significado para la realidad, en la medida en que representa "diversas formas en las que las cosas pueden estar efectivamente conectadas". Se trata de un curso titulado "Grundlagen der Mathematik" (Hilbert 1921/1922), dictado en el semestre de invierno de 1921/1922. Luego, este curso revela que muchas de las ideas elaboradas en el período inicial de su desarrollo del método axiomático formal, son mantenidas por Hilbert posteriormente. El pasaje en cuestión es el siguiente:

> De acuerdo con este punto de vista, el método de la construcción axiomática de una teoría se presenta como el procedimiento de representar un dominio de conocimiento dentro de un entramado de conceptos, el cual es

---

esta expresión era habitual en Dedekind (1888), quien ejerció una influencia considerable, durante este período, en Hilbert. Véase (Ferreirós 2009).

llevado a cabo de tal manera que los objetos del dominio de conocimiento se corresponden ahora con conceptos, y las afirmaciones acerca de esos objetos se corresponden con las relaciones lógicas entre esos conceptos.

Por medio de esta correspondencia [*Abbildung*], la investigación es separada completamente de la realidad concreta [*Wirklichkeit*]. La teoría no tiene ahora más nada que ver con los objetos reales o con el contenido intuitivo del conocimiento; ella es una pura construcción conceptual [*Gedankengebilde*] acerca de la que no se puede afirmar que es verdadera o falsa. Sin embargo, este entramado de conceptos tiene un significado para nuestro conocimiento de la realidad, puesto que representa una forma posible de acuerdo con la cual las cosas se relacionan efectivamente. La tarea de la matemática es desarrollar tales esquemas conceptuales lógicamente, ya sea que seamos guiados a ellos por la experiencia o por la especulación sistemática. (Hilbert 1921/1922, p. 3).[50]

Por otra parte, una diferencia importante de este nuevo abordaje axiomático, respecto del curso anterior de 1894, reside en que el espíritu "metamatemático" de sus investigaciones geométricas se halla plenamente desarrollado. Hilbert afirma que el objetivo fundamental de su investigación será establecer un nuevo conjunto consistente y completo de axiomas, independientes entre sí, para la geometría euclídea. Para la consecución de este objetivo, es esencial que los axiomas no sean considerados como afirmaciones evidentes o verdades acerca de un dominio fijo determinado, y que por lo tanto sus conceptos básicos puedan recibir libremente distintas interpretaciones. Por ejemplo, este requerimiento es necesario para probar la "indemostrabilidad" de cierta proposición a partir de un conjunto de principios, o sea, para mostrar su *independencia*. En este curso de 1898/1899, Hilbert presenta entonces *por primera vez* un gran número de resultados "metageométricos", particularmente resultados de *independencia*, alcanzados por medio de la construcción de distintos "modelos" de sus axiomas geométricos. Más aún,

---

[50] Hallett (1994; 2008) ha enfatizado la importancia de este pasaje para una correcta interpretación de la concepción hilbertiana del método axiomático.

en estas notas encontramos una descripción, incluso más detallada que la presentada en el *Festschrift*, de cómo la teoría de los números reales podía ser utilizada para construir diversos "modelos" analíticos de los axiomas geométricos, y así probar la independencia de una proposición geométrica – un axioma o un teorema – respecto de determinado conjunto de principios.

La técnica de la construcción de "modelos", según es entendida y practicada por Hilbert en las investigaciones metageométricas presentadas en este curso, consistía básicamente en *traducir* uno o varios grupos de axiomas geométricos dentro de otra teoría matemática, i.e. la teoría de los números reales. Para ser más exactos, Hilbert comienza a utilizar aquí, como se volverá después habitual en *Fundamentos de la geometría*, un sub–cuerpo pitagórico (numerable) de los números reales. Asimismo, esta traducción consistía en *re–definir* los conceptos geométricos básicos como 'punto', 'línea', 'congruencia', etc., en términos de la teoría de los números reales. Es decir, este método coincidía con el procedimiento estándar de la geometría analítica, en donde se proporcionaban, sobre la base de un sistema adecuado de coordenadas, nuevas definiciones de estos términos primitivos. Quizás resulte útil ilustrar con un ejemplo particular, tomado de estas notas de clases, cómo Hilbert concebía este procedimiento de construcción de "modelos" de sus axiomas geométricos.[51]

Uno de los tantos resultados de independencia que encontramos en este curso, y que sin embargo no está presente en el *Festschrift*, se refiere a un teorema muy simple de la geometría elemental: el llamado "teorema de la existencia del triángulo" (TET). Este teorema, que aparece como la proposición I, 22 en los *Elementos* de Euclides, afirma que siempre se puede construir un triángulo a partir de tres segmentos dados, tales que la suma de cualesquiera dos de sus lados es siempre mayor que la longitud del tercero. Hilbert se propone entonces mostrar que este teorema *no puede ser demostrado* utilizando sólo los tres primeros grupos de axiomas I–III (incidencia, orden y congruencia) de su sistema. Más precisamente,

---

[51] El ejemplo que comentamos a continuación ha sido analizado por Hallett (2008, pp. 239–247), aunque en relación a la cuestión de la "pureza del método". Hallett menciona además otros ejemplos de investigaciones metageométricas sobre independencia, llevadas a cabo por Hilbert en estas notas de clases (Hilbert 1898/1899b) y (Hilbert 1898/1899a).

este problema se plantea de la siguiente manera: la demostración de TET que encontramos en los *Elementos* consiste básicamente en trazar dos circunferencias tomando como radio dos de los segmentos dados, construir un triángulo a partir del punto de intersección de las dos circunferencias, y luego mostrar que los lados del triángulo son en efecto iguales a los segmentos dados inicialmente (figura 2.4).

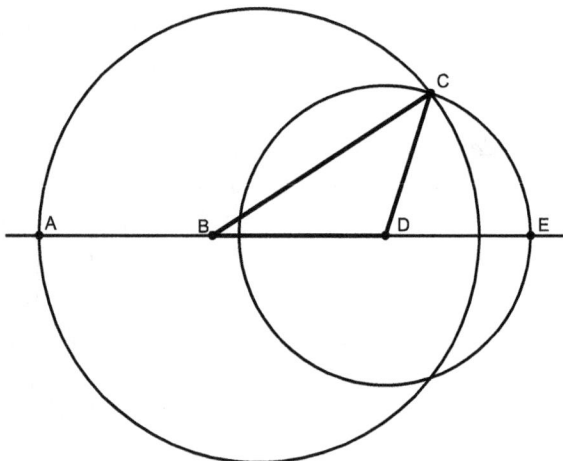

Figura 2.4.: Teorema de la existencia del triángulo (TET)

Ahora bien, esta demostración de Euclides presupone la existencia del punto de intersección de las dos circunferencias, a partir del cual se puede construir el triángulo. A esta condición se la conoce ahora como la "propiedad de intersección de dos circunferencias": dadas dos circunferencias Γ, Δ, si Δ contiene al menos un punto dentro de Γ, y Δ contiene al menos un punto fuera de Γ, entonces Δ y Γ se encontrarán exactamente en dos puntos. Asimismo, de esta propiedad se sigue la propiedad de "intersección de líneas y circunferencias" (ILC), que sostiene que si una línea a contiene puntos en el interior y en el exterior de una circunferencia Φ, entonces a cortará a Φ exactamente en dos puntos. El objetivo de Hilbert es demostrar que ILC es independiente de los axiomas I–III, de donde se sigue que TET no puede ser demostrado sobre la base de estos axiomas.

Hilbert procede entonces de la siguiente manera. En primer lugar, suponemos que contamos con un sistema de coordenadas cartesianas, construido de manera habitual. Ahora bien, como coordenadas para los puntos de su geometría Hilbert no utiliza al cuerpo ordenado completo de los números reales, sino a un sub–cuerpo de números algebraicos que resulta de aplicar, partiendo de 1 y π, las cuatro operaciones aritméticas (suma, resta, multiplicación y división) y la quinta operación de $\sqrt{1 + x^2}$, donde x es un número que pertenece a este mismo cuerpo. Un punto de esta geometría es definido así como el par ordenado (x, y) de números que pertenecen al cuerpo recién descripto. Del mismo modo, una recta es definida, del modo usual, como el conjunto de puntos que satisface la ecuación $Ax + By + C = 0$, y un plano como el conjunto de puntos que satisface $Ax + By + Cz + D = 0$, donde todas las coordenadas son números que pertenecen al cuerpo recién mencionado.[52] Hilbert concluye entonces que "en la geometría así definida los axiomas I y II, y también los axiomas de congruencia III, *son válidos*"(Hilbert 1898/1899a, p. 338). El paso siguiente será mostrar que en este "modelo analítico" es posible que una recta contenga puntos en el interior y en el exterior de una circunferencia, pero que no la corte en ningún punto; o en otras palabras, en una geometría así construía ILC no se cumple.

El argumento de Hilbert procede de la siguiente manera: supongamos que queremos construir un triángulo, cuyos lados tienen las longitudes 1, 1 y $\frac{\pi}{2}$. Consideremos además a la circunferencia definida por la ecuación $x^2 + y^2 = 1$ y a la recta $x = \frac{\pi}{4}$. Es claro que esta recta contiene puntos dentro de la circunferencia – por ejemplo $\left(\frac{\pi}{4}, 0\right)$ – y puntos fuera de la circunferencia – por ejemplo $\left(\frac{\pi}{4}, 1\right)$. Luego, en la geometría analítica habitual[53], esta recta interseca a la circunferencia en los puntos $\left(\frac{\pi}{4}, \pm\sqrt{1 - \left(\frac{\pi}{4}\right)^2}\right)$. Sin embargo, estos puntos *no existen* en el cuerpo de números algebraicos antes definido[54], de donde se sigue que el "modelo" contiene tres líneas que

---

[52] En el caso de un punto y una recta en $\mathbb{R}^3$, un punto se define como la terna ordenada de números (x, y, z), y una recta como el conjunto de puntos que satisfacen las ecuaciones: $\left\{ \begin{array}{l} Ax + By + Cz + D = 0 \\ A'x + B'y + C'z + D = 0 \end{array} \right.$.

[53] Con la expresión "geometría analítica habitual", Hilbert se refiere a la geometría analítica construida *sobre los números reales*.

[54] Hilbert no proporciona una demostración completamente elaborada, sino que simplemente esboza un razonamiento según el cual la prueba podría ser

satisfacen la desigualdad del triángulo, pero a partir de las cuales ningún triángulo puede ser construido (figura 2.5). Hilbert concluye entonces que *i)* la propiedad de intersección de líneas y circunferencias (ILC) no se cumple en esta geometría y, por lo tanto, es *independiente* de los axiomas I—III; *ii)* TET *no es demostrable* sobre la base de los axiomas I–III.

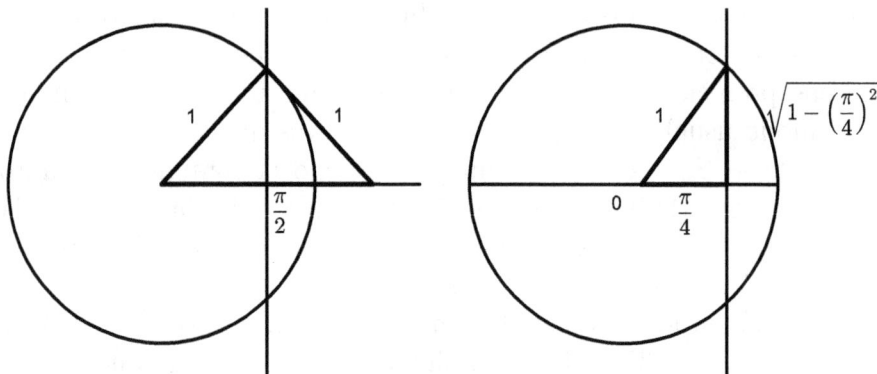

Figura 2.5.: Modelo en el que TET no se cumple. Adaptado de (Hilbert 1898/1899a, pp. 338–339).

Este ejemplo ilustra el modo en que, en este período inicial, Hilbert lleva a cabo sus investigaciones metageométricas, especialmen-

---

llevada a cabo. La idea general del argumento es la siguiente: Supongamos que el número $\sqrt{1 - (\frac{\pi}{4})^2}$ se encuentra en el cuerpo pitagórico construido anteriormente. Puesto que el cuerpo es *minimal*, este número debería poder ser representado por una expresión formada por las cinco operaciones permitidas, partiendo de 1 y π. Hilbert designa a esta expresión $A(1, \pi)$. Ahora bien, si tomamos un número real t cualquiera, la expresión $A(1, t)$ debería poder representar siempre el elemento correspondiente $\sqrt{1 - (\frac{t}{4})^2}$, que asimismo pertenecerá al cuerpo minimal construido a partir de 1 y t. Sin embargo, mientras que $A(1, t)$ siempre será un número real, es claro que $\sqrt{1 - (\frac{t}{4})^2}$ no lo será necesariamente. Por ejemplo, sólo basta tomar un t lo suficientemente grande para que $\sqrt{1 - (\frac{t}{4})^2}$ sea un número imaginario. Ello muestra entonces que $A(1, t)$ no podrá representarlo siempre. Luego, podemos concluir que el número $\sqrt{1 - (\frac{\pi}{4})^2}$ no pertenece al cuerpo pitagórico minimal antes definido, puesto que no siempre puede ser representado por la expresión $A(1, \pi)$. Cf. (Hilbert 1898/1899b, pp. 258–260) y (Hilbert 1898/1899a, pp.338–339). Véase además (Hallett 2008, p. 248).

te, las demostraciones de independencia. Esta técnica consistía en
la construcción de distintos "modelos analíticos" de los axiomas
geométricos, en donde varios grupos de axiomas se cumplían, pero
una proposición o axioma determinado no era válido. Sin embargo, es importante aclarar que, aunque este procedimiento es de una
naturaleza próxima a lo que hoy llamamos "teoría de modelos", en
esta etapa temprana Hilbert estaba todavía atado a importantes limitaciones conceptuales, que impiden que esta identificación pueda
ser trazada sin ciertos reparos.[55] Por otro lado, gracias al método
axiomático formal de Hilbert, estas investigaciones metageométricas fueron llevadas a cabo por primera vez *de un modo preciso y
sistemático*. Este hecho fue reconocido inmediatamente como una
de las novedades y contribuciones más importantes de su trabajo.
Un ejemplo elocuente lo representa su amigo y colega A. Hurwitz,
quien bautizó a este nuevo campo de investigación inaugurado por
Hilbert, la "matemática de los axiomas":

> He leído con enorme interés su nuevo tratado sobre geo-
> metría. Ud. ha abierto allí un inmenso campo de in-
> vestigación matemática, que podría ser designado como
> "matemática de los axiomas" y que se extiende mucho
> más allá del dominio de la geometría.[56]

Resumiendo lo expuesto en este capítulo, Hilbert adopta por primera vez en 1893/94 una perspectiva axiomática para investigar
el problema de los fundamentos de la geometría. Este abordaje
axiomático constituyó una de las primeras instancias históricas del
método axiomático formal. Hilbert afirma allí que los conceptos
primitivos y proposiciones básicas de su teoría geométrica no se
refieren al espacio físico, sino que conforman un "entramado de
conceptos" – o en términos más actuales, una estructura relacional
– que puede recibir distintas interpretaciones, ya sea dentro de otras
teorías matemáticas o físicas, como aplicaciones empíricas. Asimismo, esta nueva concepción formal del método axiomático estuvo
acompañada por un punto de vista empirista respecto de la geometría, de acuerdo con el cual los hechos básicos que constituyen

---

[55] Por lo general, estas limitaciones conceptuales no son reconocidas en la
literatura. Una excepción es (Hallett 1995b) y (Demopoulos 1994).
[56] Citado por (Toepell 1986, p. 257).

la base de nuestro conocimiento geométrico provienen de la experiencia y de una suerte de "intuición geométrica". La geometría es así definida como "la ciencia natural más completa", y la función del método axiomático formal es precisamente transformarla en una teoría matemática pura. Luego, ambos aspectos fueron profundizados y completados en un segundo curso dedicado a los fundamentos de la geometría, dictado en el semestre de invierno de 1898/1899, que sirvió como una referencia central en la elaboración de la primera edición de *Fundamentos de la geometría*. Sin embargo, este nuevo curso incorpora, como una novedad, el componente quizás más original de su abordaje axiomático a la geometría: las investigaciones metageométricas. Hilbert investiga allí las propiedades "metalógicas" de los axiomas – principalmente la independencia, pero también la consistencia – y sus conexiones con los teoremas fundamentales, utilizando el procedimiento de la construcción de "modelos" (analíticos) de los axiomas geométricos. Hilbert consigue en este curso numerosos resultados de independencia, muchos de los cuales no serán después incluidos en el *Festschrift*.

Parte II.

La naturaleza del método axiomático formal

CAPÍTULO 3

Una imagen de la realidad geométrica

3.1. Introducción

El objetivo de este capítulo es indagar una serie de referencias textuales, introducidas por Hilbert en sus notas de clases, a la célebre *Bildtheorie* de Heinrich Hertz. Intentaré mostrar que estas referencias resultan muy esclarecedoras respecto de una cuestión central para la interpretación de su concepción axiomática de la geometría, a saber: cómo entiende y explica Hilbert la relación entre el esquema de conceptos o estructura relacional producto de la axiomatización formal y el conjunto de hechos geométricos fundados en la intuición, que según afirma conforma el acervo fundamental sobre el que se erige nuestro conocimiento geométrico. De este modo, argumentaré que estas referencias a la *Bildtheorie*, desarrollada por Hertz en su importante libro *Prinzipien der Mechanik* (Hertz 1894), resultan muy significativas para comprender el espíritu con el cual Hilbert aborda, a partir de 1894, la empresa de axiomatizar la geometría; en otras palabras, las referencias a la *Bildtheorie* ilustran elocuentemente el proceso bajo el cual Hilbert transforma la ciencia natural de la geometría, con su contenido empírico factual, en una teoría matemática pura.

El capítulo se estructura de la siguiente manera: en primer lugar, en la sección 3.2, presento y analizo las referencias de Hilbert (1893/1894b; 1898/1899a; 1898/1899b; 1902b) a la *Bildtheorie*. Estas referencias aluden principalmente a dos cuestiones: por un lado, a la afirmación de Hilbert de que su axiomatización de la geometría equivale a presentar una "imagen [*Bild*] de la realidad geométrica", en el sentido definido por Hertz; por otro lado, a la observación de Hilbert, según la cual la *Bildtheorie* de Hertz ilustra elocuentemente su nueva concepción de los axiomas de la geometría. A continuación (3.3), expongo sintéticamente las ideas principales de la teoría pictórica de las teorías científicas de Hertz, con la finalidad de trazar una comparación con el modo en que Hilbert concibe su nuevo abordaje axiomático formal a la geometría. Finalmente, en las tres secciones siguientes, me ocupo de llevar a cabo esta comparación, en función de los siguientes puntos: *a)* los requerimientos establecidos por Hertz para las imágenes de la mecánica (permisibilidad lógica, corrección y adecuación) y el modo en que Hilbert concibe tempranamente los criterios de adecuación de un sistema axiomático (consistencia, independencia, completitud y simplicidad) (3.4); *b)* las nociones de 'axioma' de la geometría en Hilbert y 'principio' de la mecánica en Hertz (3.5); *c)* las nociones y la utilización de 'elementos ideales' en Hilbert y de 'masas invisibles u ocultas' [*verbogene Masse*] en la presentación de la mecánica de Hertz (3.6).

3.2. "Una imagen de la realidad geométrica"

La obra central de Hertz, *Principios de la mecánica*, apareció publicada póstumamente en 1894, aproximadamente seis meses después de su prematura muerte. No es quizás un hecho menor que las primeras referencias de Hilbert a la *Bildtheorie* se encuentran en las notas para el curso sobre geometría que impartiera ese mismo año. En esta primera cita, Hilbert vincula sus axiomas para la geometría euclídea elemental con las "imágenes" [*Bilder*] de Hertz:

> El axioma corresponde a una observación, como puede verse fácilmente en las esferas, reglas y superficies de cartulina [*Pappdeckeln*]. Sin embargo, estos hechos de la experiencia son tan simples, tan a menudo observados por todos y por ello mismo tan conocidos, que el físico no necesita demostrarlos posteriormente en el laboratorio. No obstante, el origen [se sigue] de la experiencia. Los axiomas son, como diría Hertz, imágenes

[*Bilder*] o símbolos en nuestra mente, de manera que las consecuencias de las imágenes son imágenes de las consecuencias, esto es, lo que deducimos lógicamente de las imágenes también vale en la naturaleza. (Hilbert 1894, p. 74. El énfasis es mío)

En la primera parte de este pasaje, Hilbert destaca el origen empírico de los axiomas de la geometría; en la segunda parte, empero, cita de memoria el criterio fundamental establecido por Hertz para las imágenes o representaciones científicas. Es interesante señalar que, aunque Hilbert resalta el origen empírico de los axiomas de la geometría, sostiene que éstos deben ser considerados como las *Bilder* de Hertz, *i. e.*, como imágenes o representaciones *intelectuales*. Ello sugiere que, el modo en que Hertz entiende la relación entre los principios básicos de la mecánica y los fenómenos, puede ser significativo en el caso de una concepción axiomática de la geometría como la que Hilbert intenta desarrollar. De hecho, así lo declara explícitamente: "Cada uno de estos axiomas se corresponde con un hecho de observación (...). Acerca de la relación entre axiomas y hechos véanse las bellas explicaciones en Hertz, Principios de la mecánica" (Hilbert 1898/1899a, p. 305). La cuestión central es así la siguiente: si bien es posible sostener que los principios de la mecánica tienen un origen empírico, en tanto axiomas de una teoría física no deben guardar necesariamente una relación de correspondencia *directa* con los hechos empíricos básicos. Hilbert encuentra estas ideas fácilmente aplicables a la geometría, dado que en cuanto a su origen ésta se encuentra más cerca de la mecánica, que de la aritmética, el álgebra o el análisis.

Asimismo, como anticipamos en el capítulo anterior, en su primer abordaje axiomático a la geometría en 1894, Hilbert alude al concepto de "imagen"[*Bild*] de Hertz, al momento de describir la tarea que se propone llevar a cabo:

El problema de nuestro curso versa así: cuáles son las condiciones *necesarias, suficientes* e independientes entre sí, que deben establecerse en un sistema de cosas, para que a cada propiedad de estas cosas le corresponda un hecho geométrico, e inversamente, para que por medio del mencionado sistema de cosas sea posible una *descripción completa u organización* de todos los hechos

geométricos; o para que nuestro sistema se convierta en
una imagen [*Bild*] de la realidad geométrica. (Hilbert
1893/1894b, p. 73)

Esta utilidad de la teoría pictórica para comprender su nueva empresa axiomática es repetida por Hilbert, de un muy modo similar, en el curso siguiente que dedica a la geometría (Hilbert 1898/1899a; 1898/1899b); sin embargo, en esta oportunidad Hertz es mencionado explícitamente:

> Empleando una expresión de Hertz (en la introducción
> a los "Principios de la mecánica"), podemos formular
> nuestra pregunta principal como sigue: ¿cuáles son las
> condiciones necesarias, suficientes e independientes entre sí, que deben establecerse respecto de un sistema
> de cosas [*System von Dingen*][1], para que a cada propiedad de estas cosas le corresponda un hecho geométrico, e inversamente, para que también estas cosas sean
> una "imagen" [*Bild*] completa y simple de la realidad
> geométrica? (Hilbert 1898a, p. 303. Énfasis en el original.)

Por último, Hilbert no sólo se refirió de la misma manera a Hertz en otros cursos sobre geometría pertenecientes a esta "etapa geométrica"[2], sino que además tuvo la oportunidad de mencionarlo nuevamente en un curso muy posterior, dictado en 1927. Ello demuestra que mantuvo su opinión respecto de las coincidencias entre su abordaje axiomático a la geometría y la presentación de la mecánica clásica llevada a cabo por Hertz. La referencia que hace Hilbert en este curso bien posterior es la siguiente:

> Vamos a aplicar el método axiomático a la ciencia natural más completa, *la geometría*, en donde también tuvo lugar por primera vez el método axiomático en su
> forma clásica. El interrogante es: ¿Cuáles son los postulados necesarios e independientes entre sí, a los que
> debemos someter a un sistema de cosas, para que cada

---

[1] Sobre el uso de Hilbert de los términos "sistema" [*System*] y "cosas"[*Dinge*], véase el capítulo (2);.

[2] Declaraciones similares se encuentran en (Hilbert 1902b, p. 541).

propiedad de estas cosas se corresponda con un hecho geométrico; y a la inversa, ¿cómo debemos construirlo, para que estas cosas sean una *imagen completa de la realidad geométrica*? (Hilbert 1927, p.1)

Hilbert afirma, en diversas oportunidades, que el objetivo de su abordaje axiomático es ofrecer una imagen [*Bild*] de la geometría, en el sentido explicitado por Hertz en su introducción a *Principios de la mecánica* (1894). Los elementos de la imagen son un sistema de 'objetos' [*Dinge*], que describirá más tarde como 'objetos del pensamiento' [*Gedankendinge*], para aclarar que los 'puntos', 'líneas' y 'planos' pertenecen a un nivel exclusivamente conceptual, y por lo tanto deben ser diferenciados de los 'puntos', 'líneas' y 'planos' reales o de la intuición. La 'realidad geométrica', con la que el sistema de objetos debe coincidir, es el conjunto de hechos geométricos [*geometrische Tatsachen*]. Hilbert nunca aclara de un modo definitivo qué es lo que entiende por hecho geométrico; sin embargo, es posible especular lo siguiente en función de cómo emplea la expresión en lo sucesivo. Con ello no quiere aludir principalmente a los hechos empíricos que estarían en la base de la geometría, sino más bien al conjunto de conocimientos o "verdades geométricas" que se han llegado a reconocer y aceptar generalmente por medio de la acumulación de demostraciones. En definitiva, considerando que lo que se intenta reconstruir axiomáticamente es la geometría euclídea elemental, podría decirse que la "realidad geométrica" es el acervo de conocimientos, con una fuerte base intuitiva, conseguidos por esta disciplina en una etapa más bien acrítica o intuitiva. En efecto, en una conferencia correspondiente a este período, Hilbert distingue tres períodos, clara y fácilmente reconocibles, en el desarrollo de toda teoría matemática: el acrítico o intuitivo, el formal y el crítico. Se sigue de suyo que el método axiomático se identifica con el período crítico.[3]

Las referencias textuales a la *Bildtheorie* de Hertz resultan muy significativas para comprender el espíritu con el cual Hilbert aborda la empresa de axiomatizar la geometría a partir de 1894. Es decir, por un lado, la alusión a la teoría pictórica de Hertz permite iden-

---

[3] Véase (Hilbert 1896, p. 383). Este texto corresponde a una conferencia que fue leída por Felix Klein, en nombre de Hilbert, en el *International Congress of Mathematicians*, que tuvo lugar en Chicago en 1893.

tificar la raíz de algunas de las ideas que caracterizan el modo en
que Hilbert entendía la tarea de llevar a cabo una axiomatización
de la geometría; por otro lado, esta indicación pone en evidencia
la distancia que guarda la posición de Hilbert con un empirismo
extremo, el cual exige que cada concepto o término básico tenga
un correlato empírico. Este requisito es reemplazado por el criterio
metodológico que postula que, a partir de los principios básicos,
debe ser posible obtener todas las proposiciones y teoremas que
conforman el dominio en cuestión. Todo ello siguiendo la pauta que
establece que el sistema debe carecer de contradicciones y ser lo
más *lógicamente claro* y *simple* posible. En definitiva, la referencia
a la *Bildtheorie* de Hertz ilustra elocuentemente el proceso bajo el
cual Hilbert transforma la ciencia natural de la geometría, con su
contenido empírico factual, en una teoría matemática pura.

Dados los objetivos del presente capítulo, será pertinente ofrecer
una breve descripción de la propuesta de Hertz.

3.3. La *Bildtheorie* de Heinrich Hertz

Se suele conocer a Heinrich Hertz (1857–1894) por dos contribuciones principales. En primer lugar, por sus experimentos en el
campo del electromagnetismo que lo llevaron, entre 1886 y 1888,
al descubrimiento de las ondas electromagnéticas (ondas de radio),
permitiéndole alcanzar una confirmación experimental de la teoría
de Maxwell. En segundo lugar, por su teoría pictórica de las teorías
científicas como 'imágenes' [*Bilder*] o representaciones intelectuales,
i.e. su célebre *Bildtheorie*. Particularmente esta última ha sido del
interés y objeto de estudio de los filósofos de la ciencia y del lenguaje, pues se reconoce su influencia en diversas posiciones filosóficas
del siglo XX, por ejemplo, en el *Tractatus* de Wittgenstein.[4]

Hertz presenta por primera vez en 1884 un esbozo de su teoría
pictórica en una serie de conferencias en Kiel, editadas más de un
siglo después bajo el titulo: *La constitución de la materia* (Hertz
1999). Sin embargo, la exposición más detallada se encuentra en
la introducción, de carácter filosófico, de su obra *Principios de la
mecánica presentados en una nueva forma* (Hertz 1894). Hertz afirma allí que la tarea más importante que se impone a nuestro co-

---

[4] La *Bildtheorie* ha sido objeto recientemente de numerosos estudios. Entre
éstos se destacan (Baird y Hughes 1998) y (Lützen 2005).

nocimiento de la naturaleza consiste en la anticipación de sucesos futuros, de manera que nos permita adaptar nuestras acciones en función de esas anticipaciones. Para dar solución a este problema, realizamos inferencias con base en el conocimiento que hemos acumulado en virtud de sucesos pasados. Ahora bien, este proceso reviste siempre la siguiente forma:

> Creamos para nosotros imágenes intelectuales [*innere Scheinbilder*] o símbolos de los objetos externos; y ello lo realizamos de tal modo que, las consecuencias necesarias de las imágenes en el pensamiento siempre sean imágenes de las consecuencias necesarias en la naturaleza de los objetos representados. Para que este requerimiento sea cumplido, debe existir una cierta correspondencia entre la naturaleza y nuestra mente [*Geist*]. (Hertz 1894, p. 1)

Las imágenes o representaciones mentales de las que habla Hertz no son representaciones o copias de los objetos externos en el papel, en el lienzo, etc. Por el contrario, estas imágenes son representaciones internas o "intelectuales". Ello significa que la semejanza o parecido que estas imágenes o símbolos deben mantener con los objetos representados se limita al requerimiento básico recién mencionado: las consecuencias de las imágenes en el pensamiento deben ser a su vez imágenes de las consecuencias en la naturaleza. Las *Bilder* de Hertz no pretenden informarnos nada acerca de la "esencia" de los objetos o fenómenos externos, de cómo éstos son en sí:

> Las imágenes, de las que aquí hablamos, son nuestras representaciones [*Vorstellungen*] de las cosas. Con las cosas mantienen una única correspondencia esencial, que consiste en el cumplimiento del requerimiento arriba mencionado. Sin embargo, para su finalidad no es necesario que las imágenes mantengan con las cosas otra correspondencia ulterior. En efecto, no sabemos ni tenemos medios para saber si nuestras representaciones guardan alguna otra relación con las cosas, más allá de aquel requerimiento fundamental. (Hertz 1894, p. 2)

Schiemann (1998), Heidelberger (1998) y Lützen (2005) – entre otros – han advertido que la teoría pictórica de Hertz está inspirada, en gran medida, en la "teoría de los signos" [*Zeichentheorie*] de su mentor Hermann von Helmholtz (1821–1894).[5] Resultará útil entonces, para presentar una idea un poco más precisa de la noción de "imagen" de Hertz, que mencionemos muy brevemente algunos puntos principales de la teoría de Helmholtz.[6]

Helmholtz desarrolló una teoría que intenta explicar cómo nuestra mente se forma signos o símbolos de las cosas u objetos externos. En base a sus investigaciones en el campo de la fisiología de la percepción, sostuvo que estamos incapacitados para probar una correspondencia entre las propiedades de nuestras sensaciones y las propiedades de las cosas que son objeto de nuestras sensaciones. Es por ello que es conveniente afirmar que nuestras sensaciones son signos o símbolos [*Zeichen*] de las cosas externas, y no copias [*Abbilder*] que mantienen algún grado de semejanza o similaridad. Esta teoría de Helmholtz, que busca describir el proceso por medio del cual creamos o formamos tales signos a partir de la experiencia sensorial, sufrió diversos cambios a lo largo del tiempo.[7] En este sentido, resulta más pertinente, en función de nuestros objetivos, que nos refiramos al modo en que Helmholtz concibió *la naturaleza* de estos signos. Puntualmente, en este respecto una fuente muy interesante se encuentra en su artículo clásico "Los hechos de la percepción" de 1878, en donde resume su posición de la siguiente manera:

> En verdad, nuestras sensaciones son efectos producidos en nuestros órganos por causas externas, y el modo en que estos efectos se expresan naturalmente a sí mismos depende esencialmente del tipo de aparato sobre el cual el efecto es producido. En la medida en que la cualidad de nuestra sensación nos da un testimonio del carácter de la influencia externa por medio de la cual es excitada, éste debe ser tomado como un signo [*Zeichen*] de

---

[5] Otra influencia importante en la *Bildtheorie* de Hertz fueron las ideas de Maxwell acerca del razonamiento por analogía y la descripción de los modelos mecánicos. Sobre este punto puede consultarse D'Agostino (2000).

[6] Sobre la *Zeichentheorie* de Helmholtz puede consultarse (Schiemann 1998).

[7] Mientras que en una primera instancia Helmholtz sostuvo que este proceso estaba basado en una ley *a priori* de causalidad, posteriormente defendió que se apoyaba en la presuposición de la *legalidad* de todos los fenómenos de la naturaleza. Véase Friedman (1997).

aquella, y no como una copia [*Abbild*]. Puesto que de una copia se requiere algún tipo de semejanza con el objeto del cual es una copia – de una estatua se pide un parecido en la forma, de un dibujo una semejanza en la proyección de la perspectiva en el campo visual, de una pintura una similitud de los colores. Pero un signo no necesita tener ningún tipo de semejanza con aquello de lo que es un signo. La relación entre ellos dos se circunscribe al hecho de que así como objetos iguales que ejercen una influencia en circunstancia semejantes evocan signos iguales, así también signos diferentes siempre se corresponden con influencias diferentes. (Helmholtz 1977, p. 121–122)

Una de las tesis centrales de la teoría de Helmholtz consiste en afirmar que los signos, que son o están en lugar de nuestras sensaciones, no necesitan parecerse a los objetos que simbolizan, de la misma manera en que los nombres propios del lenguaje natural no necesitan asemejarse a sus objetos. Por el contrario, es por medio de la experiencia que aprendemos a interpretar estos signos. Asimismo, en su tratado sobre la fisiología de percepción, Helmholtz plantea ideas muy similares a las que un poco más tarde propondrá Hertz:

Por lo tanto creo que no puede haber ningún sentido posible en hablar de la verdad de nuestras representaciones, sino únicamente en un sentido práctico. Nuestras representaciones de las cosas no son nada más que símbolos, signos dados naturalmente de las cosas, que aprendemos a utilizar para la reglamentación de nuestros movimientos y acciones. Cuando hemos aprendido a leer correctamente aquellos símbolos, entonces estamos en condiciones de disponer con su ayuda nuestras acciones, de manera que ellos tengan el resultado esperado, i.e. que las nuevas sensaciones ocurran. Otra comparación entre las representaciones y las cosas no sólo no tiene lugar en la realidad – en ello todas las escuelas concuerdan – sino que otro tipo de comparación no es siquiera pensable y carece absolutamente de sentido. (Helmholtz 1867, p. 443)[8]

---

[8] Citado también en (Friedman 1997). Una exposición extensa de la teoría em-

El concepto de "imagen" [*Bild*] de Hertz coincide en varios aspectos con la noción de "signo"[*Zeichen*] en Helmholtz. En particular, el modo en que éste piensa las relaciones entre las sensaciones y los signos es muy similar al requerimiento fundamental de las imágenes establecido más tarde por Hertz. Asimismo, la afirmación de Helmholtz de que sólo nos es lícito hablar de una concordancia entre nuestras representaciones y las cosas en este respecto, coincide con la aseveración de Hertz de que sólo podemos exigir una conformidad entre las imágenes y la naturaleza en lo que toca al requerimiento básico. Sin embargo, existen también diferencias importantes en las posiciones de ambos autores. La más relevante para nuestro caso consiste en que Hertz profundiza la separación entre las imágenes y lo representado, al sostener que existen diversas imágenes correctas y lógicamente admisibles de una misma parte del mundo exterior.[9] Por el contrario, para Helmholtz sólo existe una única imagen correcta del mundo exterior:

> De este modo, las representaciones del mundo exterior son imágenes [*Bilder*] de la sucesión temporal legaliforme de los sucesos naturales, y si son correctamente formadas de acuerdo con nuestra leyes del pensamiento, y si además somos capaces de trasladarlas nuevamente a la realidad a través de acciones, entonces las representaciones con las que contamos son también *las únicas verdaderas* para nuestro pensamiento; todas las demás serán falsas. (Helmholtz 1867, p. 22)[10]

Por otro lado, aunque Hertz reconoce que su imagen de la mecánica no es la única posible, y por lo tanto es posible que existan diversas imágenes correctas de los objetos externos, establece una serie de requerimientos para las imágenes, que permiten su comparación y la evaluación de su pertinencia. Éste es precisamente uno de los primeros puntos de contacto con la concepción axiomática de Hilbert.

---

pirista de Helmholtz puede encontrarse en la segunda edición de (Helmholtz 1867, §26).

[9] En este punto es posible percibir además la influencia en Hertz del llamado pluralismo teórico de Maxwell. Véase D'Agostino (2000).

[10] Citado en (Lützen 2005, p. 86).

3.4. Criterios de las imágenes y condiciones de adecuación de los sistemas axiomáticos

El cumplimiento del requerimiento fundamental postulado no garantiza, no obstante para Hertz, que las imágenes que nos formamos de los objetos o fenómenos externos no estén dotadas de cierto grado de vaguedad e imprecisión. Por ello establece tres famosos criterios, en función de los cuales es posible evaluar y comparar las diferentes imágenes disponibles de las teorías: admisibilidad o permisibilidad lógica [*logische Zulässigkeit*], corrección [*Richtigkeit*] y adecuación [*Zweckmässigkeit*]. Estos criterios constituyen un primer punto de contacto con la concepción axiomática hilbertiana, en tanto guardan muchas similitudes con las condiciones de adecuación que impone a sus sistema axiomáticos.[11]

El primer criterio, denominado permisibilidad lógica [*logisch Zulässigkeit*], es caracterizado de la siguiente manera:

> Consideraremos de antemano como inadmisibles aquellas imágenes que conllevan en sí una contradicción con las leyes de nuestro pensamiento y exigiremos, en primer lugar, que todas nuestras imágenes sean lógicamente permisibles o, brevemente, permisibles. (Hertz 1894, p. 2)

Hertz le confiere una importancia vital a este criterio de permisibilidad o admisibilidad lógica, que consiste en que la imagen propuesta no contenga, ni pueda conducir a contradicciones. No sólo este requerimiento es puesto en primer lugar, sino que además Hertz lo identifica como la condición más fundamental que una imagen de la mecánica debe satisfacer:

> En primer lugar, en lo que respecta a la permisibilidad lógica de la imagen examinada, creo que ella misma satisface los requerimientos más estrictos, y confío que esta opinión encontrará aceptación. Le confiero al mérito de esta representación la mayor importancia, de hecho

---

[11] En sus propias notas para el curso de 1898, Hilbert menciona los criterios de las imágenes de Hertz, luego de introducir los axiomas de enlace: "[Para] la presentación clásica de Hertz respecto de los requerimiento de una buena imagen, véase *Mechanik*, pp. 1–4" (Hilbert 1898/1899b, p. 225).

una importancia única. Si la mencionada imagen es más apropiada que otra, si es capaz de abarcar toda la experiencia futura; incluso si abarca toda la experiencia presente, todo ello lo considero prácticamente nada frente a la cuestión de si ésta es en sí consistente, completa y pura. (Hertz 1894, p. 39)

La permisibilidad lógica de una imagen es algo que puede ser determinado *a priori*. Ello se debe a que las leyes mismas del pensamiento tienen, para Hertz, un carácter *a priori*. Éste es precisamente uno de los puntos en el que Hertz adoptada ciertos principios de la teoría del conocimiento kantiana[12]:

Aquello que determina que las imágenes sean permisibles viene dado por la naturaleza de nuestra mente [*Geist*]. Si una imagen es permisible o no, lo podemos decidir sin ambigüedad, y nuestra decisión será válida para todos los tiempos. (Hertz 1894, p. 3)

Sin embargo, a pesar de la confianza que Hertz deposita en la posibilidad de determinar si una imagen está libre de contradicciones, no especifica en cambio ningún procedimiento (formal) por medio del cual sea posible demostrar la ausencia de contradicciones. Más bien, Hertz sugiere que una mera inspección de la imagen basta para revelar sus posibles contradicciones con las leyes del pensamiento.

El criterio de permisibilidad o admisibilidad lógica se asemeja al requerimiento de *consistencia* de un sistema axiomático, exigido por Hilbert como la propiedad más fundamental que todo sistema de axiomas debe cumplir. La importancia crucial de esta propiedad es una consecuencia de su nueva concepción formal del método axiomático, rasgo reconocido por el propio Hilbert al menos desde 1894.[13] Sin embargo, el problema de la consistencia comenzará a ser asociado inseparablemente con su nombre a partir 1900, en virtud de su formulación explícita en el segundo de sus "Problemas matemáticos" de París: demostrar la consistencia del sistema axiomático para la aritmética de los reales (Hilbert 1900b). Hilbert reconoció allí el problema de la consistencia de la aritmética como

---

[12] Sobre la presencia de algunas tesis kantianas en las ideas epistemológicas de Hertz, véase (Hyder 2003).

[13] Cf. capítulo 2, sección 2.2.2.2.

una cuestión central, y planteó de ese manera el problema fundamental que daría lugar posteriormente al llamado "programa de Hilbert". Es interesante observar que Hertz deposita, en la permisibilidad lógica de las imágenes, una importancia similar a la que Hilbert le confiere a la consistencia:

> El conocimiento maduro considera a la pureza lógica como de primera importancia; sólo las imágenes lógicamente claras pueden ser probadas respecto de la corrección; sólo las imágenes correctas pueden ser comparadas respecto de la adecuación. La urgencia de las circunstancias conduce [sin embargo] al camino inverso: Las imágenes son encontradas adecuadas para ciertos propósitos; luego son contrastadas en cuanto a su corrección, y finalmente sólo después son depuradas de las contradicciones internas. (Hertz 1894, p. 11)[14]

El segundo criterio establecido por Hertz se vincula con el requerimiento fundamental de las imágenes, y en cierta medida se funde con él. Las imágenes deben ser "correctas" [*richtig*], esto es, no debe darse el caso de que "sus relaciones esenciales contradigan las relaciones de las cosas externas" (Hertz 1894, p. 2). El punto central de este criterio – y del requerimiento fundamental – es que aquellas consecuencias que se siguen de la teoría deben ser a su vez consecuencias en la naturaleza. Es decir, aquellas partes de la naturaleza que son descriptas por la imagen, deben ser correctamente descriptas. Aunque Hertz no aclara explícitamente qué entiende por relaciones esenciales, es posible inferir que se está refiriendo a aquellas relaciones que son empíricamente testeables o contrastables.[15] La corrección de una imagen es algo que puede ser definido empíricamente, aunque en consecuencia, no de un modo definitivo:

> Aquello que es introducido en la imagen en lo que respecta a la "corrección", está contenido en hechos de la

---

[14] En el capítulo siguiente veremos que el modo en que Hertz describe el desarrollo efectivo de las teorías científicas es muy similar a la manera en que Hilbert describe cómo se van construyendo históricamente las teorías matemáticas, y al papel del método axiomático en dicha construcción.

[15] Una discusión sobre este punto puede encontrarse en (Schiemann 1998) y (Lützen 2005).

experiencia que han servido para la construcción de la imagen. (...) Y si una imagen es correcta o no, lo podemos decir igualmente de manera unívoca, pero sólo en función de nuestra experiencia presente y con la condición de admitir la referencia a futuras y más ricas experiencias. (Hertz 1894, p. 3)

Este criterio de "corrección" de una imagen guarda una relación inmediata con el modo en que Hilbert caracteriza desde 1894 la empresa de axiomatizar la geometría. En este período temprano, Hilbert entiende que esta tarea consiste en ofrecer una reconstrucción de la geometría euclídea elemental, por medio de la cual sea posible trazar una correspondencia entre las proposiciones del sistema abstracto resultante y los hechos fundamentales de la geometría, que conforman la "realidad geométrica". Por ejemplo, su sistema axiomático para la geometría euclídea elemental podrá ser considerado como "correcto", en la medida en que sea posible obtener de él todos los teoremas y proposiciones que aparecen en los *Elementos* de Euclides. En este sentido, la "corrección" de una imagen guarda algunas semejanzas con la propiedad de completitud de un sistema axiomático, según la concibe Hilbert en este período.

Por otro lado, la permisibilidad y la corrección se relacionan formalmente por el hecho de que una imagen que no es lógicamente admisible, i.e. que contiene una contradicción, permite deducir de ella cualquier conclusión, y por lo tanto, en ningún sentido puede ser una representación correcta del mundo exterior. Como lo señala Hertz en el último pasaje recién citado, "sólo las imágenes lógicamente claras pueden ser probadas respecto de la corrección".[16]

Por último, dos imágenes lógicamente permisibles y correctas pueden distinguirse, según Hertz, en cuanto a su grado de "adecuación" o "conveniencia" [*Zweckmässigkeit*]:

De dos imágenes del mismo objeto, la más adecuada será aquella que refleje más relaciones esenciales del objeto en relación a la otra – a la cual designaremos como

---

[16] Podría pensarse que esta relación formal entre la admisibilidad lógica y la corrección de las imágenes tiene un cierto correlato en las propiedades metalógicas de los sistemas axiomáticos formales, a saber: un sistema inconsistente (inadmisible lógicamente) no puede ser completo (correcto), en tanto cualquier fórmula es demostrable en él, pero ninguna es refutable; en otras palabras, los sistemas inconsistentes son *trivialmente* completos.

> la más distinta. De dos imágenes con el mismo grado de
> distinción, la más apropiada será aquella que contenga,
> junto con los elementos esenciales, el menor número po-
> sible de relaciones vacías o superfluas – la cual es además
> la más simple. (Hertz 1894, pp. 2–3)

Hertz divide el requerimiento de adecuación en dos sub–criterios:
la distinción [*Deutlichkeit*] y la simplicidad [*Einfachheit*]. La distinción se asocia a la idea de que la imagen debe ser lo más completa
posible, en el sentido de ser capaz de reflejar la mayor cantidad
posible de características o relaciones esenciales de los fenómenos.
Como se pregunta Hertz respecto de la distinción de la imagen
clásica de la mecánica de Newton y Lagrange: "¿Contiene todas
las características que nuestro conocimiento presente nos permite
distinguir en los movimientos naturales?" (Hertz 1894, p. 11). La
imagen más distinta posible será pues aquella que no sólo represen-
te correctamente un gran número de movimientos naturales, sino
aquella que incluya a todos los movimientos sin excepción.[17]

El requerimiento de la distinción de una imagen, conjuntamente
con la noción de corrección, se relaciona con la noción de completitud de un sistema axiomático, según es concebida por Hilbert en
este período. Como lo veremos más adelante, en esta etapa inicial Hilbert maneja una noción de completitud más bien informal o
pragmática, que consiste en una especie de mixtura entre axiomática material y axiomática formal.[18] De acuerdo con esta "noción
informal", un sistema de axiomas Ω para una disciplina A es *completo* si todos[19] los hechos conocidos o teoremas de A pueden ser
representados en Ω, ya sea como axiomas o como consecuencias
deductivas de los axiomas.

Esta noción puede ser ilustrada fácilmente a través de un ejemplo, tomado de la geometría. Una novedad importante de *Fundamentos de la geometría* es el tratamiento que allí recibe la relación
de congruencia. En efecto, Hilbert abandona el método de Euclides para demostrar la congruencia de dos figuras, i.e. "el método
de superposición", por ser lógicamente confuso y por estar basado

---

[17] Cf. (Hertz 1894, p. 42).

[18] Véase el capítulo 7.

[19] En la introducción de *Fundamentos de la geometría*, Hilbert habla de "los
teoremas más importantes de la geometría" (Hilbert 1899, p. 1), y no de
todos los teoremas. Véase *infra*, sección 7.4.1.

en la noción de movimiento. Este método es reemplazado por un conjunto de axiomas, que simplemente "postula" la congruencia de segmentos y ángulos. De este modo, el sistema axiomático de Hilbert es *completo*, en la medida en que de sus axiomas de congruencia pueden obtenerse – con la ayuda del resto de los axiomas – todos los teoremas de congruencia que se encuentran en los libros I–IV de los *Elementos*. En este sentido, esta noción informal de completitud es similar a una conjunción de los requerimientos de distinción y corrección de Hertz.[20]

En cuanto a la idea de simplicidad, Hertz exige que las imágenes contengan el menor número posible de elementos innecesarios, es decir, de conceptos que puedan ser excluidos sin detrimento de la capacidad predictiva de la teoría. Un ejemplo evidente de esta clase de simplicidad se observa en la propia imagen de la mecánica de Hertz, que utiliza sólo tres conceptos primitivos en lugar de cuatro, como era habitual.[21] De modo análogo, Hilbert incluye a la simplicidad como una propiedad de los sistemas axiomáticos, aunque no se trata de una propiedad que pueda ser demostrada formalmente, sino de un requerimiento que podría llamarse "estético". Sin embargo, la independencia exigida a todos los axiomas es un instrumento útil para evitar la introducción dentro del sistema de elementos redundantes o prescindibles.

La posición de Hertz respecto de la adecuación o conveniencia de una imagen es consecuente con su afirmación de que pueden existir diversas imágenes correctas de los objetos externos. Asimismo, coincide con la observación de Hilbert, según la cual, aunque "todo sistema de unidades y axiomas que describe completamente a los fenómenos está tan justificado como cualquier otro" (Hilbert 1893/1894b, p. 104), es posible probar que un sistema de axiomas es el más adecuado, respecto de cierto punto de vista.

Hasta aquí las coincidencias entre las criterios para las imágenes de Hertz y las propiedades de los sistemas de axiomas de Hilbert. Pasemos ahora a analizar otro de los puntos de contacto entre ambas posiciones, a saber: la afirmación de Hilbert de que sus *axiomas* para la geometría pueden ser entendidos como las *imágenes* de Hertz.

---

[20] El tema de la completitud es abordado detalladamente en el capítulo 7.

[21] Véase *infra*, sección 3.6.1.

3.5. Los axiomas de Hilbert y las *Bilder* de Hertz

Hilbert apela en sus cursos a la teoría pictórica de Hertz para ilustrar el modo en que deben entenderse el lugar y la naturaleza de los axiomas dentro de las teorías axiomatizadas. Ya desde 1894, año en que adopta por primera vez un abordaje axiomático a la geometría, Hilbert reconoce que un sistema axiomático debe ser entendido como un entramado de conceptos, una estructura relacional, que no está restringida a un determinado dominio fijo, sino que por el contrario es libre de recibir diversas interpretaciones. De la misma manera, un axioma geométrico no podrá ser más entendido como una verdad inmediata acerca de un dominio intuitivo fijo – el espacio físico –, sino que en sus sistemas axiomáticos para la geometría, Hilbert sostiene que los axiomas funcionan como proposiciones no interpretadas. Si bien las conectivas lógicas todavía poseen su significado habitual, los términos geométricos básicos no están ligados a una interpretación fija, sino que pueden recibir diversas interpretaciones, tanto dentro de otras teorías matemáticas, como dentro de otra clase de teorías, por ejemplo, las teorías físicas. En consecuencia, aunque la experiencia y la intuición hayan desempeñado un papel fundamental en el establecimiento del conjunto de 'hechos' básicos, una teoría geométrica no debe limitarse a lo que está intuitiva o empíricamente justificado; en ese sentido, ninguna interpretación o realización particular puede ser privilegiada por sobre otras.

Ahora bien, esta nueva manera de ver los sistemas axiomáticos en general, y los axiomas de la geometría en particular, encuentra un paralelo notable en el modo en que Hertz define las teorías físicas como sistemas hipotéticos–deductivos y en su noción de "principio" de la mecánica:

> En sentido estricto, originalmente en la mecánica se ha entendido por un principio a toda afirmación que no se deriva de otras proposiciones de la mecánica, sino que *se considera como el resultado directo de otras fuentes de conocimiento.* (...) Pero estas proposiciones concretas particulares no serán lo que tendremos en mente cuando hablemos sencilla y generalmente de los principios de la mecánica; por ello entenderemos a *cualquier elección entre aquellas y entre otras proposiciones similares, que*

*satisfaga la condición de que sea posible desarrollar de
allí toda la mecánica por medios puramente deductivos,
sin una referencia ulterior a la experiencia.* (Hertz 1894,
pp. 4–5. El énfasis es mío)

Lo que determina que una proposición deba ser considerada como
un "principio" de la mecánica no es la inmediatez de su evidencia
intuitiva o empírica, sino la capacidad de obtener a partir de ella
el resto de proposiciones y teoremas, exclusivamente por medio de
inferencias deductivas y sin apelar a la experiencia. A ello se hace
referencia cuando se habla de la posición axiomática o deductivista de Hertz. Además, este modo de concebir los principios de la
mecánica conlleva que una imagen, en tanto producto puramente
intelectual, se relaciona con los objetos externos estrictamente en
función del cumplimiento del requerimiento fundamental: las consecuencias deductivas de las imágenes en el pensamiento deben valer
a su vez en la naturaleza. Un principio de la mecánica – tomado
como una imagen de los objetos externos – no intenta ser una afirmación acerca de la esencia de las cosas externas, de cómo éstas son
en sí; su relación se limita a la condición establecida en el criterio
fundamental. Por otro lado, como una consecuencia de lo anterior,
y al igual que lo sostenido por Hilbert en relación a los sistemas
axiomáticos, para Hertz una característica central de las imágenes
permisibles y correctas es que no puede afirmarse justificadamente
que alguna de ellas se halla más cerca que otra de la naturaleza de
los objetos:

> En este sentido, las ideas fundamentales de la mecáni-
> ca, junto con los principios que las conectan, represen-
> tan la imagen más simple que la física puede producir
> de las cosas en el mundo sensible y de los procesos que
> ocurren en ella. *Al cambiar la elección de las proposi-
> ciones que tomamos como fundamentales, podemos dar
> diversas presentaciones de los principios de la mecáni-
> ca. De este modo podemos obtener diversas imágenes de
> las cosas, y estas imágenes deben ser comparadas entre
> sí respecto de la admisibilidad lógica, la corrección y la
> conveniencia.* (Hertz 1894, p. 4–5. El énfasis es mío.)

Desde un punto de vista epistemológico, ninguna imagen [*Bild*]
puede ser privilegiada argumentando que representa con mayor fi-

delidad la *verdadera naturaleza* de los objetos. De ese modo de concebir los principios de la mecánica a la noción de axioma como proposición no interpretada, sólo hay un pequeño paso.

Otra consecuencia de entender los principios de la mecánica – y los axiomas de la geometría – de esta manera, es que el problema de la admisibilidad lógica y de la consistencia se vuelve crucial. En la concepción clásica, la ausencia de contradicción de los principios y axiomas estaba garantizada por su carácter de verdades fundadas en una evidencia intuitiva inmediata. Sin embargo, al convertir los principios de la mecánica en *Bilder* o representaciones intelectuales, que son *postuladas* como los elementos básicos de un sistema, la cuestión de si estos principios no conllevan o pueden conducir a contradicciones se vuelve primordial. De allí la insistencia de Hertz en la admisibilidad lógica como el criterio más importante que debe ser garantizado de una imagen.

En el caso de Hilbert, esta transición se pone notablemente de manifiesto en la renombrada controversia epistolar que mantuvo con Frege, a propósito de la publicación del *Festschrift* (Hilbert 1899). Como es bien sabido, Frege manifiesta allí serias dudas en torno al 'nuevo significado' que Hilbert le confiere a la palabra axioma. Frege defiende una concepción tradicional de los axiomas de la geometría, que coincide exactamente con la caracterización que presenta Hertz de la noción clásica de principio en la mecánica:

> Llamo axiomas a las proposiciones que son verdaderas pero no demostradas, ya que nuestro conocimiento de ellas se sigue de una fuente de conocimiento distinta a la lógica, que se puede llamar intuición espacial. De la verdad de los axiomas se sigue que no se contradicen entre sí. (Frege 1976, p. 63)

Por el contrario, para Hilbert los axiomas de la geometría no son proposiciones verdaderas acerca del espacio físico, sino un conjunto de enunciados (hipotéticos) acerca de un sistema de 'objetos del pensamiento'. Es precisamente por ello que una prueba de consistencia es el criterio fundamental para establecer la validez de un sistema axiomático.[22]

---

[22] La polémica entre Hilbert y Frege será analizada en el capítulo 4.

Ahora bien, sugestivamente Hilbert recurre justamente a Hertz para resaltar que la incomprensión de Frege se debe a su incapacidad de advertir este nuevo modo de concebir los principios de una teoría organizada axiomáticamente. En el tercer volumen de sus "Diarios científicos" [*Wissenchaftliches Tagebuch*], Hilbert realiza la siguiente observación:

> Frege tergiversa [las cosas] al haber entendido completamente mal el sentido y el objetivo de mi fundamentación [de la geometría]. Obviamente es posible emplear otras palabras en lugar de 'punto', 'línea', 'plano', 'entre'; lo cual no es nada nuevo. (. . .) Mi concepción coincide exactamente con la de Hertz (introducción a su mecánica). Lo que yo llamo objetos del pensamiento [*Gedankendinge*], son las imágenes de Hertz, los 'signos' de Pringsheim, Thomae, etc.[23]

Hilbert señala una vez más que en su presentación axiomática de la geometría los términos primitivos, aun cuando conservan su nombre habitual que nos recuerda su significado geométrico intuitivo, se refieren a un conjunto de 'objetos del pensamiento', i.e. objetos pertenecientes a un nivel conceptual, y no a las 'líneas', 'puntos' y 'planos' intuitivos o 'reales'. En este preciso sentido, resulta fructífero concebir estos objetos del pensamiento como las imágenes de Hertz. Sin embargo, Hilbert afirma también en reiteradas oportunidades que sus *axiomas* deben ser entendidos como las imágenes de Hertz. De este modo, las *Bilder* de Hertz pueden ser, para Hilbert, imágenes tanto de *objetos u cosas* como de *hechos geométricos*.

Es preciso reconocer que el propio Hertz utiliza con esta misma flexibilidad su noción de 'imagen'. Por un lado, Hertz reitera en múltiples lugares, desde las primeras líneas de la introducción a sus *Principios de la mecánica*, que las imágenes son "las representaciones que nos creamos para nosotros de los objetos externos" (Hertz 1894, p. 1).[24] Por otro lado, sostiene que con su nueva presentación

---

[23] Cod. Ms. D. Hilbert 600:3, p. 75-76. El énfasis es mío. Hasta donde llega mi conocimiento, éste es el único lugar en donde Hilbert se refiere a la controversia con Frege, tras haberla interrumpido abruptamente en 1902. Es difícil datar con precisión la observación; sin embargo, el contexto de estas notas permite inferir que no pudo haber sido escrita después de 1905.

[24] Véase también (Hertz 1894, pp. 2–3).

de la mecánica busca proponer una nueva imagen de esta teoría física. Su objetivo es ofrecer una nueva imagen [*Bild*] que describa de un modo más simple, completo y consistente, el comportamiento de un determinado rango de fenómenos, o sea, el conjunto de hechos de los que se ocupa la mecánica.[25]

Más allá de esta libertad para hacer que las imágenes sean representaciones tanto de objetos o cosas como de hechos, las referencias de Hilbert a la teoría pictórica de Hertz resultan completamente consecuentes respecto de lo siguiente: el modo en que Hertz describe en su *Bildtheorie* la relación entre las teorías físicas y los fenómenos ilustra elocuentemente el *giro metodológico* que Hilbert intenta imprimirle a la idea de axiomática en geometría. Aunque en cuanto a su origen la geometría es – al igual que la mecánica – una ciencia natural, gracias al proceso de axiomatización formal se convierte en una teoría matemática pura, que no intenta ser una descripción directa o inmediata del espacio físico. Parecería entonces correcto pensar que para Hilbert el *sistema axiomático mismo*, con sus correspondientes axiomas y términos primitivos, constituye una imagen en el sentido de Hertz. Otra similitud entre ambas propuestas, que enseguida analizaremos, apunta en esta dirección.

3.6. Elementos ideales y masas invisibles

Este nuevo modo de concebir los axiomas de la geometría y los principios de la mecánica acarrea, como una consecuencia inmediata, una modificación en la manera de entender cómo debe proceder la construcción de una teoría – ya sea matemática o física – en forma axiomática o hipotético–deductiva. Es interesante subrayar que, también en este punto, es posible encontrar entre Hilbert y Hertz coincidencias notables. Me refiero a las semejanzas conceptuales que existen entre una de las innovaciones técnicas y metodológicas más importantes que lleva a cabo Hertz en su presentación de la mecánica, i.e. la introducción de masas invisibles u ocultas, y uno de los pilares del método axiomático hilbertiano: el método de los elementos ideales.

---

[25] Cf. (Hertz 1894, pp. 39–40).

3.6.1. Las 'masas invisibles' en la mecánica de Hertz

La concepción de Hertz de las teorías científicas como imágenes intelectuales implica una nueva manera de entender la relación entre las teorías físicas y los fenómenos. De acuerdo con esta nueva concepción, el único respecto en el que nuestras teorías científicas o imágenes deben concordar con los fenómenos es el cumplimiento del criterio fundamental: las consecuencias en el pensamiento que se siguen de las imágenes deben valer a su vez en la naturaleza. Cualquier concordancia ulterior es, a los efectos de la predicción científica, superflua; incluso, Hertz señala que otra concordancia quizás no sea siquiera posible. Este modo de concebir las teorías ofrece luego una justificación para la introducción de elementos teóricos o conceptos que, aunque carecen de un correlato empírico observable, permiten simplificar y generalizar la explicación de un rango determinado de *phenomena*. Más aún, para Hertz ello no es solamente posible, sino que es absolutamente imprescindible para conseguir una imagen *completa*:

> Si intentamos comprender el movimiento de los cuerpos a nuestro alrededor y reducirlo a reglas simples y claras, considerando exclusivamente lo que puede ser observado directamente, nuestro intento en general fracasará. Inmediatamente nos convenceremos de que la totalidad de lo que podemos ver y tocar no forma aún un universo legaliforme [*gesetzmässige*], en el que de las mismas condiciones se siguen siempre las mismas consecuencias. (...) Si deseamos obtener una imagen del mundo [*Weltbild*] completa, acabada y conforme a una ley, tenemos que admitir, detrás de las cosas que vemos, otras cosas invisibles; debemos buscar detrás de los límites de nuestros sentidos, otros elementos co–actuantes que están ocultos [*heimliche Mitspieler*]. (Hertz 1894, p. 30)

Hertz cree que no podemos alcanzar una explicación de la materia tangible y visible sin asumir la existencia de ciertos actores "invisibles". Ahora bien, esto oculto no es sino masas que en sí son iguales a las masas tangibles, con la excepción de que no podemos percibirlas de la misma manera en que percibimos a la materia visible. Podemos inferir sus propiedades a partir del modo en que éstas operan sobre la materia tangible, a través de sus conexiones. Empero, la única diferencia entre la materia tangible y la intangible consiste en el modo en que están conectadas con el aparato sensorial humano. No se trata de una diferencia de clase, sino sólo respecto a nuestro modo de percepción.

La 'imagen' de la mecánica de Hertz consta entonces sólo de tres conceptos primitivos – espacio, tiempo y masa –, a los que se les deben añadir las masas ocultas. Las tres primeras nociones pueden ser determinadas a través de experiencias sensibles concretas, con lo cual resultan justificadas empíricamente:

> En primer lugar introducimos los tres conceptos básicos e independientes de tiempo, espacio y masa como objetos de la experiencia, y al mismo tiempo fijamos por medio de qué experiencias sensibles concretas, tiempo, espacio y masa serán determinados. Con respecto a las masas, afirmamos así que junto con las masas que pueden ser percibidas por los sentidos, [otras] masas ocultas pueden ser introducidas por medio de hipótesis. (Hertz 1894, p. 32)

Hertz evita de esta manera la inclusión de un cuarto elemento primitivo: la fuerza, en la concepción mecánica clásica de Newton y Lagrange; o la energía, en la representación energeticista de la mecánica que intenta fundarla en las leyes de la transformación de la energía.[26] Por otro lado, para compensar la exclusión de las fuerzas como un concepto primitivo de la teoría, se introducen cantidades ocultas, bajo la forma de masas ocultas (*verborgene Massen*). Las masas ocultas cooperan con las cantidades visibles en la descripción de los movimientos a través de una transformación de todos los movimientos en movimientos inerciales. Asimismo, gracias a la inclusión de estas masas invisibles, la energía potencial,

---

[26] Hertz reconoce que, en el momento de la redacción de su libro, no existía todavía un manual que expusiera a la mecánica desde el punto de vista de la idea de energía. En tal sentido, Hertz no asocia la imagen energicista a un autor particular, sino más bien a una idea general muy influyente durante las "últimas décadas" (Hertz 1894, p. 17). Básicamente, esta imagen de la mecánica consta de cuatro conceptos fundamentales: espacio, tiempo, masa y energía, y utiliza al principio de Hamilton de la mínima acción como la ley mecánica fundamental.

que carece de sentido sin el concepto de fuerza, puede ser rede-
finida simplemente como energía cinética de estas mismas masas
ocultas.[27] La introducción de estas "masas invisibles" permite que
la imagen hertziana de la mecánica gane sustancialmente en claridad lógica, cumpliendo de ese modo con el criterio fundamental de
permisibilidad. Es decir, en opinión de Hertz, aunque la primera
imagen de la mecánica es aceptable en lo que se refiere a la "corrección" (*Richtigkeit*), las propiedades contradictorias que le atribuye
a la noción de fuerza – al considerarla en ocasiones tanto como
causa y como resultado del movimiento – introduce problemas y
confusiones importantes en el que respecta a la permisibilidad lógica.[28] Según Hertz, su imagen supera entonces en claridad lógica y
simplicidad a las presentaciones anteriores de la mecánica, al ba-
sarse únicamente en tres conceptos básicos[29], a los que se les deben
sumar los elementos invisibles. Por otra parte, Hertz pensaba que
estas masas ocultas ofrecían una solución al problema de la explicación mecánica de la electrodinámica, tal como había sido planteado
por Maxwell.[30]

En resumen, Hertz le confirió una gran importancia a la admisión
de cantidades ocultas, en cuanto nueva herramienta para presentar
el sistema de mecánica. En efecto, estos elementos invisibles no
hacían sino confirmar su visión del cambio de estatus de las teorías
científicas, a saber: éstas debían dejar de ser consideradas como una
descripción de la naturaleza, para comenzar a ser vistas como cons-

---

[27] Cf. (D'Agostino 2000, p. 194).

[28] El problema fundamental que encuentra Hertz en la concepción mecánica
clásica, cuya exposición más acabada se encuentra para este autor en las
obras de Newton y Lagrange, tiene que ver con el concepto básico de fuerza.
En particular, para Hertz, en la imagen clásica de la mecánica el concepto de
acción y reacción aplicado al movimiento circular y, en general, a la relación
entre fuerzas externas e internas (inerciales), es lógicamente confuso. Sobre
las críticas de Hertz a la imagen de la mecánica clásica véase (Hertz 1894,
pp. 6–16).

[29] Es posible argumentar que ésta no sería una razón suficiente para mantener que la imagen de la geometría de Hertz es más simple. Por ejemplo,
el sistema para la mecánica clásica de Kirchhoff contaba ya de sólo tres
conceptos básicos (espacio, tiempo y masa). Cf. Kirchhoff (1877). Sobre la
presentación de la mecánica clásica de Kirchhoff puede verse Passos~Videira
(2011).

[30] Para una discusión sobre el rol de estos agentes ocultos en la mecánica de
Hertz véase (Lützen 2005).

trucciones intelectuales, como imágenes de los fenómenos. Dicho de
otro modo, la admisión de elementos invisibles en la presentación de
la mecánica se corresponde con la concepción de Hertz de las teorías
físicas como modelos teóricos, en donde cada uno de los conceptos
no debía corresponderse necesariamente con algo observable en un
nivel empírico. Y en definitiva, en este rechazo de la correspondencia entre un concepto y algo observable, consiste su tesis de que las
teorías no son sino imágenes intelectuales [*innere Scheinbilder*] de
los fenómenos.

Por otro lado, en lo que toca a su estatus epistemológico, Hertz
reconoce que estas masas invisibles no son nada misterioso, no corresponden a ninguna categoría especial, sino que en el fondo se
trata de los mismos conceptos básicos, introducidos siguiendo el
único objetivo metodológico de simplificar y completar la explicación del movimiento mecánico de los fenómenos:

> Podemos admitir que hay algo oculto operando y sin
> embargo negar que pertenezca a una categoría especial.
> Podemos suponer libremente que esto oculto [*das Ver-
> borgene*] no es otra cosa sino nuevamente movimiento y
> masa; y de hecho movimiento y masa tales que en sí no
> se distinguen de los visibles, sino sólo en relación a no-
> sotros y a nuestros medios usuales de percepción. Ahora
> bien, este modo de pensar es nuestra hipótesis. Suponemos
> mos que es posible representarse las masas visibles del
> universo junto con otras masas que obedecen las mismas
> leyes, y del tal modo que el todo se vuelve inteligible y
> conforme a una ley. (Hertz 1894, pp. 30–31)[31]

Vemos entonces que la admisión de elementos invisibles en la
presentación de la mecánica se corresponde con la concepción de
Hertz de las teorías físicas como modelos teóricos, en donde cada
uno de los conceptos no debe corresponderse necesariamente con
algo observable en un nivel empírico. En suma, Hertz pone de manifiesto un procedimiento inevitable en la elaboración de una teoría
científica, a saber: la necesidad de transcender el dominio de los
fenómenos inmediatamente dados – el dominio original de la teoría
– para conseguir una explicación teóricamente más completa, simple y general.

---

[31] Véase también (Hertz 1894, §301).

3.6.2. Elementos ideales y el método axiomático en Hilbert

Este aspecto que Hertz destaca del pensamiento teórico se vincula evidentemente, en el campo de la matemática, con el método de extensión de dominios mediante la introducción de elementos ideales. En el siglo XIX, notables matemáticos como Kummer, Dirichlet y Dedekind, entre otros, pusieron en práctica este método fructíferamente. Sin embargo, a través de su nuevo método axiomático, Hilbert le confirió una justificación explícita y lo convirtió en una herramienta fundamental para la labor matemática. En las notas que hemos venido analizando, Hilbert presenta una serie de observaciones muy interesantes, cuyas similitudes con Hertz quisiera resaltar.

El método de los elementos ideales ha sido aplicado prácticamente en todas las ramas de la matemática: álgebra, análisis, teoría de números, geometría, etc. Un caso muy conocido, y a menudo citado a modo de ejemplo, es la introducción de puntos, líneas y planos impropios o "del infinito" en la geometría proyectiva.[32] Sin embargo, en sus notas de clases (Hilbert 1898/1899b), Hilbert presenta un ejemplo diferente del método de los elementos ideales y realiza una serie de comentarios muy sugerentes e ilustrativos al respecto.

Las notas de clases de Hilbert muestran que uno de sus objetivos primordiales era asegurar que su sistema de axiomas para la geometría euclídea elemental tenía un 'modelo' o realización en la geometría analítica cartesiana, i.e. la geometría analítica basada en el sistema usual de los números reales. La investigación en torno a qué axiomas eran necesarios para alcanzar tal fin se convirtió así en una tarea central en sus indagaciones geométricas. Ahora bien, el sistema axiomático presentado en la primera edición de *Fundamentos de la geometría* (Hilbert 1899) era insuficiente para garantizar una completa coordenatización de los puntos de la línea geométrica con los números reales. El problema residía en el grupo de axiomas de continuidad, que en el sistema de axiomas original de 1899 estaba conformado únicamente por el axioma de Arquímedes , en su versión más usual. Dicho axioma, y Hilbert lo advierte manifiestamente, permite solamente asignar unívocamente a cada punto de la línea un número real. No garantiza, en cambio, que a cada número

---

[32] Este ejemplo es analizado, en conexión con el método axiomático de Hilbert, por (Torres 2009).

real le corresponda un punto en la línea geométrica. En consecuencia, el sistema axiomático original del *Festschrift* sólo puede tener un 'modelo' en una geometría analítica cuyas coordenadas forman un cuerpo ordenado arquimediano – como por ejemplo el de los números algebraicos – pero no un cuerpo ordenado completo, i.e. el cuerpo de los números reales. Para que dicho sistema de axiomas pudiera garantizar la correspondencia biunívoca entre los puntos de la línea y los números reales, era necesario en cambio completar el dominio definido originalmente agregando nuevos puntos. Hilbert lo explica de la siguiente manera en el manuscrito recién mencionado:

> En virtud del axioma de Arquímedes se puede conseguir ahora la introducción del número en la geometría (. . .). Sin embargo, no se sigue de nuestros axiomas que también a cada número le corresponde un punto de la línea. Ello puede lograrse a través de la introducción de puntos irracionales – ideales – (axioma de Cantor). (Hilbert 1898/1899a, pp. 390–91)

Un poco más tarde Hilbert solucionará el problema de la correspondencia uno–a–uno – isomorfismo – de su sistema de axiomas con la geometría analítica cartesiana basada en los número reales agregando, a su sistema original, el famoso axioma de completitud. Ello ocurrió por primera vez en la traducción al francés de *Fundamentos* en 1900, y luego a partir de la segunda edición alemana, en 1903. Esencialmente, el axioma de completitud impone una condición de maximalidad sobre el conjunto de los objetos geométricos, determinando que el único cuerpo numérico que puede satisfacer la totalidad de los axiomas para la geometría euclídea es el cuerpo ordenado completo de los reales. Sin embargo, ya que estas notas datan de 1898, Hilbert todavía no contaba con el axioma de completitud. La correspondencia biunívoca es entonces lograda por medio de la introducción de puntos irracionales o "ideales" a través del llamado "axioma de Cantor", que afirma precisamente que a cada número real le corresponde un único punto en la línea geométrica.[33] Postulando la existencia de estos nuevos puntos, es posible completar el sistema de objetos definido por los axiomas, con lo cual se logra un isomorfismo con la geometría analítica construida sobre los números reales.

---

[33] Véase Capítulo 6, apartado 7.4.4.2.

Ahora bien, a la hora de pronunciarse respecto del estatus epistemológico de estos nuevos elementos del sistema y de la justificación
de su inclusión, Hilbert realiza en estas notas la siguiente afirmación, de una similitud notable al pasaje anteriormente citado de
Hertz:

> Es posible mostrar que estos puntos ideales satisfacen el
> conjunto de axiomas I–IV; luego es por ello indiferente
> si éstos son introducidos aquí, o antes en un lugar pre-
> vio. La pregunta respecto de si estos puntos realmente
> "existen", es en virtud de las razones mencionadas com-
> pletamente inútil [*müssig*]; para nuestro conocimiento
> empírico de las propiedades espaciales de las cosas es-
> tos puntos irracionales no son necesarios. Su utilidad
> es exclusivamente metodológica; recién con su ayuda se
> vuelve posible desarrollar a la geometría analítica en su
> completa extensión. (Hilbert 1898/1899a, p. 391)

De modo análogo a Hertz, la razón para postular estos nuevos
elementos (ideales) es estrictamente metodológica, i.e. la simplificación y la mayor plenitud en la explicación o caracterización del
dominio que es objeto de indagación. La pregunta por la naturaleza de estos nuevos elementos cobra entonces sentido sólo respecto
del sistema axiomático o la teoría en cuestión. Y la respuesta es,
a su vez, simple y directa: podemos postular cualquier nuevo elemento dentro del sistema, en la medida en que su introducción no
conduzca a contradicciones en relación a la estructura relacional
originalmente definida.

Finalmente, más allá de las diferencias específicas entre el ejemplo matemático presentado y la utilización de este método por parte
de Hertz en la mecánica, esta comparación ilustra una coinciden-
cia fundamental entre ambos autores, respecto de un rasgo esencial
del pensamiento teórico: estamos justificados e incluso es necesario *transcender* el campo de lo dado inmediata e intuitivamente, a
través de la postulación de la existencia de nuevos elementos, con
el fin de lograr una simplificación, generalización y completitud en
la explicación o caracterización de los objetos en cuestión. Sólo estamos limitados por un único requisito: la consistencia. Hilbert lo
señala de la siguiente manera, en un texto correspondiente a un
período posterior:

Existe luego una condición, una única [condición], pero también absolutamente necesaria, para la aplicación del método de los elementos ideales, a saber: la prueba de consistencia. La extensión a través de la inclusión de [elementos] ideales es solamente lícita, cuando con ello no se originan contradicciones en el dominio original; es decir, cuando al eliminar los elementos ideales, las relaciones que resultan para los elementos originales también son válidas en el dominio original. (Hilbert 1926, p. 179)

Y en ello concuerda también Hertz, al poner el énfasis en el valor de la admisibilidad lógica de las imágenes que nos formamos.

3.7. Observaciones finales

Para concluir este capítulo, quisiera señalar que la influencia de la *Bildtheorie* de Hertz en la temprana concepción axiomática de la geometría de Hilbert pone de manifiesto tres cuestiones centrales respecto de la posición de este último.

En primer lugar, la conexión con la teoría pictórica de Hertz circunscribe el empirismo que caracteriza la concepción hilbertiana de la geometría, en este período inicial, al reconocimiento del origen de la geometría como una ciencia natural. Dicho de otro modo, las referencias a la *Bildtheorie* permiten ver con claridad cuán lejos se hallaba la concepción de la geometría de Hilbert respecto de otras posiciones radicalmente empiristas.[34] Ello resulta evidente en función de lo siguiente: al caracterizar sus axiomas para la geometría por medio de las *Bilder* de Hertz, Hilbert rechaza el principio básico de toda posición *radicalmente* empirista. De acuerdo con este principio, los conceptos geométricos básicos deben corresponderse originalmente con objetos empíricos, y las relaciones expresadas en los axiomas deben corresponderse exactamente con 'hechos de la experiencia'. En contraposición a este empirismo radical, Hilbert resalta el origen empírico de muchos de los axiomas de la geometría,

---

[34] El ejemplo quizás más claro de una posición radicalmente empirista es Pasch (1882). Un análisis de ésta y otras posiciones empiristas puede encontrarse en Schlimm (2010b) y Torretti (1984).

pero impone – al igual que Hertz – como único requerimiento fundamental, que el conjunto de los objetos y axiomas elegidos permita una reconstrucción consistente, completa, lógicamente clara y simple de la 'realidad geométrica'. Ello sin importar que se introduzcan elementos o conceptos, cuya certeza intuitiva o empírica diverja respecto de la certeza que poseemos de otros objetos básicos.

En segundo lugar, en virtud del análisis presentado es posible precisar mejor la tesis de Hilbert, en cierta medida llamativa dada su posición axiomática abstracta, según la cual la geometría es una ciencia natural. *En este período*[35], dicha afirmación se explica en la medida en que para Hilbert la geometría no es exclusivamente un producto del 'pensamiento puro', como sí lo son en cambio la aritmética y el análisis. En otras palabras, que la geometría es la más perfecta de las ciencias naturales se sigue, en esta etapa para Hilbert, de la distinción fundamental – de raigambre gaussiana – entre matemática pura y matemática mixta. Ello implica, sin embargo, el rechazo de una intuición pura en la base de la geometría. Y aunque Hilbert disimula este supuesto al señalar que en sus investigaciones la cuestión de si nuestra intuición espacial es empírica o *a priori* no es abordada, es claro que su concepción temprana de la geometría es incompatible con una intuición pura del espacio.

Por último, la conexión con Hertz aporta elementos contundentes para oponerse a la interpretación formalista radical o extrema de la concepción de la geometría de Hilbert. El resultado de una axiomatización de la geometría *à la Hilbert* es un sistema axiomático abstracto o formal. En tanto tal, dicha concepción axiomática es totalmente compatible con la idea de que la matemática debe entenderse como una mera colección de sistemas abstractos y formales, construidos a partir de un conjunto arbitrariamente dado de postulados, sin un significado intrínseco. Ahora bien, al describir su objetivo como la tarea de proporcionar una "imagen de la realidad geométrica", Hilbert se separa indudablemente de aquellas posiciones excesivamente formalistas. Los elementos del sistema hilbertiano – al igual que en el sistema de Hertz para la mecánica – no son los 'puntos', 'líneas' y 'planos' reales o intuitivos, sino un conjunto de 'objetos del pensamiento' [*Gedankendinge*], abstractamente ca-

---

[35] Corry (2006) ha analizado las consecuencias que tuvo, para la concepción de la geometría de Hilbert, el advenimiento de la teoría de la relatividad especial (1905) y general (1915) de Einstein.

racterizados por medio de los axiomas. Ello no quita que la razón fundamental para realizar un análisis axiomático sea profundizar nuestro conocimiento, y perfeccionar la claridad epistemológica, de una disciplina matemática en un estado muy avanzado y elaborado de su desarrollo. No se trata de jugar con un conjunto cualquiera de postulados o axiomas, para ver qué proposiciones o teoremas es posible obtener de allí exclusivamente por medio de deducciones lógicas. Antes bien, lo que se busca es alcanzar una re–presentación más perspicua y consistente, que también lleve a descubrir nuevos resultados, de una disciplina en sus orígenes enraizada en la experiencia y la intuición. En definitiva, el método axiomático se ajusta a aquella creencia fundamental, tantas veces repetida por Hilbert, que indica que toda la matemática es un resultado de la íntima interacción entre el pensamiento y la intuición.

CAPÍTULO 4

La polémica con Frege acerca del método axiomático

4.1. Introducción

La célebre controversia epistolar entre Frege y Hilbert, motivada por la aparición de *Fundamentos de la geometría* (Hilbert 1899), es un episodio que ha captado largamente la atención de los filósofos e historiadores de la lógica y la matemática. Ello se explica no sólo en virtud de la celebridad de sus protagonistas, sino también en función de que el breve intercambio epistolar ilustra con gran claridad el conflicto entre una concepción clásica o tradicional y una concepción moderna del método axiomático, representadas por Frege y Hilbert, respectivamente. En las pocas páginas en las que se extiende la polémica, los autores discuten problemas centrales de la filosofía de la matemática, tales como la forma y función de las definiciones, la naturaleza y la formulación de los axiomas, la naturaleza de las teorías matemáticas (axiomatizadas), las nociones de verdad y existencia matemática, el método de las pruebas de independencia en geometría.

La polémica tuvo lugar entre 1899 y 1900, y consistió en cinco cartas.[1] La discusión estuvo centrada exclusivamente en el *Festschrift*, aunque sabemos que Frege conoció las notas de clases del

---

[1] La totalidad del intercambio epistolar se extiende entre 1885 y 1903, y consta de cuatro cartas de Frege y dos cartas y cuatro postales de Hilbert. Véase (Frege 1976).

curso de Hilbert de 1898/1899, en la versión elaborada por von Shaper (Hilbert 1898/1899a).[2] Debido a las duras críticas de Frege en su segunda carta, Hilbert decidió interrumpir el intercambio epistolar, acusando no contar con el tiempo suficiente para sostener la discusión por escrito.[3] Esta situación no contentó a Frege y motivó la redacción de un artículo en 1903, donde intentaba hacer pública la discusión y explicar más detalladamente su punto de vista sobre los problemas suscitados por la aparición del trabajo de Hilbert. Este artículo fue entonces respondido por Alwin Korselt (1864–1947), un profesor de matemática de colegio secundario, que contaba en aquel momento con un escaso reconocimiento en el ámbito académico.[4] Korselt (1903) se propuso defender a Hilbert de las críticas lanzadas por Frege (1903a), en su opinión originadas en una comprensión totalmente errada de la nueva concepción formal del método axiomático. Finalmente, Frege atacó una vez más a la nueva concepción "moderna" del método axiomático en un extenso artículo publicado en 1906.[5] Este último trabajo ha suscitado particularmente el interés de los especialistas, en tanto Frege desarrolla allí su propia teoría para probar la *independencia* de un axioma o una proposición dada.[6]

En este capítulo no intentaré reconstruir y analizar todas las críticas y objeciones planteadas por Frege a la nueva presentación axiomática de la geometría desarrollada por Hilbert.[7] Por el con-

---

[2] Frege recibió un ejemplar del curso "Elemente der Euklidischen Geometrie" (Hilbert 1898/1899a) a través de Heinrich Liebmann, matemático y docente en aquel momento en Göttingen. En una carta fechada el 29 de julio de 1900, Frege le agradece a Liebmann el envío del manuscrito de Hilbert. Cf. (Frege 1976, pp. 147-149).

[3] Véase Hilbert a Frege, 15 de enero de 1900; en (Frege 1976, p. 76).

[4] Sobre Korselt puede verse (Frege 1976, p. 140).

[5] Cf. Frege (1906b).

[6] Este artículo de Frege ha sido el centro de una importante discusión por parte de los intérpretes. En particular, las ideas allí vertidas han planteado la cuestión de si la concepción fregeana de la lógica admite una perspectiva metateórica. Sobre esta cuestión puede verse (Tappenden 2000), (Antonelli y May 2000) y (Ricketts 2005).

[7] La literatura que se ha ocupado de la controversia entre Frege y Hilbert es extensa. Entre estos trabajos cabe mencionar a Blanchette (1996), Boos (1985), Chihara (2004), Coffa (1986; 1991), Demopoulos (1994), Hallett (2010; 2012), Peckhaus (1990), Resnik (1974; 1980), Shapiro (1997; 2005), Torretti (1984) y Wehmeier (1997).

trario, mi objetivo será mostrar cómo estas críticas le permitieron a
Hilbert explayarse, aunque en ocasiones muy concisamente, respecto de algunas consecuencias fundamentales de su nueva concepción
axiomática, a saber: la naturaleza esquemática de las teorías matemáticas, la relación entre los términos primitivos y los axiomas,
y finalmente, el concepto de existencia en matemática.

En la sección 4.2 presentaré las críticas más importantes formuladas por Frege a la concepción hilbertiana del método axiomático.
Enseguida (4.3), señalaré que mientras Frege fundó su rechazo a
esta nueva concepción axiomática en motivos o razones *filosóficas*,
Hilbert se vio conducido a adoptar su concepción esquemática de las
teorías matemáticas por razones eminentemente *matemáticas*. En
la sección 4.4 analizaré cómo explica Hilbert esta concepción esquemática de las teorías matemáticas, especialmente, la naturaleza
de los primitivos de una teoría axiomática. Las secciones siguientes (4.5 y 4.6) se encargan de contextualizar, a raíz del material
que aportan las notas manuscritas de clases, el problema central en
torno al cual gravitó la polémica con Frege, a saber: el supuesto
carácter definicional de los axiomas. Finalmente (4.7), examinaremos las consecuencias que para Hilbert tiene esta nueva concepción
axiomática respecto de la noción de existencia matemática.

4.2. Las críticas de Frege a la axiomática hilbertiana

La impresión general de Frege respecto de la presentación axiomática de la geometría de Hilbert fue que, desde un punto de vista
general, se trataba de un completo fracaso.[8] Uno de los problemas
centrales de la obra radicaba en una grave confusión – para Frege
muy habitual entre los matemáticos de la época – respecto de la
naturaleza y la *función* de las definiciones y los axiomas en matemática.

Hilbert comienza su exposición en *Fundamentos de la geometría*
asumiendo la existencia de "tres sistemas de cosas" [*Dinge*] a las
que designa con los nombres habituales 'punto', 'línea' y 'plano'.
Estos objetos (pensados) son concebidos como manteniendo ciertas
relaciones mutuas, denominadas 'estar sobre', 'entre' y 'congruente'.
Los axiomas son los responsables de proporcionar una "descripción

---

[8] Véase Frege a Liebmann, 29 de julio de 1900; en (Frege 1976, pp. 147–148).

precisa y matemáticamente completa de estas relaciones" (Hilbert 1899, p. 4). La expresión "una descripción precisa y matemáticamente completa" no pretende indicar que el sistema axiomático es completo, tal como se entiende actualmente esta noción; en cambio, alude al hecho de que *todas* las propiedades de, y las relaciones entre, aquellos primitivos son las que resultan establecidas en los axiomas, o pueden ser derivadas de ellos.

Sin embargo, Hilbert afirma además que el grupo de axiomas de orden "define" el concepto 'entre' (Hilbert 1899, p. 6), y que "los axiomas del grupo de congruencia definen el concepto 'congruente' " (Hilbert 1899, p. 10). Frege entiende que este modo de concebir las definiciones resulta muy problemático, en tanto esconde una enorme confusión entre la función que cumplen las definiciones y axiomas en matemática. Su primera carta a Hilbert presenta una exposición magistral de su teoría de las definiciones matemáticas.

Para Frege en toda teoría matemática es preciso distinguir entre las definiciones y el resto de las proposiciones, i.e. axiomas, teoremas y leyes fundamentales. El objetivo de una definición no es afirmar algo, sino establecer el significado de un nuevo signo (una palabra, una expresión) que previamente carecía de significado. La función principal de una definición consiste de ese modo en *fijar la referencia* de un término o signo. Por el contrario, las demás proposiciones de la matemática constituyen aseveraciones o afirman algo, y por lo tanto *expresan un pensamiento y poseen un valor de verdad*. Ahora bien, de acuerdo con la teoría semántica de "Sobre sentido y referencia" (Frege 1892b), una proposición sólo puede expresar un pensamiento y sólo puede tener un valor de verdad, si todos los términos que la componen tienen una referencia (fija). Para que los axiomas, teoremas y leyes fundamentales puedan expresar un pensamiento, es imprescindible que no contengan ningún signo cuyo *sentido y referencia* no haya sido establecido o especificado *de antemano*.[9]

---

[9] Una explicación precisa de la naturaleza de las definiciones era fundamental para el proyecto logicista de Frege, en tanto que una de sus tesis centrales sostenía que las leyes de la aritmética podían ser obtenidas de las leyes de la lógica, por medio de definiciones transformacionales. En la sección § 33 del primer volumen de *Grundgesetze der Arithmetik* (1893), Frege desarrolla una teoría formal de las definiciones, en donde establece por ejemplo los requerimientos de *eliminabilidad* y *no–creatividad*. Esta sección en mencionada por Frege en su primer carta a Hilbert.

Frege le aclara a Hilbert este papel fundamental que deben cumplir las definiciones, de la siguiente manera:

> Resulta absolutamente esencial para el rigor de las investigaciones matemáticas que la diferencia entre las definiciones y el resto de las proposiciones sea observada con total precisión. Las otras proposiciones (axiomas, leyes fundamentales y teoremas) no deben contener ninguna palabra o signo cuyo sentido y referencia, o cuya contribución al pensamiento expresado, no haya sido ya completamente establecida, de modo que no existan dudas respecto del sentido de la proposición, respecto del pensamiento allí expresado. Los axiomas y teoremas no pueden de ningún modo fijar el significado de un signo o palabra presente en ellos, sino que el significado debe haber sido establecido previamente.[10]

Frege defiende una concepción clásica de los axiomas que los concibe como *proposiciones verdaderas* pero no demostradas, cuyo conocimiento proviene en el caso de la geometría de una fuente distinta a la lógica, a saber: de la intuición espacial.[11] Siguiendo su terminología madura, los axiomas son Pensamientos verdaderos, y por lo tanto tienen un sentido y una referencia (valor de verdad) determinado.[12] Mas, si los axiomas son *pensamientos verdaderos*, resulta absurdo afirmar que ellos pueden llegar a *definir* algo, ya sean los conceptos o las relaciones primitivas de la teoría. Por un lado, para Frege una proposición puede expresar un pensamiento verdadero, sólo si el significado – y por lo tanto la referencia – de todos los términos que la componen está completamente determinado. Un axioma no puede ser entonces utilizado para establecer el significado, y fijar la referencia, de ninguna palabra o signo que aparece en él. Por otro lado, si una proposición que es tomada como un axioma en una teoría dada efectivamente constituye una definición de algún concepto primitivo o relación básica de la teoría,

---

[10] Frege a Hilbert, 27 del diciembre de 1899; en (Frege 1976, p. 62).

[11] Cf. Frege a Hilbert, 27 de diciembre de 1899; en (Frege 1976, p. 63).

[12] Para Frege, un *pensamiento* (*Gedanke*) es una entidad objetiva, no mental; un pensamiento es el portador primario de la verdad o falsedad y constituye precisamente el contendido objetivo que es expresado en una sentencia declarativa.

entonces esta proposición no afirma nada sino que es una *estipula-ción* (arbitraria) de un significado; la proposición no expresa así un pensamiento, y por lo tanto no puede ser considerada un axioma en el sentido tradicional del término.

Frege encuentra que lo más paradójico e incomprensible de la teoría de Hilbert radica en que sus axiomas no son *in stricto sensu* ni verdaderos axiomas ni tampoco definiciones. Tomemos como ejemplo el axioma II.1: "Si A, B, C son tres puntos de una línea, y B se encuentra entre C y A, entonces B se encuentra también entre C y A" (II.1). Para que esta proposición constituya un verdadero axioma de la geometría, advierte Frege, el sentido de las expresiones 'punto', 'línea' y 'entre' debe ser conocido de antemano, y su referencia debe estar unívocamente determinada. Sin embargo, los axiomas de Hilbert no cumplen con este requerimiento básico, puesto que en su sistema axiomático los términos y relaciones primitivas no tienen una referencia fija, sino que pueden recibir diversas interpretaciones. El propio Frege percibe esta característica fundamental del sistema axiomático hilbertiano, y lo advierte de la siguiente manera:

Si tuviera que postular su axioma II.1 en cuanto tal, entonces tengo que *presuponer un conocimiento completo* e inequívoco del significado de las expresiones 'algo es un punto sobre una línea' y 'B se encuentra entre A y C', y en este último caso, también un conocimiento general de lo que debe entenderse por estas letras. (...) Pero entonces, el axioma no puede ser utilizado para proporcionar una explicación más precisa de, por ejemplo, la palabra 'entre', y por supuesto *es imposible darle a esta palabra otro significado posteriormente*, como Ud. parece querer hacer en la página 20. Si este significado es diferente del significado de la palabra 'entre' en la sección 3, entonces Ud. tiene aquí una ambigüedad sumamente sospechosa. Ello parece no dejarnos otra alternativa que aceptar que la palabra *'entre' no tiene todavía ningún significado en el axioma II.1*. Pero entonces II.1 no puede ser verdadero y, por lo tanto, no puede ser un axioma en mi sentido de las palabras, que es, creo, el sentido aceptado generalmente.[13]

En tanto que los términos primitivos que aparecen en los axiomas de Hilbert no poseen un sentido y *una* referencia, de acuerdo con la teoría semántica fregeana no pueden expresar un pensamiento verdadero y, por lo tanto, no pueden ser considerados axiomas en el sentido tradicional del término, que es el único que acepta Frege.[14] Una dificultad similar impide a su vez que los axiomas hilbertianos puedan ser considerados como *definiciones*. En primer lugar, para Frege existe una desprolijidad lógica notable en la presentación de la geometría de Hilbert, que se aprecia en la afirmación de que un conjunto de axiomas constituye al mismo tiempo una *única definición de una multiplicidad de conceptos*. Más aún, si se toma seriamente la sugerencia de que los axiomas constituyen definiciones, entonces es posible percibir inmediatamente que sus 'definiciones' son evidentemente circulares, en tanto que los mismos términos que se pretende definir aparecen en los axiomas como parte de la definición:

> Así, se supone que los axiomas deben proporcionar las determinaciones individuales de un concepto. Pero tenemos aquí todavía otra monstruosidad: no es un concepto individual sino tres conceptos (punto, línea, plano) lo que debe ser definido al mismo tiempo en una definición que comprende casi una hoja impresa (...) Además, [los axiomas] deben ayudar a definir, por ejemplo, el concepto de 'linea', pero la palabra 'línea' aparece en ellos; y no sólo la palabra 'línea', sino también 'punto' y 'plano', que en sí mismas son lo que debe ser definido.[15]

Más allá de estas (aparentes) desprolijidades lógicas, el problema fundamental que Frege encuentra en la idea de que los axiomas

---

[13] Frege a Hilbert, 27 de diciembre de 1899, en (Frege 1976, p. 63). El énfasis es mío.

[14] "Los axiomas no se contradicen entre sí, ya que son verdaderos; esto no necesita demostración. Por su parte, las definiciones tampoco deben entrar en contradicción unas con otras. De modo que, a efecto de definición, hay que establecer principios tales que no puedan aparecer contradicciones. Por ello conviene evitar explicaciones reiteradas de un mismo signo. El uso propuesto aquí de las palabras 'axioma' y 'definición' es el tradicional y, al mismo tiempo, el más adecuado" (Frege 1903a, p. 267).

[15] Frege a Liebmann, 29 de julio de 1900, en (Frege 1976, p. 148).

hilbertianos sirven como definiciones de los términos primitivos se encuentra en que *no permiten determinar el sentido y fijar la referencia de un concepto dado*, que es la función que deben cumplir las definiciones. Esta dificultad está íntimamente ligada a su teoría de los conceptos. Para Frege, un concepto (de primer orden) es una *función* que tiene a objetos como argumentos y a valores de verdad como valores. Si un concepto P le asigna el valor Verdad a un objeto a, entonces decimos que a cae bajo P. Por ejemplo, el concepto 'punto' le asigna a todos los puntos el valor Verdad, y el valor Falsedad al resto de los objetos. De este modo, definir un concepto equivale a *especificar las condiciones* que permiten determinar si un objeto cualquiera cae o no bajo tal concepto.[16]

Ahora bien, los axiomas hilbertianos no proporcionan criterios o características que permitan reconocer si un objeto determinado cae bajo el concepto que se intenta definir. Es decir, estos "axiomas-definiciones" no establecen condiciones necesarias y suficientes para determinar si un objeto forma parte de la extensión del concepto que está siendo definido. Frege le señala este problema a Hilbert en uno de los pasajes más ríspidos de la controversia:

> No sé cómo puedo, con sus definiciones, responder la pregunta acerca de si mi reloj pulsera es un punto o no. Incluso su primer axioma se refiere a dos puntos. Así, si deseo saber si el axioma vale para mi reloj pulsera, debo conocer en primer lugar si algún otro objeto es un punto. Sin embargo, incluso si hubiese sabido, por ejemplo, que mi pluma es un punto, todavía no hubiese podido determinar si mi reloj pulsera y mi pluma determinan conjuntamente una línea, puesto que no sé lo que es una línea recta.[17]

Las objeciones de Frege están basadas en su elaborada teoría semántica, en particular, en su tesis fundamental según la cual el *sentido* de una expresión *determina unívoca y absolutamente su referencia*. De acuerdo con esta tesis – que en la literatura ha sido denominada "fijación de la referencia" (*fixity of reference*) – cualquiera que comprenda el sentido de un término como, por ejemplo,

---

[16] Sobre la teoría fregeana de los conceptos, véase (Frege 1891; 1892a).

[17] Frege a Hilbert, 6 de enero de 1900; en (Frege 1976, p. 73).

'punto', debe poder determinar si un objeto cualquiera cae abajo este concepto, o sea, si un objeto dado es o no un punto.[18] Para que una proposición pueda expresar un pensamiento es absolutamente imprescindible que todos los términos que la componen posean *una* referencia determinada. Frege distingue entonces a los "axiomas euclídeos", que expresan pensamientos verdaderos, de los "pseudo–axiomas hilbertianos", que comparten la forma gramatical con los aquellos, pero que sin embargo no expresan ningún pensamiento.[19]

Definir un signo (una palabra, una expresión) consiste así para Frege en determinar su sentido y fijar su referencia a partir de otro conjunto de términos, cuyo significado es previamente conocido. Sin embargo, es evidente que para evitar caer en una regresión al infinito, no puede exigirse que todos los conceptos sean definidos de este modo. Dentro de una teoría matemática existen conceptos primitivos no definidos que podrán ser utilizados para definir el resto de los conceptos. Un problema fundamental para Frege consiste entonces en explicar cómo se establece el sentido y se fija la referencia de estos conceptos primitivos o indefinibles, por ejemplo, los conceptos de "punto", "línea", "plano", en el caso de la geometría euclídea. Su respuesta es que los conceptos primitivos de la geometría reciben su significado a través de un tercer tipo de enunciados, a los que denomina *elucidaciones* o *aclaraciones* [*Erläuterungen*]:

> Es posible reconocer un tercer tipo de proposiciones, las elucidaciones, a las que sin embargo no quisiera incluir como una parte de la matemática, sino que más bien las relegaría a la antesala, a la propedéutica. Ellas son similares a las definiciones en cuanto a que se ocupan de establecer el significado de un signo (una palabra). Empero ellas contienen elementos cuyo significado no puede ser asumido como conocido completamente y fuera de toda duda, quizás porque son utilizados de un modo diverso o ambiguo en el lenguaje cotidiano. Si en un caso tal el significado que debe proporcionarse es lógicamente

---

[18] Cf. Hallett (1994) y Demopoulos (1994).

[19] Para Frege los axiomas de Hilbert resultan de reemplazar los primitivos geométricos por *variables libres*; en este sentido, constituyen en un sentido estricto *fórmulas abiertas*, incapaces de ser verdaderas o falsas. Cf. (Frege 1906a, p. 311).

simple, entonces no es posible proporcionar una definición propiamente dicha, sino que debemos limitarnos a
evitar los significados no deseados que tienen lugar en el
uso lingüístico y a señalar el deseado, para lo cual uno
debe apoyarse siempre en un entendimiento cooperati-
vo. A diferencia de las definiciones, tales elucidaciones
no pueden ser utilizadas en las demostraciones, puesto
que carecen de la necesaria exactitud.[20]

La función de las elucidaciones es establecer el sentido y fijar
unívocamente la referencia de los conceptos primitivos de una teoría.
Ello es absolutamente indispensable para poder construir el resto
de las definiciones, y para que las proposiciones que constituyen los
axiomas de la teoría puedan expresar efectivamente pensamientos
verdaderos. Sin embargo, el modo en que las elucidaciones fijan la
referencia de los primitivos permanece en un nivel informal, pues
en ellas se apela a cierta "buena voluntad, entendimiento coopera-
tivo e incluso mera adivinación [*Erraten*] " (Frege 1906b, p. 288).
Frege reconoce que no es posible ofrecer una explicación rigurosa
respecto de cómo los términos primitivos adquieren su sentido y
referencia, de donde se sigue que las elucidaciones no forman parte
de la estructura lógica de las teorías matemáticas, y por lo tanto
no se debe apelar a ellas en las demostraciones.[21]

Con su explicación de cómo llegamos a reconocer el sentido y la
referencia de los objetos y relaciones primitivas de una teoría ma-

---

[20] Frege a Hilbert, 6 de enero de 1900; en (Frege 1976, p. 73).

[21] Este mismo punto es enfatizado por Frege en otro lugar:

> Tenemos que aceptar elementos lógicos primitivos que no sean de-
> finibles, y al respecto resulta necesario asegurar que con el mismo
> signo (palabra) se designe lo mismo. Una vez que los investiga-
> dores se han puesto de acuerdo sobre estos elementos primitivos
> y sus *designata* resulta fácil ponerse de acuerdo sobre los com-
> puestos lógicos que resultan de las definiciones. Pero como éstas
> no son posibles para los elementos primitivos, en su lugar tiene
> que haber algo diferente; es lo que yo denomino elucidaciones, las
> cuales cumplen la función de contribuir a la comprensión mutua
> de los investigadores y a la comunidad de la ciencia. Se las puede
> remitir a una propedéutica. Pero en el sistema de la ciencia no
> tienen sitio, pues en él ninguna conclusión se basa en ellas. (Frege
> 1906b, pp. 287–288)

Sobre la concepción de Frege de las elucidaciones puede verse (Tolly 2011).

temática, Frege pone de manifiesto su posición tradicional respecto del estatus de los conceptos primitivos de una teoría axiomática. En el caso de la geometría, el sentido y la referencia de conceptos como 'punto', 'línea' y 'plano', etc. es determinado por medio de la intuición espacial. El núcleo de las objeciones de Frege reside así no sólo en su teoría semántica, sino también en su concepción axiomática clásica.

4.3. Motivaciones y objetivos diferentes

Hilbert percibió rápidamente que las críticas de Frege a su nueva concepción del método axiomático respondían a preocupaciones bien distintas a las suyas. En efecto, mientras que los primeros comentarios y críticas que recibió de sus colegas se trataban de cuestiones estrictamente matemáticas[22], los reparos de Frege eran de una naturaleza puramente filosófica. Es por ello que en su respuesta, Hilbert aclara que los problemas que lo condujeron a su nueva concepción del método axiomático son de un carácter puramente matemático:

> (...) todavía una observación: si queremos entendernos mutuamente, no debemos olvidar que los propósitos que nos guían son de una clase diferente. La necesidad fue lo que me impulsó a construir mi sistema de axiomas: deseaba mostrar la posibilidad de comprender aquellos teoremas de la geometría, que consideraba los resultados más importantes de las investigaciones geométricas: que el axioma de las paralelas no es una consecuencia de los demás axiomas, y lo mismo para el axioma de Arquímedes, etc. Quería responder la pregunta acerca de si la proposición, según la cual en dos rectángulos iguales con la misma base también los lados son iguales – este teorema es pues el fundamento de toda la planimetría –, puede ser demostrada, o si más bien es, como en Euclides, un nuevo postulado. Quería en general

---

[22] Véase, por ejemplo, (Sommer 1900), (Veblen 1903), (Halsted 1902). La única excepción quizás haya sido Poincaré (1902), quien además de presentar críticas concretas al sistema de axiomas hilbertiano, realizó algunas observaciones de carácter filosófico.

> lograr la posibilidad de responder y comprender tales
> preguntas, [tales como] por qué la suma de los ángulos
> de un triángulo es igual a dos rectos y cómo este hecho
> se vincula con el axioma de las paralelas. Que mi sis-
> tema de axiomas permite responder tales cuestiones de
> un modo definitivo, y que las respuestas a estas cues-
> tiones son sorprendentes e incluso bastante inesperadas,
> en mi opinión lo muestra mi *Festschrift* como así tam-
> bién los escritos de algunos de mis estudiantes que lo
> han continuado; entre éstos me referiré sólo a la diser-
> tación del Sr. Dehn, que será publicada pronto en los
> *Mathematische Annalen.*[23]

Hilbert aclara que aquello que lo condujo a su nueva concepción
del método axiomático fue la búsqueda de una herramienta matemática eficaz que le permitiera resolver aquellos problemas que
consideraba los más importantes de la geometría, y no consideraciones o reflexiones de carácter filosófico respeto de la naturaleza de
las definiciones y los axiomas en matemática, como las que parecen
estar detrás de las críticas de Frege.

Por otra parte, tres de los cuatro ejemplos allí mencionados son de
una naturaleza particular, a saber: son problemas geométricos que
tienen que ver con la independencia de un teorema o de un axioma,
respecto de un conjunto de principios dados. Los dos primeros casos, i.e. el axioma de las paralelas y el axioma de Arquímedes[24], son
ejemplos bien evidentes y paradigmáticos. El otro ejemplo mencionado se pregunta por la relación entre el axioma de las paralelas y
una de sus consecuencias más inmediatas, i.e. el teorema de la suma
de los ángulos interiores de un triángulo. Este teorema, que no se
cumple en las geometrías no–euclídeas, ha sido pensado a menudo
como equivalente al axioma de las paralelas, e incluso fue postulado
como un posible substituto. Sin embargo, Max Dehn (1878–1952),
uno de los estudiantes más destacados de Hilbert en el campo de la
geometría, logró mostrar que este teorema sólo implica al axioma
de las paralelas si el axioma de Arquímedes es supuesto. En otras
palabras, el axioma de las paralelas es independiente del teorema
de la suma de los ángulos interiores de un triángulo, si el axioma

---

[23] Hilbert a Frege, 29 de diciembre de 1899 (I); en (Frege 1976, p. 65).
[24] El caso del axioma de Arquímedes es abordado en detalle en el capítulo 7.

de Arquímedes no forma parte del sistema de axiomas.[25]

Los ejemplos mencionados por Hilbert revelan que las preguntas sobre la independencia fueron una motivación muy relevante en su elaboración del método axiomático formal, y de hecho, estas cuestiones constituyen la novedad más importante de sus investigaciones geométricas.[26] En gran parte, la relevancia de estas investigaciones residía en que la nueva concepción formal del método axiomático permitió por primera vez elaborar una técnica que hacía posible el estudio sistemático de la independencia.[27] La técnica introducida por Hilbert a los efectos de desarrollar estas investigaciones consistió en la construcción de "modelos", que en este contexto específico significaba traducir la teoría que se pretendía investigar dentro de otra teoría matemática.[28] Pero para ello era necesario que los conceptos primitivos no estén ligados a su significado intuitivo habitual, sino que, por el contrario, puedan ser reinterpretados libremente. Las investigaciones de independencia presuponían el rechazo de la tesis de Frege de la *fijación de la referencia*. Ello permite apreciar que mientras Hilbert se vio llevado a adoptar su concepción esquemática de las teorías matemáticas por *razones matemáticas*, el rechazo de Frege de esta nueva concepción estaba fundado en motivos más bien filosóficos.

4.4. La naturaleza esquemática de las teorías matemáticas

Los motivos filosóficos que explican la oposición de Frege descansan en su concepción (axiomática) clásica de las teorías matemáticas. De acuerdo con esta concepción tradicional, toda teoría matemática constituye un sistema de proposiciones y conceptos (o términos) acerca de una determinada colección o de un *dominio específico de objetos*. Todas las proposiciones que conforman el sis-

---

[25] Véase (Dehn 1900).

[26] Sobre la importancia de la independencia en las investigaciones geométricas de Hilbert, véase el capítulo 7.

[27] Por supuesto, las preguntas por la independencia antecedieron a Hilbert, principalmente en las investigaciones que dieron lugar al descubrimiento de geometrías no–euclídeas. Sin embargo, el método axiomático formal de Hilbert fue lo que permitió abordar estas cuestiones por primera vez de un modo sistemático y formal.

[28] El 'modelo' más utilizado por Hilbert en *Fundamentos de la geometría* fue el cuerpo Ω de números algebraicos.

tema son verdaderas, y su valor de verdad viene determinado por la naturaleza de estos objetos o entidades a los que se refiere. Los axiomas o proposiciones no demostradas de una teoría, a partir de los cuales se obtiene el resto de las proposiciones por medio de inferencias lógicamente válidas, capturan una serie de verdades inmediatas y autoevidentes acerca de un conjunto de objetos primitivos o lógicamente simples. En el caso de la geometría, estos objetos son accesibles inmediatamente a la intuición geométrica y son designados con los nombres 'punto', 'línea', 'plano', etc. El resto de los conceptos de la teoría se obtienen por medio de definiciones, a través de una combinación de aquellos términos primitivos o no definidos.[29]

Al sostener que la naturaleza de los axiomas consiste en capturar ciertas verdades inmediatas acerca de estos objetos primitivos, Frege reconoce al mismo tiempo que estos objetos poseen propiedades básicas anteriores al establecimiento de la teoría, o sea, *pre–axiomáticas*. La comprensión del sentido y la referencia de los términos primitivos geométricos no sólo permite identificar los objetos que designan, sino también sus propiedades básicas, cuya fuente de conocimiento proviene de la intuición espacial.[30] Hilbert advierte que aquí reside la diferencia fundamental que separa a ambas concepciones del método axiomático:

> Ud. dice además: "las definiciones de la sección 1 son aparentemente de un tipo bien diferente, puesto que aquí el significado de las palabras 'punto', 'línea', ..., no es dado, sino que es presupuesto de antemano". Aquí reside a primera vista el punto cardinal de nuestro desacuerdo. Yo no pretendo presuponer nada como conocido de antemano; considero a mi definición en la sección 1 como la definición de los conceptos punto, línea, plano – si se incluyen además todos los axiomas del grupo I a V como marcas características. Si uno está buscando

---

[29] El origen de la axiomática tradicional se encuentra en la concepción aristotélica de ciencia. Una reconstrucción clásica se encuentra en las exposiciones de Scholz (1930) y Beth (1965, pp. 31–51). Betti y de˜Jong (2010) ofrecen una reconstrucción alternativa de la concepción axiomática tradicional, a la que designan "el modelo clásico de ciencia", con la salvedad de que en este modelo no se exige que los axiomas sean auto–evidentes.

[30] Véase (Frege 1983a).

otras definiciones de 'punto' – por ejemplo, por medio
de una paráfrasis como 'sin extensión', etc. – entonces
debo oponerme a tales intentos del modo más decisivo;
uno está buscando algo que nunca podrá encontrar porque no hay nada ahí; y todo se pierde, se vuelve vago y
confuso, y termina en un juego de escondidas.[31]

El punto cardinal de la discrepancia reside en el modo de entender
la *naturaleza de los primitivos* de una teoría axiomática. Siguiendo
la concepción clásica, Frege entiende que los términos primitivos de
la geometría designan una colección fija de objetos accesibles a la
intuición geométrica. Para Hilbert, en cambio, los conceptos básicos refieren a un conjunto de objetos 'pensados' [*Gedankendinge*],
cuyas propiedades fundamentales consisten en *las relaciones establecidas en los axiomas*. Ello significa que los términos primitivos
son concebidos de un modo *esquemático* y pueden ser interpretados
de múltiples maneras, con la condición de que al mismo tiempo se
proporcione una interpretación para los otros primitivos. En uno
de los pasajes más famosos de la polémica, Hilbert lo expresa de la
siguiente manera:

> Pero es evidente que toda teoría es sólo un entramado
> [*Fachwerk*] de conceptos, junto con sus mutuas relacio-
> nes necesarias, y que los elementos básicos pueden ser
> pensados del modo que uno quiera. Si al hablar de mis
> puntos pienso en un sistema de cosas cualesquiera, por
> ejemplo, el sistema: amor, ley y deshollinador ..., y
> luego supongo que todos mis axiomas describen las re-
> laciones entre estas cosas, entonces mis proposiciones,
> por ejemplo, el teorema de Pitágoras, son también váli-
> das para estas cosas. En otras palabras: cualquier teoría
> puede ser aplicada a un número infinito de sistemas de
> cosas. (...) Esta circunstancia no puede ser nunca un
> defecto de la teoría (más bien es una ventaja enorme),
> y en cualquier caso es inevitable.[32]

La descripción de una teoría matemática axiomatizada como un
"entramado de (relaciones lógicas entre) conceptos" [*Fachwerk von*

---

[31] Hilbert a Frege, 29 de diciembre de 1899 (I); en (Frege 1976, p.66).

[32] Hilbert a Frege, 29 de diciembre de 1899 (I); en (Frege 1976, p. 67).

Begriffen], que más tarde se convertirá en un rasgo característico de su concepción del método axiomático formal[33], no es una novedad formulada por Hilbert aquí por primera vez. Hemos identificado ya en 1894 esta descripción de la naturaleza de las teorías axiomatizadas, en sus notas de clase para el curso "Los fundamentos de la geometría" (Hilbert 1893/1894b). Sin embargo, las objeciones de Frege constituyeron una buena oportunidad para que explicite su posición.

La naturaleza esquemática de los primitivos se transfiere a toda la teoría matemática (axiomatizada). En tanto que los términos primitivos no refieren a los objetos geométricos de la intuición, un sistema axiomático *à la Hilbert* no constituye un conjunto de afirmaciones verdaderas acerca de un determinado dominio (intuitivo) fijo, por ejemplo, el espacio físico. Esta nueva concepción del método axiomático conlleva por lo tanto un cambio radical en el estatus de las teorías matemáticas. En un sentido estricto, las teorías matemáticas (axiomatizadas) consisten en un entramado de relaciones lógicas entre conceptos – o estructuras relacionales, como se las designan actualmente – que diversos dominios de objetos pueden compartir entre sí.

Es oportuno mencionar aquí una interpretación muy difundida de la concepción hilbertiana de los términos primitivos, en esta etapa temprana. La caracterización que presenta Hilbert en este pasaje de la naturaleza *esquemática* de los términos geométricos primitivos ha sido tomada como una anticipación de lo que en los lenguajes (de primer orden) de la teoría de modelos se identifica con la noción de *constante no lógica*. Éstas están conformadas por símbolos de relaciones, funciones y constantes individuales, de modo que un lenguaje formal (de primer orden) se caracteriza por el conjunto de sus constantes no lógicas. En sí mismos estos símbolos

---

[33] Ésta es la clásica descripción de una teoría axiomatizada que Hilbert presenta en su conferencia "El pensamiento axiomático": "Si consideramos los hechos que componen un campo de conocimiento [*Wissensgebiet*] más o menos comprensivo, notaremos de inmediato que estos hechos son susceptibles de un orden. Esta ordenación acontece por medio de un cierto *entramado de conceptos* [*Fachwerk von Begriffen*], de tal manera que a cada objeto particular del campo de conocimiento le corresponde un concepto de este entramado, y a cada hecho dentro aquel campo le corresponda una relación lógica entre conceptos. *El entramado de conceptos* no es otra cosa que la *teoría* del campo de conocimiento" (Hilbert 1918, p. 405).

no refieren a ninguna relación, función o individuos en particular,
sin embargo se les puede fijar una referencia al aplicar el lenguaje a una estructura específica. La idea central es que mientras los
términos primitivos del vocabulario geométrico tales como 'punto',
'línea', 'plano', etc., pueden ser interpretados de diversas maneras,
una vez que se les proporciona una interpretación, adquieren una
referencia fija. A diferencia de lo que ocurre con las variables libres,
las constantes no lógicas poseen una referencia (fija) determinada
una vez que se identifica una "estructura" que satisface el lenguaje
formal (de la geometría). Ahora bien, en virtud de sus objetivos
(meta)matemáticos, Hilbert necesitaba que la referencia de los primitivos geométricos esté completamente determinada en una interpretación dada, pero no en el lenguaje (formal) de la geometría;
ello sólo podía ocurrir si aquellos eran concebidos como constantes
no lógicas, y no como variables (libres).[34]

Debemos advertir, sin embargo, que el tratamiento de los primitivos geométricos en la axiomatización de Hilbert sólo pudo haber
constituido *en la práctica* una anticipación de la noción de constante no lógica. En efecto, aunque Hilbert trata *de hecho* al lenguaje de
la geometría como un lenguaje formal – en el sentido en que considera al vocabulario geométrico como no interpretado –, en esta
etapa temprana no contaba con una noción precisa de interpretación *à la Tarski*, indispensable para una caracterización adecuada.
Más aún, para lograr una mínima elucidación conceptual de la noción de constante no lógica, tal como aquí la utilizamos, no basta
con trazar una distinción en el vocabulario entre los símbolos lógicos y no lógicos; esta noción requiere además de una caracterización
de otras nociones tales como la noción de *estructura* y, en particular, de *verdad en una estructura*. Como es bien sabido, estas ideas
comenzaron a ser definidas de un modo preciso recién a partir en
la década de 1930, con los trabajos de Tarski.[35]

---

[34] La idea de que el tratamiento de los términos geométricos primitivos en
la axiomatización de Hilbert anticipa la noción moderna de constante no
lógica ha sido propuesta por Hodges (1985/1986), y luego desarrollada por
Demopoulos (1994) y Hallett (1994). Lo noción aquí utilizada de constante
no lógica coincide esencialmente con lo que suele designarse como "paráme-
tros". Véase (Enderton 2004, cap. 2).

[35] Más aún, Hodges (1985/1986) ha mostrado que la primera definición explícita de Tarksi del concepto de "verdad en una estructura" se encuentra en
un artículo de 1957. Cf. (Tarski y Vaught 1957).

Este modo de interpretar la naturaleza esquemática que para Hilbert tienen los primitivos de una teoría geométrica axiomatizada resulta entonces útil para ilustrar ciertos aspectos centrales de su posición, en contraposición con la de Frege. Por un lado, el hecho de que los conceptos geométricos primitivos cumplen en la axiomatización hilbertiana el papel de las constantes no lógicas supone el rechazo de la tesis de la fijación de la referencia; en efecto, la referencia de estos conceptos no es fija, sino que varía en función de las distintas interpretaciones del lenguaje (formal) de la geometría. Por otro lado, si bien los primitivos geométricos *qua* constantes no lógicas carecen de una referencia fija, ello no implica que carecen completamente de significado. Por el contrario, al igual que las constantes no lógicas de un lenguaje formal, los primitivos geométricos poseen un *sentido mínimo o puramente formal*, que les es conferido por el sistema de axiomas en donde desempeñan un papel. Su significado consiste en ocupar precisamente un lugar determinado dentro de cualquier estructura de la clase definida por los axiomas; en otras palabras, los axiomas le confieren un significado mínimo o formal a los primitivos en tanto delimitan el rango de sus posibles interpretaciones.[36]

Volviendo ahora a la crítica central de Frege, es decir, a la idea de que los axiomas pueden servir como una definición de los términos primitivos, en su respuesta Hilbert intenta articular su posición, aunque no presenta una exposición sistemática. Especialmente, cabe preguntarse nuevamente: ¿Es realmente el caso que para Hilbert los axiomas definen algo? Y si la respuesta es afirmativa: ¿Qué es lo que definen?

---

[36] Es habitual señalar que el papel que las constantes no lógicas desempeñan en los lenguajes formales es similar a la función de los indexicales en el lenguaje ordinario – i.e. pronombres demostrativos o expresiones como 'hoy', 'ayer', etc. Así, si bien estas expresiones no tienen una referencia determinada – a menos que se especifique un contexto espacio–temporal – no puede decirse sin embargo que carecen de significado. Por el contrario, estas palabras tienen un significado bien determinado por las reglas del lenguaje en cuestión. Sobre el "significado" de las constantes no–lógicas véase Hodges (1985/1986) y Demopoulos (1994).

4.5. Axiomas y definiciones implícitas

En *Fundamentos de la geometría*, la idea de que los axiomas constituyen definiciones de los términos primitivos de la teoría aparece
sugerida en un par de lacónicas afirmaciones. Hilbert sostiene que
los axiomas del grupo II (orden) "definen el concepto 'entre'" (Hilbert 1899, p. 6) y que "los axiomas del grupo de congruencia definen
el concepto 'congruente'" (Hilbert 1899, p. 10). Asimismo, en otros
textos publicados correspondientes a este período, Hilbert propone
en un único lugar que se tome a los axiomas como "definiciones":

> Cuando se trata de investigar los fundamentos de una
> ciencia, entonces se debe construir un sistema de axio
> mas que contiene una descripción exacta y completa
> de las relaciones existentes entre los conceptos elemen
> tales de esa ciencia. *Los axiomas así establecidos son
> al mismo tiempo las definiciones de aquellos conceptos
> elementales.* (Hilbert 1900b, p. 299. El énfasis es mío.)

Es dable notar que este modo novedoso de entender las "definiciones" de los primitivos dentro de una teoría axiomática convive
con definiciones nominales del resto de los conceptos de la teoría
geométrica. Un claro ejemplo son las definiciones de 'segmento' y
'ángulo'.[37] En este tipo ordinario de definiciones un concepto es expresado por medio de la combinación de otros conceptos previamente conocidos, de modo que la definición consiste en una afirmación
o declaración que establece que el significado del concepto definido (*definiendum*) es equivalente a la combinación de conceptos que
conforma la definición (*definiens*). Una característica fundamental
de las definiciones nominales es que la combinación de conceptos
puede *substituir* al término definido, en cualquier lugar o contexto
en el que éste aparezca; estas definiciones constituyen una abreviación útil o eficaz de una combinación de conceptos o expresiones.

---

[37] "Definición: Consideramos dos puntos, A y B, sobre una línea a. El conjunto
de los puntos A y B se llama un *segmento*, y se designará AB o BA" (Hilbert
1899, p. 6).

"Definición: Sea α un plano y h, k dos rayos distintos desde O y que están
sobre diferentes rectas. El par de rayos h, k se llama un *ángulo* y se denota
$\angle(h, k)$ o $\angle(k, h)$" (Hilbert 1899, p. 11).

Se trata por lo tanto de dos tipos bien diferentes de definiciones. En cuanto a la "definición" de los términos primitivos, en el intercambio epistolar, Hilbert intentó aclarar su posición de la siguiente manera:

> Considero a mi definición en la sección 1 como la definición de los conceptos punto, línea, plano – si se incluyen además todos los axiomas del grupo I a V como marcas características. Si uno está buscando otras definiciones de 'punto' – por ejemplo, por medio de una paráfrasis como 'sin extensión', etc. – entonces debo oponerme a tales intentos del modo más decisivo; uno está buscando algo que nunca podrá encontrar porque no hay nada ahí; y todo se pierde, se vuelve vago y confuso, y termina en un juego de escondidas.[38]

La definición [*Erklärung*] de la sección 1 se refiere al párrafo inicial de *Fundamentos de la geometría*, en donde Hilbert introduce los primitivos de su sistema por medio de su famosa declaración: "Pensamos tres sistemas de cosas (...)". Hilbert distingue de este modo los objetos primitivos de su sistema axiomático de los objetos geométricos intuitivos. En el curso que precedió al *Festschrift* (Hilbert 1899), esta separación es enfatizada de un modo más explícito:

> *Para construir la geometría euclídea pensamos tres sistemas de cosas, a las que llamamos puntos, líneas y planos y deseamos designar con A, B, C, ...; a, b, c, ...; α, β, γ, ...* No debemos pensar que por medio de los nombres escogidos estamos añadiendo a estas cosas ciertas propiedades geométricas, como las que comúnmente asociamos con estas designaciones. *Hasta ahora sólo sabemos que las cosas de un sistema son diferentes a las cosas de los otros dos sistemas. Estas cosas reciben todas las demás propiedades a través de los axiomas, que reunimos en cinco grupos.* (Hilbert 1898/1899a, p. 304)[39]

---

[38] Hilbert a Frege, 29 de diciembre de 1899 (I); en (Frege 1976, p.66. El énfasis es mío.).

[39] Una declaración similar se encuentra en la otra versión de este curso (Cf

En una axiomatización formal de la geometría los términos 'punto', 'línea', 'plano', 'entre', etc., no deben ser asociados con sus significados o connotaciones informales y ordinarias; ello es una consecuencia del carácter esquemático de estos conceptos primitivos. Las únicas propiedades o características que deben ser tenidas en cuenta son aquellas estipuladas o postuladas en los axiomas. Los axiomas son por lo tanto los únicos que pueden desempeñar la función de asignarles propiedades o características a los objetos y relaciones primitivas del sistema. Es por esta razón que Hilbert elige llamar a sus axiomas "definiciones" de las nociones primitivas. Al menos en parte, Hilbert sostiene que sus axiomas son definiciones para enfatizar la naturaleza esquemática de los primitivos de una teoría axiomática, que se opone diametralmente a una concepción tradicional del método axiomático.

Hilbert decide llamar definiciones a sus axiomas para resaltar el hecho de que en una axiomatización formal no se debe presuponer que los primitivos poseen un significado original (intuitivo), que puede ser establecido o expresado por medio de enunciados inexactos e informales, como por ejemplo las definiciones de los primitivos geométricos en el libro I de los *Elementos*. Más precisamente, aunque Frege coincidía en que las definiciones euclídeas podían ser utilizadas dentro de un razonamiento matemático riguroso, reconocía sin embargo que los primitivos geométricos poseían un sentido substantivo (intuitivo), que de cierto modo podía ser establecido claramente a través de las denominadas elucidaciones.[40]

Hilbert 1899, p. 224.). Hilbert señala allí que una dificultad notable reside en ser capaz de distinguir desde un principio esta separación:

> Quisiera ahora resaltar la dificultad principal para la comprensión [de este curso].

> Un esfuerzo y atención considerables son necesarios para abstraerse constantemente de las cosas, representaciones e intuiciones con las que uno está familiarizado, como así también para ubicarse nuevamente en un estado de ignorancia. Sin embargo, someterse a este esfuerzo es más fácil, cuando el objetivo es reconocido. (Hilbert 1898/1899b, p. 223)

[40] Frege reconoce precisamente este punto es su respuesta a Hilbert:

> Coincido también con Ud. en que las definiciones de 'punto' que lo parafrasean en términos de 'sin extensión' son de poco valor; sin embargo, no estaría dispuesto a confesar sin más que un 'punto'

Por el contrario, Hilbert rechaza que los primitivos tengan un sentido substantivo (intuitivo) dentro del sistema axiomático formal; si puede decirse que los objetos y relaciones primitivas poseen un sentido mínimo o formal, éste les es conferido exclusivamente por medio de los axiomas:

> En lugar de 'axiomas' Ud. puede decir 'marcas características', si lo prefiere. Pero si lo que se busca es otra definición de 'punto" – por ejemplo, a través de una paráfrasis tal como 'sin extensión', etc. – entonces debo rechazar estos intentos como estériles, ilógicos e inútiles. Uno está buscando algo en donde en realidad no hay nada. (...) Las definiciones (esto es, las explicaciones, definiciones y axiomas), deben contener todo, y sólo [ellas] pueden contener todo, lo que se requiere para la construcción de una teoría. Con respecto a mi división entre explicaciones, definiciones y axiomas, que conjuntamente hacen a las definiciones en su sentido, puede decirse que contiene cierto grado de ambigüedad, aunque creo que en general, mi ordenación es utilizable y perspicua.[41]

Ahora bien, al referirse a este tratamiento de los términos primitivos, comúnmente se afirma en la literatura que Hilbert hace un uso extensivo del *método de las definiciones implícitas*. Con esta noción se alude a las *definiciones por axiomas o postulados*, introducidas por algunos geómetras italianos, entre los que se encuentran Peano, Pieri, Padoa y Veronose, hacia fines del siglo XIX. En particular, las definiciones implícitas o por axiomas fueron caracterizadas con gran detalle por Moritz Schlick (1882–1936), y ocuparon un lugar central en su libro *Teoría general del conocimiento* (Schlick 1918). Más aún, Schlick identifica allí a Hilbert (1899) como el creador de este nuevo tipo de definiciones de los primitivos.[42]

---

no puede ser definido adecuadamente de ninguna manera.

Frege a Hilbert, 6 de enero de 1900; en (Frege 1976, p. 72).

[41] Hilbert a Frege, 29 de diciembre de 1899 (II); en (Frege 1976, p. 68).

[42] En la literatura es habitual hablar de la teoría de Hilbert de las definiciones implícitas, sin explicitar debidamente qué es lo que se entiende por esta noción. Sin embargo, esta explicitación resulta sumamente relevante, en la

El método de las definiciones implícitas constituía para Schlick un instrumento fundamental para evitar toda referencia a la intuición en la determinación de los concéptos, permitiendo de ese modo alcanzar un conocimiento absolutamente cierto y riguroso. Esta referencia era eliminada en tanto que gracias a las definiciones implícitas o por postulados, el *significado* de los conceptos simples

---

medida en que la noción de definición implícita ha sido entendida de diversas maneras.

El término "definición implícita" fue introducido por primera vez por el matemático francés Joseph Diaz Gergonne (1771–1859), en un artículo titulado "Essaie sür le theorie des definitions" (1818). Gergonne concibe las definiciones implícitas como enunciados formados tanto por expresiones con significado como por expresiones sin significado, por medio de los cuales el significado de estas últimas puede llegar a ser comprendido. Así, de un modo análogo a un sistema de ecuaciones con múltiples incógnitas, los significados de las expresiones desconocidas pueden ser determinados por medio de los términos cuyo significado es conocido. Gergonne ilustra este tipo de definiciones a través del siguiente ejemplo:

> Uno percibe claramente que, si una frase contiene una única palabra cuya significación nos es desconocida, la enunciación de esta misma frase podrá bastarnos para revelar su valor. Por ejemplo, si a alguien que conoce las palabras *cuadrilátero* y *triángulo*, pero nunca ha escuchado pronunciar la palabra *diagonal*, se le dice que *cada una de las dos diagonales de un cuadrilátero lo divide en dos triángulos*, entonces aquel comprenderá en el acto qué es una diagonal. (Gergonne 1818, pp. 22–23)

Un conjunto de esta clase de enunciados constituye para Gergonne una definición implícita, respetando sin embargo la condición de que el número de enunciados coincida con el número de expresiones cuyo significado debe ser determinado. Más aún, como una exigencia ulterior impone que a través de estas definiciones implícitas el significado – i.e. el sentido y la referencia – de una expresión o término es establecido o determinado de manera unívoca. Sin embargo, estos requerimientos no se cumplen cuando se utiliza el término "definición implícita" para referirse a las llamadas *definiciones por axiomas o postulados*.

Finalmente, un tercer modo de entender este concepto consiste en identificarlo con las llamadas definiciones contextuales, en donde el significado de la expresión que debe ser definida es determinado en el contexto con otras expresiones ya definidos. El ejemplo clásico de este tipo de definiciones es la definición russelliana del operador de identidad en *Principia Mathematica* (1910).

Sobre las distintas nociones de definición implícita puede verse (Cf. Gabriel 1978).

o primitivos, a partir de los cuales el resto de los conceptos (científicos) podían ser definidos, no necesitaba ser exhibido o determinado por la intuición. De acuerdo con esta interpretación, el método de las definiciones por axiomas o postulados consistía simplemente en "estipular que los conceptos básicos o primitivos son *definidos* sólo por el hecho de que ellos satisfacen los axiomas" (Schlick 1918, P. 33). Es decir, Schlick señala que, en la axiomatización de la geometría de Hilbert, los términos 'punto', 'línea', 'entre', etc., adquieren significado sólo en virtud del sistema axiomático, y poseen sólo el contenido que éste les confiere. Estos términos se refieren entonces a "entidades cuya completa esencia consiste en satisfacer las relaciones establecidas por el sistema axiomático" (Schlick 1918, p. 34). Más aún, el significado que un concepto primitivo adquiere al ser definido implícitamente por medio de axiomas consiste en las relaciones que éste mantiene con el resto de los conceptos primitivos del sistema.

La interpretación de Schlick del método de Hilbert de las definiciones implícitas como definiciones por axiomas o postulados ha sido sumamente influyente.[43] Sin embargo, es bien conocido que enfrenta la dificultad de que el propio Hilbert nunca utilizó el término "definición implícita", por lo menos en sus textos publicados. Resulta interesante señalar entonces que, en sus notas de clases, esta noción aparece al menos una vez explícitamente mencionada. Se trata de las notas para el curso "Conocimiento y pensamiento matemático" [*Wissen und Mathematische Denken*] impartido en el semestre de invierno de 1922/1923, es decir, poco después de la aparición de libro de Schlick. Hilbert se refiere allí a la geometría elemental como el ejemplo más simple y antiguo de la aplicación del método axiomático. Antes de introducir los axiomas de orden lineal, señala lo siguiente:

> Ya cuando se considera la posición de tres puntos [sobre un recta] reconocemos el hecho de que el 'estar entre' es evidentemente un concepto fundamental, un criterio decisivo. Por ello establecemos los siguientes axiomas, que *definen implícitamente* [este concepto]. (Hilbert 1988, p. 82)

---

[43] Véase, por ejemplo, (Friedman 2002), (Park 2012) y (Klev 2011).

La interpretación sistematizada por Schlick de las definiciones implícitas como definiciones por axiomas o postulados captura ciertos aspectos de las *intenciones* de Hilbert en *Fundamentos de la geometría*. En particular, este modo de entender el método de las definiciones implícitas permite destacar la estricta disociación entre los objetos geométricos intuitivos y el vocabulario geométrico primitivo de su teoría axiomática formal. Como señala Hilbert en otro lugar, "los puntos, líneas, planos de mi geometría son objetos del pensamiento [*Gedankendinge*], y en cuanto tales nada tienen que ver con los puntos, líneas y planos reales".[44] Sin embargo, el hecho de que Hilbert decide llamar a sus axiomas "definiciones" de los primitivos supone algo más que un énfasis en esta distinción fundamental; esta caracterización de los axiomas como definiciones remite a otros aspectos importantes de sus investigaciones axiomáticas, que por otra parte se observan en sus respuestas a Frege.

En primer lugar, Hilbert enfatiza que la *totalidad* de los axiomas, y no un grupo en particular, proporciona la definición de los términos primitivos "punto", "línea", "plano", "estar sobre", "entre" y "congruente":

> Cada axioma contribuye algo a la definición, y por lo tanto cada nuevo axioma modifica el concepto. 'Punto' es en cada caso algo diferente en la geometría euclídea, no–euclídea, arquimediana, no–arquimediana.[45]

Para llegar a una completa compresión de los primitivos se requiere de *todo el conjunto de axiomas*, en tanto que distintos conjuntos de axiomas proporcionarán concepciones diferentes de los primitivos. Por ejemplo, el concepto 'línea' no posee las mismas propiedades geométricas si en el sistema axiomático el grupo de axiomas de continuidad está conformado únicamente por el axioma de Arquímedes – como en el *Festschrift* –, o si en cambio incluye también otro axioma que garantice la continuidad lineal – como el axioma de completitud, tal como ocurrió en las ediciones subsiguientes. Ello constituye un rasgo fundamental de la concepción de Hilbert de los primitivos geométricos, que lo diferencia claramente de la posición de Frege.

---

[44] Cod. Ms. 600, 3, p. 101. Citado en (Hallett 1994, p. 167).

[45] Hilbert a Frege, 29 de diciembre de 1899 (I); en (Frege 1976, pp. 66–67).

Frege entiende que los conceptos geométricos primitivos poseen un sentido substantivo ordinario, por así decirlo, fundado en nuestra intuición espacial. De allí se sigue que cuando se considera un axioma en el "sentido euclídeo", los primitivos geométricos 'punto', 'línea', 'plano', poseen su sentido ordinario intuitivo y el axioma constituye una proposición *verdadera* (autoevidente) acerca de estos objetos. Sin embargo, este sentido (euclídeo) substantivo de los primitivos geométricos hace al mismo tiempo que el resto de los axiomas sean también verdaderos, puesto que para Frege no es posible que un axioma euclídeo sea verdadero y el resto de los axiomas sean falsos.[46] Por el contrario, para Hilbert una compresión completa de los primitivos geométricos de una teoría axiomática no puede adquirirse insistiendo solamente en que *algunos* de los axiomas son verdaderos. Más aún, este modo de entender como *todo el conjunto de axiomas* es el responsable de asignarle a los objetos y relaciones primitivas sus "características" o propiedades (matemáticas) fundamentales, está ligado a elementos centrales de sus investigaciones axiomáticas, tal como se observa en el procedimiento desarrollado para las pruebas de independencia.

El método sistematizado por Hilbert para la demostración de la independencia de un axioma, una afirmación (teorema) o un grupo de axiomas, respecto de otro grupo de axiomas dados, consiste en

---

[46] En la serie de artículos que siguieron al intercambio epistolar, Frege insiste reiteradamente que resulta totalmente erróneo suponer que un "axioma euclídeo" es falso, con el objetivo de probar su independencia respecto de los demás axiomas euclídeos:

> El señor Hilbert trata en su capítulo II de las cuestiones acerca de si los axiomas no se contradicen entre sí y si son independientes unos de otros. ¿Cómo hay que entender ahora esta independencia? (...) Sólo por medio de todos los axiomas, que según el señor Hilbert, pertenecen por ejemplo a la definición punto resulta significativa; pero también de este modo resultan significativos cada uno de los axiomas en el sentido de considerar válidos a algunos de ellos e inválidos a otros, es impensable, porque con ello los aceptados como válidos recibirán un sentido diferente. Los axiomas que pertenecen a una misma definición son, pues, interdependientes y no se contradicen entre sí, ya que, si lo hicieran, la definición estaría mal formulada. (Frege 1903a, p. 269–270)

Sobre la posición de Frege respecto de las pruebas de independencia en geometría, véase (Blanchette 1996) y (Tappenden 2000).

la construcción de un "modelo" o una realización [*Realisierung*], en donde todos estos axiomas se cumplen, mientras que el axioma o grupo de axiomas cuya independencia se quiere probar no es válido. Para ello resulta esencial que el vocabulario geométrico primitivo (objetos y relaciones) pueda ser interpretado de diversas maneras, de modo que distintos sistemas de objetos, con propiedades matemáticas en ocasiones substancialmente diferentes, puedan ser asignados a los términos primitivos del sistema axiomático formal.

Ahora bien, es interesante observar cómo opera Hilbert *en la práctica* en la construcción de los diversos modelos geométricos. Como ejemplo podemos tomar la construcción de un modelo de una geometría no–desarguiana, utilizado para mostrar que el teorema de Desargues *en el plano* no puede ser probado por medio de los axiomas de incidencia en el plano (I 1–2) y orden (II).[47] Hilbert parte de una geometría analítica construida del modo habitual sobre el conjunto de los números reales. Un 'punto' (en el plano) es definido como un par ordenado de números reales; una 'línea' se define como el conjunto de puntos (x, y) que satisface la ecuación lineal $ax + by + c = 0$; un 'plano' consiste en el conjunto de todos los pares de números reales. Sin embargo, a continuación modifica este modelo de la siguiente manera: del conjunto de todos los puntos $\mathbb{R}^2$ se extrae el intervalo $[O, +\infty]$, es decir, el origen O y todo el eje x *positivo*.

En este nuevo modelo las rectas poseen un "comportamiento" muy distinto al de las rectas "ordinarias" (véase figura 4.1). Las rectas se definen ahora de la siguiente manera: dos puntos del semiplano inferior determinan una recta en el sentido ordinario [*gewönliche Sinne*], es decir, estas rectas coinciden que nuestras rectas ordinarias. Si estas rectas cortan a $[O, +\infty]$, o sea cortan al eje x a la derecha del origen, entonces estas rectas terminan allí, puesto que los puntos de intersección no pertenecen al modelo. Estas rectas no tienen puntos finales, y por lo tanto pueden tratadas como líneas rectas en el sentido habitual. Si en cambio las rectas cortan

---

[47] Este ejemplo no aparece en el *Festschrift*, sino que es desarrollado en detalle por Hilbert en sus notas de clases (Hilbert 1898/1899b, pp. 236–241) y (Hilbert 1898/1899a, pp. 316–319). Las investigaciones de Hilbert en torno al teorema de Desargues han sido examinadas en (Hallett 2008) y (Arana y Mancosu 2012).

a $[-\infty, O]$, o sea cortan al eje x a la izquierda del origen, entonces dejan de ser líneas rectas allí y continúan en el semiplano superior como *arcos de una circunferencia* determinados unívocamente por las siguientes condiciones: *i)* la circunferencia pasa por el origen O (más aún, es aquí abierta, en tanto que O no pertenece al modelo; *ii)* la recta debajo del eje x es tangente con la circunferencia en el punto de intersección. De este modo, algunas de las nuevas rectas tienen un comportamiento bien peculiar: en el semiplano inferior son rectas en el sentido ordinario, mientras que en el semiplano superior son arcos de circunferencia según las condiciones antes mencionados. Hilbert demuestra entonces que en este modelo los axiomas I 1–2, II son válidos, pero el teorema de Desargues en el plano no se cumple.

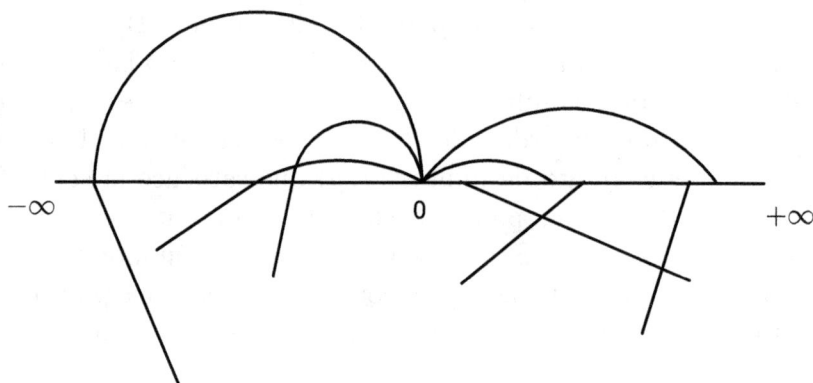

Figura 4.1.: Modelo en donde el teorema de Desargues en el plano no es válido. Adaptado de (Hilbert 1898/1899a, p. 316).

La construcción de este modelo de geometría no–desarguiana exhibe un aspecto fundamental de las investigaciones axiomáticas de Hilbert. Un rasgo central de su *procedimiento heurístico* consiste así en mostrar cómo es posible ir *modificando el significado de los primitivos*, diferenciándolo de su sentido ordinario o habitual – por así decirlo–, de manera tal que ahora algunos axiomas (euclídeos) sean válidos, mientras que otros no.[48] Desde un punto de vista matemático, la idea de que es posible captar el sentido de los primitivos insistiendo en que un axioma en particular es verdadero resultaba

---

[48] Cf. (Hallett 2012, p. 150).

para Hilbert equivocada. Una completa compresión de los primitivos sólo puede lograrse a partir de la totalidad de los axiomas. En otras palabras, al señalar que todo el sistema de axiomas proporciona una definición de los primitivos, Hilbert enfatiza que su interés consiste en mostrar cuál es la contribución específica de cada uno de los axiomas al *contenido* de los primitivos.

Por otra parte, Hilbert aclara en su respuesta a Frege que las propiedades o características fundamentales de un término primitivo en particular vienen dadas exclusivamente a partir de las *relaciones* que mantiene con los otros primitivos de la teoría, tal como son establecidas por los axiomas. Podemos decir que los axiomas le confieren sus propiedades fundamentales a los primitivos *holísticamente*, en tanto que cada concepto es caracterizado en virtud de su relación con otros conceptos del sistema; un objeto es así un 'punto' en virtud de su relación con otras dos clases de objetos, llamados 'líneas' y 'planos':

> En mi opinión, un concepto puede ser establecido lógicamente sólo en su relación con otros conceptos. Estas relaciones, formuladas en ciertas afirmaciones, las llamo axiomas, y así llegamos a la idea de que los axiomas (quizás junto con otras proposiciones que asignan nombres a los conceptos) son las definiciones de los conceptos.[49]

Cabe señalar que Frege llegó a reconocer este carácter relacional de las supuestas definiciones hilbertianas de los primitivos por medio de los axiomas. En una de sus críticas lo advierte de la siguiente manera:

> No sé cómo puedo, con sus definiciones, responder la pregunta acerca de si mi reloj pulsera es un punto o no. Incluso su primer axioma se refiere a dos puntos. Así, si deseo saber si el axioma vale para mi reloj pulsera, debo conocer en primer lugar si algún otro objeto es un punto. Sin embargo, incluso si hubiese sabido, por ejemplo, que mi pluma es un punto, todavía no hubiese podido determinar si mi reloj pulsera y mi pluma determinan

---

[49] Hilbert a Frege, 22 de septiembre de 1900; en (Frege 1976, p. 79).

conjuntamente una línea, puesto que no sé lo que es una línea recta.[50]

En suma, al afirmar que el conjunto de axiomas constituye una "definición" de los términos primitivos del sistema, Hilbert pretende enfatizar que cada uno de los axiomas contribuye algo al contenido de los objetos y relaciones básicas de su teoría geométrica. En otras palabras, Hilbert busca ilustrar de esta manera que resulta erróneo pensar que, en un sistema axiomático abstracto o formal, los conceptos primitivos tienen un sentido substantivo ordinario o intuitivo. Por el contrario, este modo de entender cómo la elección de los axiomas afecta el *significado* de los primitivos resulta esencial para las novedosas investigaciones (meta)geométricas que Hilbert lleva a cabo en sus cursos y en su monografía de 1899.

4.6. Axiomas, definiciones y estructuras relacionales

Existe otra manera de interpretar la afirmación de que los axiomas son "definiciones", quizás menos ligada a las propias intenciones de Hilbert pero más cercana a lo que efectivamente se hace en *Fundamentos de la geometría*. Esta lectura viene sugerida por la naturaleza holística de este tipo de definiciones. Si el sistema axiomático en su conjunto constituye una definición, entonces lo que resulta definido de este modo no son los conceptos primitivos 'punto', 'línea', 'plano', 'estar en', 'entre', 'congruente', sino una *relación* (de orden superior) que correlaciona a dichos conceptos. Los axiomas definen *explícitamente* un concepto (complejo) de orden superior, o mejor, una estructura relacional en términos modernos, un concepto bajo el que caen dominios o estructuras; en este caso en particular, los axiomas definen el concepto (de orden superior) de *espacio euclídeo tridimensional*. De acuerdo con esta interpretación, podemos decir que los conceptos primitivos 'punto', 'línea', 'plano', etc., resultan "definidos" sólo *indirectamente*, a través de una proyección desde toda la estructura relacional, que establece precisamente qué es una geometría. Esta proyección consiste en determinar el lugar que los primitivos ocupan dentro de la estructura relacional definida o caracterizada por medio de los axiomas.

---

[50] Frege a Hilbert, 6 de enero de 1900; en (Frege 1976, p. 73).

Bernays (1942) fue uno de los primeros en señalar que éste es el modo correcto de interpretar la polémica afirmación de Hilbert.[51] En su opinión, es preciso concederle a Frege que los axiomas no definen los conceptos primitivos, puesto que en un sentido estricto el sistema axiomático en su conjunto proporciona una definición explícita de un concepto complejo o de orden superior:

> Podemos concederle a Frege que el modo en que habitualmente se habla de las definiciones implícitas no es muy preciso y está abierto a malentendidos. Sin embargo, estas posibles confusiones pueden ser evitadas si se tiene en cuenta la manera de formular que es común en el álgebra abstracta. Así, por ejemplo, no decimos que los axiomas de la teoría de grupos definen implícitamente los conceptos 'elementos' y 'composición', sino que [éstos] definen qué es un grupo – más explícitamente, bajo qué condiciones un dominio de individuos y una función binaria aplicada a ellos constituyen los elementos y la composición de un grupo. En consecuencia, podemos decir que los axiomas de Hilbert definen, no los conceptos 'punto', 'línea', 'incidencia', etc., sino el concepto de espacio euclídeo tridimensional, y los otros conceptos meramente con respecto a éste; o, más detalladamente, los axiomas de Hilbert formulan las condiciones en virtud de las cuales los dominios de individuos y las tres funciones lógicas referidas a ellos constituyen el sistema de puntos, líneas y planos, junto con las relaciones de incidencia, orden y congruencia de un *espacio tridimenional euclídeo*.
>
> Este punto de vista concuerda íntegramente como la explicación de Hilbert, mencionada arriba, de que los axiomas no son individualmente una definición en sí mismos, sino que son partes de una definición que comprende a la totalidad de ellos.[52] (Bernays 1942, pp. 92–93).

Ahora bien, diversos autores han defendido que, en esta etapa temprana, Hilbert difícilmente llegó a comprender que los sistemas

---

[51] El primero en proponer esta interpretación, con el objetivo de fondo de rechazar la noción misma de definición implícita, fue Carnap (1927).

[52] Véase además (Bernays 1967).

axiomáticos definen (de forma explícita) *una clase de modelos*, en el lenguaje moderno de la teoría de modelos.[53] Por un lado, en ningún lugar Hilbert afirma que sus axiomas definen algo similar a lo que hoy entendemos por *estructuras relacionales*. Por otro lado, si hubiese entendido de esta manera el resultado de su axiomatización, entonces no hubiera afirmado que sus axiomas definen los primitivos, puesto que esta formulación más bien contribuye a oscurecer la cuestión.

Desde mi punto de vista, las limitaciones conceptuales antes mencionadas para comprender diversos conceptos centrales de lo que más tarde se convertirá en la teoría de modelos, ciertamente le impidieron ofrecer una caracterización adecuada de este aspecto particular de su axiomatización. Sin embargo, en las notas manuscritas de clases que venimos analizando, es posible encontrar indicios de que para Hilbert sus axiomas constituían una definición de un concepto de orden superior. En primer lugar, en las notas para el curso *Principios lógicos del pensamiento matemático* (1905), Hilbert señala lo siguiente en relación a su construcción axiomática de los números reales:

> Llegamos de este modo a la construcción de la geometría, en donde la axiomática fue por primera vez llevada a cabo de un modo completo. En la construcción de la aritmética nos apartamos finalmente de los fundamentos intuitivos, del concepto de número que conforma el punto de partida el método genético. Para nosotros el sistema de números no era nada más que *un entramado de conceptos, que resultaba definido por medio de los dieciocho axiomas.* (Hilbert 1905b, p. 36. El énfasis es mío.)

Hilbert reconoce aquí explícitamente que los axiomas definen un entramado de (relaciones lógicas entre) conceptos, esto es, lo que hoy llamamos una estructura relacional; más aún, esta misma declaración es formulada en relación al sistema axiomático para la geometría:

> Consideramos a la geometría como un sistema de cosas, que designamos 'punto', 'línea´, etc. y para las que se

---

[53] Véase, por ejemplo, (Resnik 1974), (Hodges 1985/1986) y (Klev 2011).

establecen ciertas relaciones, por medio de cuya generalidad *el entramado conceptual de la geometría resulta
entonces definido.* (Hilbert 1905b, p. 36. El énfasis es
mío.)

Estos pasajes sugieren que Hilbert llegó a percibir, en este período
inicial, que en un sentido estricto sus axiomas definen un entramado
de conceptos o estructura relacional, que propiamente es lo que
constituye el objeto de indagación matemática. En consecuencia,
los axiomas definen a los primitivos de la teoría sólo *indirectamente*,
a través de una *proyección* del lugar que ocupan y la función que
desempeñan en la estructura relacional.[54]

Para concluir, es preciso señalar que esta interpretación enfrenta
ciertas dificultades que Hilbert no pudo haber previsto, en tanto
que se fundan en resultados metateóricos conocidos en un período
posterior. En primer lugar, es claro que si se afirma que un conjunto
de axiomas constituye una definición de un concepto de orden superior – bajo el que caen dominios de objetos o estructuras –, entonces
se debe exigir que tal definición describa a su objeto *unívocamente*.
Ello sólo puede lograrse si el sistema axiomático es *categórico*, es decir, si todos los posibles 'modelos' del sistema son isomorfos entre sí.
Sin embargo, esta condición no se cumple en la primera edición de
Fundamentos de la geometría, puesto que dicho sistema axiomático
tiene modelos no isomorfos entre sí. Más aún, en función de ciertos
objetivos específicos de sus investigaciones metageométricas, la categoricidad del sistema axiomático no es una propiedad que resulte
conveniente.[55]

En segundo lugar, y quizás más importante aún, el famoso teorema de Löwenheim–Skolem impone limitaciones considerables a la
pretensión de que un sistema axiomático pueda ser considerado una
definición (explícita) de una estructura matemática. Este teorema
afirma que si una teoría de primer orden tiene un modelo, entonces tiene un modelo numerable.[56] Del mismo modo, en la versión

---

[54] Cf. (Hallett 2012).

[55] En el capítulo 7 nos ocuparemos de analizar este problema en detalle.

[56] El teorema fue probado por primera vez en 1915 por Leopold Löwenheim
(1878–1957), y luego generalizado por Thoralf Skolem (1887–1963) en 1920
y 1922. Otra formulación del teorema afirma que toda teoría consistente de
primer orden tiene un modelo en el dominio de los enteros positivos, o en
un subconjunto finito formado a partir del dominio de los enteros positivos.

conocida como *ascendente*, el teorema sostiene que si una teoría de primer orden tiene un modelo infinito, entonces tiene un modelo de cualquier cardinalidad infinita. Una consecuencia inmediata es que las teorías de primer orden no pueden ser categóricas, puesto que el teorema asegura la existencia de modelos no isormofos entre sí. En tanto que para poder proporcionar una definición de una estructura relacional se exige que el sistema axiomático la describa *unívoca-mente*, el teorema de Lowënheim–Skolem revela entonces que ello sólo puede ocurrir si la lógica subyacente utilizada es (al menos) de segundo orden; en otra palabras, no es posible afirmar simplemente que el sistema axiomático define una estructura matemática en cuestión. Sin embargo, estos resultados no pudieron ser anticipados por Hilbert, ya que en aquel período temprano nadie había llegado siquiera a diferenciar suficientemente entre lógicas de primer orden y lógicas de orden superior.

4.7. Consistencia y existencia matemática

Antes de finalizar este capítulo, es oportuno mencionar otra idea importante motivada por las críticas de Frege; me refiero aquí a la famosa tesis de Hilbert según la cual la "consistencia implica existencia". Una de las consecuencias inmediatas de dejar de considerar a los axiomas como proposiciones verdaderas autoevidentes consiste en que precisamente la *evidencia* (intuitiva) deja de ser adoptada como el criterio de validez de un sistema de axiomas, y es en cambio reemplazada por el requerimiento de la consistencia. Hilbert no tuvo problemas en notar que muchas de las críticas de Frege se originaban precisamente en su concepción todavía clásica del método axiomático. Es por ello que intentó ilustrarle esta diferencia de la siguiente manera:

> Si Ud. prefiere llamar a mis axiomas marcas característi-cas de un concepto, que son dadas y están contenidas en mis explicaciones, no tengo ningún tipo de objeción, salvo quizás que contradice la práctica habitual de los matemáticos y físicos; y por supuesto debo además po-der postular libremente como yo desee las marcas carac-terísticas. Puesto que desde el momento en que he esta-blecido un axioma, éste existe y es 'verdadero'; ello me

lleva a otro punto importante de su carta. "Ud. escribe:
'Yo llamo axioma a las proposiciones . . . de la verdad
del axioma se sigue que ellos no se contradicen entre
sí' . . . . Encontré por demás interesante esta afirmación
en su carta, puesto que desde que he pensado, escrito
y ensañado sobre el tema, he sostenido exactamente lo
contrario: si los axiomas arbitrarios dados no se contradicen unos con otros, con todas sus consecuencias,
entonces ellos son verdaderos y las cosas definidas por
los axiomas existen. Éste es para mí el criterio de verdad
y existencia.[57]

En virtud de su concepción axiomática formal, la afirmación de
Hilbert según la cual de la consistencia de un axioma se sigue que
es "verdadero" resulta claramente incorrecta. Un axioma es verdadero en cierto "sistema de objetos" – o como diríamos hoy, en
ciertas estructuras – y falso en otras. De la consistencia del sistema axiomático se sigue entonces que es válido (matemáticamente),
no verdadero. Nuevamente, aunque en la práctica sus investigaciones axiomáticas concuerdan completamente con una perspectiva
modelo–teórica *in nuce*, en ocasiones Hilbert parece haber comprendido sólo imperfectamente estos cambios conceptuales.

Por otra parte, la idea de que la "consistencia implica existencia"
se encuentra previamente en sus cursos sobre geometría.[58] Hilbert
entiende que el primer paso (lógico) en la construcción de un sistema axiomático abstracto consiste en *suponer la existencia* de tres
sistemas de 'cosas', acerca de las cuales los axiomas establecerán
ciertas relaciones.[59] Dicho de otro modo, en un sistema axiomático

---

[57] Hilbert a Frege, 29 de diciembre de 1899; en (Frege 1976, p. 66).

[58] Más aún, esta tesis posee una íntima vinculación con las novedades teóri-
cas introducidas por Hilbert, en una etapa pre–axiomática, en el campo de
la teoría de invariantes; por ejemplo, con su prueba *no constructiva* de la
existencia de una base finita para un sistema de invariantes de cualquier
forma algebraica, i.e. el llamado "Teorema de la base de Hilbert" o "Teorema fundamental de Hilbert" (Hilbert 1893). Para un estudio integral de
la noción de existencia matemática en Hilbert, que va desde sus trabajos
sobre teoría de invariantes hasta el 'programa de Hilbert', véase Boniface
(2004). Desde una perspectiva más acotada, pero más filosófica, este tema
ha sido analizado por Hallett (1995b) y Ferreirós (2009).

[59] Me refiero al primer paso 'lógico', ya que Hilbert también reconoce que un
estudio axiomático de una disciplina matemática supone que su estado de

abstracto, partimos de la suposición de que las 'cosas' de las que hablan los axiomas *existen*. En "Über den Zahlbegriff" (Hilbert 1900c), Hilbert lo advierte precisamente en estos términos:

> En el caso de la construcción de la geometría, el procedimiento es fundamentalmente distinto. Lo común en ella es comenzar con la suposición de la existencia de una totalidad de elementos. Es decir, suponemos desde un inicio la existencia de tres sistemas de objetos: los puntos, las rectas y los planos. (Hilbert 1900c, p. 180)

Una prueba de la consistencia del sistema de axiomas constituye así, para Hilbert, la justificación de esta suposición inicial. Si podemos encontrar una prueba de que la aplicación de los axiomas no puede conducir a una contradicción, entonces hemos probado su consistencia, y el concepto descripto por los axiomas *existe matemáticamente*. Hilbert lo señala de la siguiente manera en "Problemas matemáticos":

> Si a un concepto se le asignan características que se contradicen entre sí, entonces sostengo: el concepto no existe matemáticamente. Así, por ejemplo, no existe matemáticamente el número real cuyo cuadrado es -1. Pero si puede demostrarse, a través de la aplicación de un número finito de inferencias lógicas, que las características asignadas al concepto nunca pueden conducir a contradicciones, entonces afirmo que la existencia matemática de ese concepto ha sido de ese modo demostrada. (Hilbert 1900b, pp. 300–301)

Hilbert tomó esta definición de existencia matemática de sus propias notas de clases para el curso de 1898/1899:

> 'Existir' significa que las características (axiomas) que definen a un concepto no se contradicen entre sí; esto es, por medio de deducciones puramente lógicas no es posible demostrar, a partir de todos los axiomas con la excepción de uno, una proposición que contradice a este último axioma. (Hilbert 1898/1899b, p. 282)

---

desarrollo sea avanzado; esto es, que exista un consenso importante respecto del conjunto de hechos fundamentales que componen a la disciplina en cuestión, y que constituirá el punto de partida del análisis axiomático.

La concepción abstracta del método axiomático acarrea como novedad que la consistencia, antes considerada un mero corolario de la verdad de los axiomas, es tomada ahora como una condición necesaria y suficiente de la existencia. Sin embargo, Hilbert insiste constantemente en que aquello que implica la consistencia es la existencia *matemática*. Es decir, su abordaje axiomático formal propicia una distinción precisa entre la existencia dentro de la matemática o existencia matemática y la existencia física o real. El sistema de 'cosas', cuya existencia es el presupuesto inicial en la construcción de un sistema formal de axiomas, es un sistema de 'objetos–pensados'. Como señala Hilbert elocuentemente en un pasaje de sus "Diarios científicos" [*Wissenschaftliche Tagebücher*] que ya hemos citado: "Los puntos, líneas y planos de mi geometría no son sino 'cosas del pensamiento' [*Gedankendinge*], y en cuanto tales nada tienen que ver con los puntos, líneas y planos reales".[60] La afirmación de su existencia está de ese modo restringida a un nivel conceptual y por lo tanto debe ser asegurada o legitimada dentro de este nivel. La condición requerida para que estas 'cosas del pensamiento' existan matemáticamente es que puedan ser perspicuamente caracterizadas y que su utilización no lleve a contradicciones. Para Hilbert, ello se alcanza cuando el concepto es *introducido axiomáticamente* y se demuestra que el sistema axiomático es consistente. En otras palabras, la existencia de un concepto matemático, justificada sobre la base de una descripción axiomática consistente del mismo, no significa sino que el concepto matemático es válido y puede ser utilizado legítimamente. Una consecuencia del método axiomático formal es entonces, para Hilbert, que el problema de la existencia de los conceptos y objetos con los que trabaja la matemática, se convierte en una cuestión *intra-matemática*.[61]

Por otra parte, esta nueva manera de concebir la noción de existencia matemática está íntimamente ligada a la actitud de Hilbert respecto de los elementos ideales. Hemos mencionado brevemente esta cuestión en el capítulo anterior.[62] Tomando como ejemplo el

---

[60] Citado en (Hallett 1994, p. 167).

[61] Las discusiones de Hilbert sobre la existencia matemática se dan en el contexto del "abordaje abstracto conceptual" a la matemática, que comenzó a ser dominante a partir de la segunda mitad del XIX, sobre todo en Alemania. Sobre este contexto general puede consultarse (Ferreirós 2007, cap. 1).

[62] Véase sección 3.6.2.

sistema de axiomas para la aritmética de los reales, Hilbert afirma que un elemento, por ejemplo $\sqrt{-1}$, tiene un estatus diferente, o es un elemento "ideal", cuando es añadido *por primera vez* a este sistema axiomático. Sin embargo, una vez que se han establecido las leyes que permiten integrar o relacionar los nuevos elementos con los elementos del sistema original, entonces puede decirse que estos "elementos ideales" existen de la misma manera que los elementos del sistema dado en primer lugar. La única condición para ello será demostrar la consistencia del nuevo sistema ampliado, que comprende a los elementos ideales. Hilbert le explica a Frege este aspecto importante, inmediatamente a continuación de su afirmación de que la consistencia implica existencia:

> La proposición 'toda ecuación tiene una raíz' es verdadera o la existencia de la raíz está demostrada, ni bien el axioma 'toda ecuación tiene una raíz' puede ser añadido a los otros axiomas aritméticos, sin generar la posibilidad de una contradicción, no importa cuáles sean las conclusiones que de ellos se sigan. Esta concepción es la clave para comprender no sólo mi *Festschrift*, sino también mi reciente conferencia de Múnich sobre los axiomas de la aritmética, donde he demostrado, o al menos he indicado como probar, que el sistema usual de los números reales *existe*, mientras que el sistema de todos los números cardinales cantorianos o de todos los alefs – como lo afirma Cantor en un sentido similar, aunque utilizando otras palabras – no existe.[63]

La designación de un elemento como 'ideal' sólo puede tener un carácter *relativo*, o sea, en relación al sistema original de axiomas del que partamos y a los elementos contemplados por éste como reales. En otras palabras, en un nuevo sistema de axiomas consistente, que incluya tanto a los elementos del sistema original como a los anteriormente llamados 'elementos ideales', tal distinción no tiene mayor sentido. En el nuevo sistema, todos los elementos pueden ser considerados como 'reales'. Hilbert señala esta idea en un texto bastante posterior, aunque todavía en relación a la utilización del método de los elementos ideales en geometría:

---

[63] Hilbert a Frege, 29 de diciembre de 1899; en (Frege 1976, p. 66).

> La expresión "elementos ideales" sólo tiene aquí senti-
> do, hablando propiamente, desde el punto de vista del
> sistema del que hemos partido. En el nuevo sistema no
> distinguimos de ninguna manera entre elementos reales
> e ideales. (Hilbert 1992, p. 91)

En suma, las opiniones divergentes de Frege y Hilbert en torno
a la cuestión de la consistencia y la existencia matemática expresan visiblemente las diferencias entre una concepción clásica y una
concepción moderna o abstracta del método axiomático. Hilbert en-
tendió este origen de las críticas recibidas, y el objetivo central de
sus respuestas a Frege fue explicarle su nueva concepción axiomática formal. En este sentido, es compresible que ciertos aspectos de
esta concepción hayan sido allí obviados, mientras que otros hayan
sido enfatizados considerablemente; un claro ejemplo es su descripción de las teorías matemáticas (axiomatizadas) como entramados
de conceptos. Sin embargo, en el capítulo siguiente intentaré exhibir otros aspectos de la concepción axiomática temprana de Hilbert
que, en mi opinión, permiten llegar a una mirada más completa y
mejor contextualiza de su posición. Para ello me ocuparé de analizar
sus notas de clases para el curso "Principios lógicos del pensamiento matemático" (Hilbert 1905b; 1905c), quizás su exposición más
completa del método axiomático formal, en este período inicial de
sus trabajos sobre los fundamentos de la matemática.

CAPÍTULO 5

Método axiomático, formalismo e intuición

5.1. Introducción

La presentación de la geometría como un sistema axiomático formal, sumada a su posterior programa "finitista" para la fundamentación de la aritmética y el análisis, han contribuido a formar una imagen excesivamente formalista de la concepción de la geometría de Hilbert, que todavía sigue siendo reproducida en las exposiciones de carácter general. De acuerdo con esta imagen, que podemos llamar *formalista radical o extrema*, el objetivo central del método axiomático de Hilbert es defender una concepción de toda la matemática clásica como una colección de sistemas deductivos abstractos completamente formalizados, construidos a partir de un conjunto de axiomas arbitrariamente escogidos y sin un significado intrínseco. Más aún, para los defensores de esta interpretación, la idea detrás del método axiomático hilbertiano es que la matemática consiste básicamente en el estudio de los formalismos, entendidos como el esquema de signos o símbolos sin significado, sujeto a un conjunto de reglas estipuladas, que componen el sistema axiomático.[1] Hemos visto en los capítulos anteriores que la imagen de la

---

[1] Frege fue de hecho uno de los primeros en impulsar este tipo de lectura, no sólo en su intercambio epistolar con Hilbert, sino sobre todo en sus artículos de 1903 y 1906. Asimismo, declaraciones similares fueron repetidas por Weyl en diversos trabajos, por ejemplo, en (Weyl 1925). Finalmente, la interpretación formalista radical se encuentra paradigmáticamente representada en

geometría que presenta Hilbert en sus cursos poco tiene que ver con estas posiciones formalistas extremas; sin embargo, sostendré nuevamente en este capítulo que la temprana concepción axiomática de la geometría se opone claramente a este tipo de lecturas.

Por otro lado, el término "formalismo" ha sido utilizado de un modo diferente para caracterizar la posición de Hilbert, en esta etapa geométrica. El formalismo hilbertiano en este segundo sentido, que podríamos llamar *moderado*[2], afirma que toda teoría matemática axiomatizada consiste en un *entramado o esquema de relaciones lógicas entre conceptos*, que no está ligado a un determinado dominio fijo, sino que diversos dominios de objetos pueden tener en común. Un sistema de axiomas no constituye así un conjunto de proposiciones verdaderas acerca de un dominio particular de objetos, sino que las proposiciones o teoremas de una teoría axiomática deben ser entendidos en un sentido hipotético, esto es, como siendo verdaderas para cualquier "interpretación" de los términos y relaciones básicas en las que los axiomas son satisfechos.[3]

Hemos visto que tanto en sus cursos sobre geometría desde 1894, como en su polémica con Frege, Hilbert formula de este modo la tesis fundamental de su nueva concepción abstracta del método axiomático. Esta manera de caracterizar la empresa hilbertiana describe entonces correctamente el "giro metodológico" que éste le imprime a *la idea de axiomática*, en este período inicial. Sin embargo, en este capítulo me centraré en otros aspectos de su abordaje axiomático a la geometría, que considero relevantes para alcanzar una imagen más equilibrada y mejor contextualizada de su concepción del método axiomático formal en esta etapa temprana. Puntualmente, estos elementos están vinculados tanto a su concepción

---

el clásico y difundido artículo de Dieudonné (1971), vocero del mítico grupo de matemáticos franceses Bourbaki.

[2] Lassalle˜Casanave (1996) propone distinguir entre interpretaciones formalistas extremas e interpretaciones formalistas moderadas del programa finitista de Hilbert para la fundamentación de la aritmética y el análisis. Esta distinción, sin embargo, no coincide exactamente con las interpretaciones formalistas de Hilbert en la llamada "etapa geométrica".

[3] Bernays (1922a; 1922b) fue el primero en proponer esta interpretación, en una serie de artículos que pretendían exponer las recientes contribuciones de Hilbert a los fundamentos de la matemática. En una época más contemporánea esta lectura ha sido presentada por Detlefsen (1993a; 1993b; 1998), Mancosu (1998), y en la literatura castellana por Torres (2009).

de la geometría, como a su modo de entender el proceso de realizar una axiomatización (formal) de una teoría matemática.

Estos elementos de la concepción axiomática de Hilbert están particularmente presentes en las notas de clases para el curso *Principios lógicos del pensamiento matemático* (Hilbert1905b; 1905c).[4] Este curso constituye la exposición más acabada y completa de la concepción hilbertiana del método axiomático, en esta etapa temprana que se extiende hasta 1905. En efecto, por un lado Hilbert vuelve a presentar en este manuscrito sus sistemas de axiomas para la geometría elemental y para la aritmética de los reales, acompañados esta vez por reflexiones generales más extensas respecto de las consecuencias metodológicas que acarrea su nueva concepción del método axiomático. Por otro lado, en este trabajo el matemático alemán pone en práctica por primera vez su 'programa' para axiomatizar diversas ramas de la física, siguiendo el modelo de la geometría.

El objetivo de este capítulo será analizar la descripción del método axiomático llevada a cabo por Hilbert en estas notas de clases. Especialmente, veremos que un aspecto central de esta caracterización consiste en otorgarle un papel muy relevante a la intuición y a la experiencia en el proceso de axiomatización de una teoría matemática, en especial de la geometría.

En la sección 5.2 examinaremos cómo Hilbert caracteriza, en estas notas de clases de 1905, la tarea de llevar a cabo una axiomatización formal de la geometría. Enseguida (5.3), veremos que Hilbert justifica la utilización del lenguaje ordinario, para la formulación de sus sistemas axiomáticos, en función de este modo peculiar de concebir la aplicación del método axiomático formal a la geometría. Ello nos llevará (5.4) a contextualizar la polémica afirmación de Hilbert – tanto en sus cursos como en la introducción del *Festschrift* –, según la cual su análisis axiomático (formal) de la geometría euclídea constituye al mismo tiempo "un análisis lógico de la intuición". Finalmente (5.5), realizaremos unas breves consideraciones acerca de la noción de "intuición geométrica" con la que Hilbert opera en esta etapa inicial.

---

[4] Las notas de clases para este curso poseen dos versiones, una a cargo de Max Born (Hilbert 1905c) y otra redactada por Ernst Hellinger (Hilbert 1905b). Los contenidos de ambas versiones son prácticamente idénticos.

5.2. Intuición y método axiomático

El objetivo principal de este nuevo curso es analizar los fundamentos lógicos de la matemática, una tarea motivada por el reconocimiento de que "la aplicación correcta [en la matemática] de
la lógica tradicional conduce a contradicciones" (Hilbert 1905b, p.
4). La temática está directamente ligada al artículo "Sobre los fundamentos de la lógica y la aritmética" (Hilbert 1905a), en donde
se propone esquemáticamente una nueva estrategia para probar la
consistencia de la aritmética. En efecto, este problema había tomado desde 1903 un lugar central para Hilbert, en virtud del descubrimiento de Russell de las famosas paradojas que afectaban al
programa logicista de Frege. La idea básica de Hilbert consiste en
desarrollar simultáneamente las leyes de la lógica y la aritmética,
en lugar de intentar reducir una a la otra o a la teoría de conjuntos.
El punto de partida era la noción básica de "objeto–pensado", que
podía ser designado por medio de un signo y ofrecía la posibilidad
de tratar a las pruebas matemáticas como meras fórmulas. Sin embargo, Hilbert presentó estas ideas de un modo muy esquemático
e impreciso, limitándose sólo a esbozar esta nueva estrategia para
proporcionar una prueba directa o absoluta de la consistencia de la
aritmética.[5]

Hilbert aprovechó este nuevo curso para elaborar un poco más
detalladamente sus ideas respecto del problema de la consistencia
de la aritmética. Especialmente, en la segunda parte, analiza el problema de las llamadas paradojas o antinomias – que tuvieron un
efecto devastador en el sistema de Frege. Asimismo, encontramos
por primera vez un cálculo proposicional formalizado, que podía ser
utilizado en lugar de la "lógica tradicional" como la lógica subyacente de sus sistemas axiomáticos.[6]

La construcción de este cálculo proposicional es precedida por
una extensa discusión respecto de las ideas fundamentales del método axiomático, y de su aplicación a diversas teorías matemáticas e
incluso físicas. Hilbert presenta allí sistemas axiomáticos para la
aritmética de los reales, la geometría euclídea, la mecánica, la ter-

---

[5] Sobre este primer intento de Hilbert de propocionar una prueba directa de
la consistencia de la aritmética, véase (Sieg 2009) y (Mancosu 2010, cap.
2).
[6] Véase *infra*, capítulo 7.

modinámica, el cálculo de probabilidades, la teoría cinética de gases
y la electrodinámica; estos últimos obviamente son propuestos con
un carácter provisorio y esquemático.[7]

En el comienzo de estas notas, Hilbert resume de la siguiente
manera la idea fundamental de su nuevo método axiomático:

> Los elementos generales de una concepción axiomática
> han estado siempre, inadvertidamente, en la base de la
> matemática, como así también de otras ciencias. Si uno
> tiene a su disposición un acervo de hechos [*Thatsachen-
> material*], que consiste en ciertas proposiciones, incluso
> algunas dudosas, conjeturas, etc., entonces se selecciona
> na un conjunto de estas proposiciones, se las separa y
> se las agrupa en un sistema particular [*ein eigenes Sys-
> tem*], *el sistema axiomático*. Éste es concebido como el
> fundamento, y se busca derivar de él todo el material
> presentado por medio del combinaciones lógicas, según
> las leyes lógicas conocidas. Asimismo, ahora nos intere-
> san especialmente las siguientes tres preguntas: 1) ¿son
> los axiomas *consistentes*, ello es, es imposible deducir
> por medio de puras operaciones lógicas una proposición
> y su negación?; 2) ¿son ellos *independientes* entre sí, o
> sea, no se puede deducir alguno de los axiomas a partir
> de los otros? (...); 3) ¿es el sistema axiomático *com-
> pleto*, i.e. contiene todos los hechos en cuestión como
> consecuencias lógicas? (Hilbert 1905b, pp. 11–12)

Esta explicación de la idea general de la axiomática puede ser
considerada como la descripción estándar del método axiomático
formal, tal como lo concibe Hilbert en esta primera etapa. Un aspecto importante de esta caracterización se ve reflejado en el reconocimiento de que la aplicación del método axiomático presupone
siempre que sea dado un conjunto de hechos y proposiciones básicas. La manera en que aquí se entiende la naturaleza y función del
método axiomático implica que se lo concibe fundamentalmente como una herramienta que debe ser aplicada a una teoría matemática,

---

[7] Sobre las investigaciones axiomáticas de Hilbert en el campo de la física,
véase (Corry 2004).

o científica, *preexistente*. Ello significa que en el proceso de axiomatización se debe prestar particular atención al *carácter o naturaleza de los hechos básicos* de la disciplina en cuestión.

La sección dedicada a exponer el sistema axiomático para la geometría euclídea elemental se inicia con la siguiente caracterización:

> El objetivo de toda ciencia es, en primer lugar, establecer un esquema de conceptos basado en axiomas, a cuya misma concepción somos naturalmente guiados por la intuición y la experiencia. Idealmente, todos los fenómenos de un dominio dado aparecerán como una parte del esquema y todos los teoremas que pueden ser derivados de los axiomas encontrarán su expresión allí. Así, si queremos establecer un sistema de axiomas para la geometría, el punto de partida debe sernos dado por los hechos intuitivos de la geometría y éstos deben corresponderse con el esquema que debe ser construido. Los conceptos obtenidos de este modo, sin embargo, deben ser considerados como separados completamente de la experiencia y la intuición. (Hilbert 1905b, pp. 36–37)

Hilbert indica que sus sistemas axiomáticos son *formales*, y en cuanto tales deben ser considerados como "separados de la intuición", dado que los términos y relaciones básicas no están ligados a una interpretación intuitiva fijada de antemano. Sin embargo, al mismo tiempo aclara que ello no significa que la intuición no desempeña más un papel en la teoría geométrica axiomática. Por el contrario, la intuición y la experiencia resultan esenciales para la selección de los principios básicos sobre los cuales se construirá deductivamente todo nuestro conocimiento geométrico. Asimismo, la función de la intuición no se circunscribe únicamente a sugerir la elección de los axiomas de la teoría, sino que además resulta fundamental para que el sistema axiomático pueda ser *aplicado a la realidad*. Hilbert señala a continuación que en la *construcción* de los sistemas axiomáticos (formales) debe buscarse que el esquema conceptual resultante conforme una *analogía* con nuestras intuiciones más básicas y con los hechos de la experiencia. Este requisito es formulado de la siguiente manera:

> En la presentación axiomática de la aritmética nos hemos alejado totalmente del concepto original de número

y con ello nos hemos separado de toda intuición. Los números se convirtieron para nosotros solamente en un entramado de conceptos, a los que por supuesto sólo somos guiados por la intuición; sin embargo, podemos operar con este entramado sin recurrir a la ayuda de la intuición. *Ahora bien, para que este sistema conceptual pueda ser aplicado a las cosas que nos rodean, es necesario que sea construido de tal manera que forme una completa analogía con nuestras intuiciones más simples y con los hechos de la experiencia.* (Hilbert 1905b, p. 27. El énfasis es mío)

Estas afirmaciones resultan sumamente importantes para comprender cómo concebía Hilbert, en esta etapa temprana, la naturaleza del método axiomático formal, y especialmente, cuál era el *significado* y la *finalidad* fundamentales que encontraba en su abordaje axiomático formal a la geometría.

En primer lugar, es claro que para Hilbert su análisis axiomático de la geometría de ningún modo consistía en el estudio de las consecuencias lógicas que podían ser derivadas de un conjunto de postulados dados, en principio elegidos con completa libertad y sin un significado intrínseco. Por el contrario, una razón fundamental para realizar un análisis axiomático formal era profundizar nuestro conocimiento, y perfeccionar la claridad lógica, de una teoría matemática en un estado avanzado de su desarrollo.

En segundo lugar, en esta etapa inicial Hilbert tampoco pensaba que la tarea de llevar a cabo una axiomatización formal se limitaba exclusivamente a reducir un dominio de conocimiento determinado a un esquema de relaciones lógicas entre conceptos, cuya validez debía ser luego justificada por medio del estudio de las propiedades metalógicas del sistema de axiomas (consistencia, independencia, completitud). Antes bien, junto con aquellos conocidos criterios de adecuación establecidos para todos los sistemas axiomáticos, Hilbert encontraba además importante que el sistema de axiomas propuesto no pierda completamente su conexión con estas *fuentes originales del conocimiento geométrico*. En gran parte, este requisito se explica en virtud de que en este período inicial consideraba realmente a la geometría como una teoría matemática fundada en gran medida en la intuición y en la experiencia.

En este preciso sentido, aunque el proceso mismo de axiomatización formal consistía en una proyección desde un plano intuitivo
inicial a un nivel puramente conceptual, para Hilbert era esencial
que su sistema de axiomas conserve de algún modo un cierto *paralelismo* con el contenido intuitivo–empírico de esta teoría. La supuesta arbitrariedad con la que *en principio* podían ser elegidos los
axiomas y términos primitivos de un sistema axiomático, estaba li-
mitada *de hecho* por la exigencia de que éstos permanezcan lo más
cerca posible de los *hechos básicos de nuestra intuición geométrica*.

Es interesante observar que Hilbert reconoce la importancia de
conservar una conexión entre el sistema axiomático y los hechos
geométricos (intuitivos) básicos al dar cuenta de un aspecto concreto de su axiomatización, a saber: la utilización del *lenguaje ordinario* para la formulación de los axiomas de la geometría.

5.3. Axiomatización y lenguaje ordinario

A diferencia de otros matemáticos como Giuseppe Peano (1858–
1932) y Mario Pieri (1860–1913), quienes también en esta misma
época lograron presentar a la geometría euclídea elemental como
un sistema formal o "hipotético–deductivo"[8], en su presentación
axiomática de la geometría Hilbert decide prácticamente no utilizar ningún simbolismo o notación lógica especial, que contribuya a
facilitar la disociación entre los objetos geométricos intuitivos y los
conceptos primitivos de la nueva teoría geométrica. Por el contrario, prefirió utilizar el lenguaje ordinario para formular su sistema
axiomático, enriquecido con algunos términos técnicos; los sistemas
hilbertianos son así *sistemas axiomáticos formales no formalizados*.

Aunque en *Fundamentos de la geometría* no se encuentran mayores indicios respecto de esta decisión, Hilbert se refiere específicamente a esta cuestión en su curso de 1905. En primer lugar, su
preferencia por el lenguaje ordinario no se explica exclusivamente
en virtud de la ausencia de un simbolismo lógico adecuado para
ser utilizado en la formulación de la teoría geométrica; antes bien,
esta decisión estaba íntimamente ligada a su modo de entender la
naturaleza y la función de los sistemas axiomáticos formales, en particular en su aplicación a la geometría. Hilbert reconoce que la utili-

---

[8] Cf. (Peano 1889) y (Pieri 1899; 1900).

zación del lenguaje ordinario para formular un sistema axiomático puede generar graves confusiones y equivocaciones, si no se tiene bien en claro desde un inicio que los conceptos primitivos no tienen un significado intuitivo prefijado de antemano. Sin embargo, al mismo tiempo, sostiene que si se tiene presente este hecho fundamental de los sistemas axiomáticos abstractos, entonces el empleo del lenguaje ordinario resulta muy útil para facilitar la comprensión de la teoría axiomática y para conservar de alguna manera una referencia al contenido intuitivo original de los axiomas:

> En la ambigüedad del lenguaje, a la que aquí nos enfrentamos, reside una dificultad, que pronto en nuestras investigaciones lógicas se volverá inapropiada y generadora de confusiones. Utilizaremos todas estas expresiones como sinónimos[9], y con ellas sólo pensaremos en las relaciones establecidas por medio de los axiomas; estas relaciones, que hemos postulado para cosas abstractas del pensamiento, no tienen ningún significado intuitivo; y si de hecho utilizamos las designaciones habituales 'estar sobre', o luego 'entre', 'congruente', etc., ello sólo se debe a que a través de ellas es más fácil comprender el contenido de los axiomas, y de ese modo uno puede al final – una vez que el edificio conceptual esté completo – hacer más fácil su aplicación a los fenómenos. (Hilbert 1905b, p. 40)

La elección de los nombres geométricos habituales 'punto', 'línea' y 'plano', para referirse a los conceptos básicos del sistema de axiomas, no es de ningún modo un requisito impuesto por la concepción abstracta del método axiomático. Por el contrario, si no se advierte desde un comienzo que estas nociones primitivas no poseen un significado intuitivo concreto, dicha elección puede llegar a provocar graves confusiones. Sin embargo, Hilbert afirma que, una vez que este hecho fundamental es debidamente reconocido, el uso de los nombres habituales para designar los conceptos geométricos primitivos conlleva un beneficio de una importancia considerable para el

---

[9] "Cuando esta relación [de incidencia] tiene lugar decimos también que el punto A 'se encuentra sobre' la recta a, o que a 'pasa por' el punto A, o que a 'une' a los puntos A y B" (Hilbert 1905b, p. 38).

sistema axiomático propuesto, a saber: permite comprender mejor el "contenido original" de los axiomas y, de ese modo, conserva, por decirlo de alguna manera, un paralelismo entre el contenido intuitivo original de la geometría y el entramado conceptual. Más aún, Hilbert afirma que la utilización de un lenguaje artificial, como por ejemplo la *creación arbitraria de palabras*, para hacer más evidente el carácter formal del sistema axiomático, es un recurso legítimo pero ciertamente inadecuado en función del objetivo final de un presentación axiomática (formal) de la geometría:

> Cuando uno se pregunta por el lugar, dentro de todo el sistema, de un teorema conocido desde antaño como el de la igualdad de los ángulos de la base de un triángulo, entonces naturalmente se debe apartar de las creencias tradicionales y de la intuición, y aplicar solamente las consecuencias lógicas de los axiomas presupuestos. Para asegurarse de ello, a menudo se ha hecho la sugerencia de evitar los nombres usuales de las cosas, ya que éstos pueden desviarnos, a través de las numerosas asociaciones con los hechos de la intuición, de la rigurosidad lógica. Se ha sugerido así introducir en el sistema axiomático nuevos nombres para 'puntos', 'líneas', 'planos', etc.; nombres que recuerden solamente lo que ha sido establecido en los axiomas. Se ha propuesto incluso que palabras como 'igual', 'mayor', 'menor', sean reemplazadas por formaciones arbitrarias de palabras, como 'a–rig', 'b–rig', 'a–rung', 'be–rung'. Ello es de hecho un buen medio pedagógico para mostrar que un sistema axiomático sólo se ocupa de las propiedades establecidas en los axiomas y de nada más. Sin embargo, en la práctica este procedimiento no es ventajoso, e incluso no está realmente justificado. En efecto, uno siempre debe guiarse por la intuición al formular un sistema axiomático y uno siempre tiene a la intuición como una meta [*Zielpunkt*]. Por lo tanto, no es defecto alguno si los nombres nos recuerdan siempre, e incluso hacen más fácil recordar, el *contenido de los axiomas*, puesto que se puede evitar fácilmente la intromisión de la intuición en las investigaciones lógicas, al menos con un poco de

cuidado y práctica. (Hilbert 1905a, pp. 87–88. El énfasis
es mío)

Esta advertencia de Hilbert puede ser utilizada para contrastar
su propia concepción del método axiomático con algunas de las interpretaciones radicalmente formalistas que aparecieron poco después de la publicación de la primera edición de *Fundamentos de
la geometría*. En particular, este pasaje puede ser tomado como
una respuesta directa a las críticas formuladas de Frege en la serie de artículos que siguieron al intercambio epistolar. Como hemos
analizado en el capítulo anterior, en tanto que en el sistema hilbertiano los términos primitivos "punto", "línea", etc., no poseen una
referencia (intuitiva) fija, Frege concluye que deben ser considerados como meros símbolos vacíos, sin significado, y los axiomas que
los contienen, como meras reglas para la manipulación de signos.
Más aún, dado que para Frege los axiomas hilbertianos son pseudo–
proposiciones, cualquier axioma de su sistema es equiparable con
una formación arbitraria de palabras. Frege ridiculiza así la posición
Hilbert, al comparar su axioma "Toda recta contiene al menos dos
puntos" (I.7), con la construcción arbitraria de palabras sin ningún
sentido: "Toda anej bacea, por lo menos dos helas" (Frege 1906, p.
284).

Pasajes como el recién citado permiten apreciar con claridad la
firme oposición de Hilbert respecto de este tipo de interpretación,
formalista radical, de su método axiomático. El hecho de que la
geometría sea presentada como un sistema axiomático formal no
significaba para él, de ningún modo, que la naturaleza de esta teoría
matemática pueda ser comparada con un juego de símbolos o signos vacíos, sin significado. De la misma manera, la propuesta de
formular los axiomas de la geometría a través de construcciones
arbitrarias de palabras, carentes de todo sentido, tampoco era una
opción atendible. Aunque el resultado de una axiomatización formal de la geometría era un entramado conceptual o estructura relacional capaz de recibir distintas interpretaciones y aplicaciones,
Hilbert sostenía que uno de los objetivos centrales de su empresa
axiomática era conservar de alguna manera la relación con el conjunto de hechos geométricos intuitivos, que se encuentran en la base
de esta disciplina. Más aún, en esta etapa inicial, Hilbert estaba
ciertamente convencido de que su análisis axiomático formal contribuía en gran medida a proporcionar un fundamento conceptual

para el acervo de hechos geométricos intuitivos. En este sentido, la utilización del lenguaje ordinario en la formulación de su sistema axiomático resultaba consecuente con esta concepción axiomática de la geometría. En efecto, una vez que la naturaleza abstracta de los sistemas axiomáticos era claramente comprendida, la utilización del lenguaje ordinario constituía una herramienta muy eficaz para la compresión del "contenido" de los axiomas geométricos y para su aplicación a los diversos dominios de objetos.

La utilización del lenguaje ordinario en la formulación de su sistema axiomático para la geometría no constituía un *obstáculo* para la búsqueda de absoluto rigor en las demostraciones. Por el contrario, Hilbert pensaba que una vez que la naturaleza formal de su sistema axiomático era debidamente reconocida, el empleo del lenguaje geométrico tradicional: *i.*) facilitaba en gran medida la compresión de su teoría geométrica, *ii.*) permitía conservar cierto paralelismo con los hechos geométricos fundados en la experiencia y en la intuición, contribuyendo de ese modo a su aplicación a los fenómenos; *iii.*) hacía que el trabajo con el sistema axiomático sea más simple e intuitivo, sirviendo de ese modo al propósito de que el método axiomático sea una herramienta fecunda de investigación matemática.

5.4. Un análisis lógico de la intuición

Las relaciones que hemos analizado entre la construcción de un sistema axiomático formal para la geometría elemental y la intuición geométrica están vinculadas además con otra idea que aparece referida constantemente en estas notas de clases. Hilbert advierte explícitamente en sus cursos que un análisis axiomático formal de la geometría supone una emancipación de un nivel intuitivo original y una proyección a un nivel puramente conceptual; sin embargo, al mismo tiempo sugiere que los resultados geométricos y especialmente los *metageométricos*, alcanzados por medio de las investigaciones axiomáticas formales, conservan todavía un significado o valor para nuestra "intuición geométrica"; más precisamente, contribuyen a esclarecer el *contenido de nuestro conocimiento geométrico intuitivo*. Esta idea parece estar detrás de la caracterización de sus investigaciones axiomáticas formales como un "análisis lógico de la intuición". En la introducción del *Festschrift*, esta descripción es formulada de la siguiente manera:

> La geometría necesita para su construcción lógica – del mismo modo que la aritmética – sólo unos pocos y simples hechos fundamentales. A estos hechos fundamentales se los denomina axiomas. El establecimiento de los axiomas de la geometría y la investigación de sus conexiones es una tarea que, desde Euclides, ha sido discutida en numerosos excelentes tratados de la literatura matemática. Esta tarea consiste en el *análisis lógico de nuestra intuición espacial.* (Hilbert 1899, p. 3. El énfasis es mío.)

Esta afirmación ha sido considerada como inadecuada y confusa en el contexto de su libro de carácter puramente matemático, fundamentalmente en virtud de que los axiomas allí propuestos para la geometría euclídea conforman un sistema formal. Sin embargo, Hilbert la repite constantemente en sus cursos, indicando que se trata de un elemento importante de su concepción axiomática de la geometría.[10] Una referencia interesante al respecto se encuentra en el curso de 1898/1899, en donde explica las diferencias entre su abordaje axiomático a la geometría y los abordajes sintéticos y analíticos o algebraicos de la siguiente manera:

> A partir de lo dicho se esclarece la relación de este curso con aquellos sobre geometría analítica y geometría proyectiva (sintética). En ambas disciplinas las preguntas fundamentales no son tratadas. En la geometría analítica se comienza con la introducción del número; por el contrario nosotros habremos de investigar con precisión la justificación para ello, de modo que en nuestro caso la introducción del número se producirá al final. En la geometría proyectiva se apela desde el principio a la intuición, *mientras que nosotros queremos analizar la intuición, para reconstruirla, por decirlo de algún modo, en sus componentes particulares* [einzelne Bestandteile]. (Hilbert 1899, p. 303. El énfasis es mío.)

---

[10] Véase (Hilbert 1898/1899a, p. 303); (Hilbert 1902b, p. 541).

En un sentido estricto, las investigaciones de Hilbert son un análisis lógico de los *axiomas*, no de la intuición. Ellas nos proporcionan
un conocimiento de qué afirmaciones se siguen de ciertos axiomas
dados, y de qué afirmaciones (teoremas) no pueden ser probadas
a partir de un conjunto de axiomas en particular. Sin embargo, si
se toma en consideración la temprana concepción axiomática de la
geometría exhibida en estas notas, es posible contextualizar de un
modo más preciso su descripción del estudio axiomático formal de
la geometría como un "análisis lógico de la intuición".

Hilbert enfatiza constantemente que la intuición geométrica y
la experiencia son las primeras fuentes de nuestro conocimiento
geométrico, en gran parte en virtud de que nos proporcionan el
conjunto de hechos básicos de la geometría, que sirve como punto
de partida y guía para la axiomatización. Estas fuentes primarias de
conocimiento resultan esenciales para conseguir una axiomatización
exitosa de la geometría euclídea. Un objetivo central de su análisis
axiomático formal de la geometría consiste entonces en ofrecer una
descripción matemáticamente exacta y completa de la *estructura
lógica* de esta teoría matemática, i.e. de cuáles son las condiciones
o principios necesarios y suficientes que deben ser postulados para
construir esta teoría y de las relaciones lógicas de los axiomas entre
sí y también con los teoremas fundamentales. Empero, en tanto que
la geometría elemental se funda en gran parte en nuestra intuición
espacial, este examen axiomático proporciona al mismo tiempo un
conocimiento de las propiedades lógicas de los hechos intuitivos
fundamentales que están en la base de la geometría, y en ese sentido,
de la intuición. En sus cursos Hilbert intenta ilustrar precisamente
esta última afirmación por medio de un ejemplo concreto.

En la segunda sección del curso de 1898/1899, Hilbert formula
el grupo de axiomas de ordenación, que establece las relaciones de
orden en el plano. Este grupo de axiomas estaba compuesto ahora
por cuatro axiomas lineales y un quito axioma que establece que
toda recta divide al plano en dos regiones o semiplanos diferentes,
el cual permite probar fácilmente el famoso "axioma de Pasch" como un teorema.[11] Tal como lo repetirá luego en *Fundamentos de la
geometría*, estos axiomas representan "hechos simples u originarios

---

[11] En el *Festschrift*, Hilbert incluye al "axioma de Pasch" dentro del grupo
de axiomas de ordenación y demuestra como un teorema al axioma II.5 de
(Hilbert 1898a, 1898b).

de nuestra intuición geométrica" (Hilbert 1898/1899a, p. 380).[12]
Ahora bien, tras presentar los cinco axiomas y mencionar algunas
consecuencias inmediatas, Hilbert se propone indagar las propiedades metalógicas de estos axiomas, en particular, la independencia.
Para ello utiliza el procedimiento, que luego se volverá habitual, de
construir un "modelo aritmético" de los axiomas geométricos, que
en este contexto equivale a "interpretar" los puntos de una línea
como números reales positivos y negativos. Hilbert demuestra de
ese modo que los cuatro primeros axiomas son independientes entre sí, es decir, que ningún axioma del grupo puede ser deducido de
los restantes. Sin embargo, una vez demostrada la independencia
y la consistencia de estos axiomas, extrae la siguiente conclusión
respecto de la relación de ordenación que resulta caracterizada por
medio de este grupo de axiomas:

> 'Entre' es antes que nada una relación de un punto con
> otros dos, y recibe un contenido a través de los axio-
> mas. Si se quiere recién entonces se puede utilizar la
> palabra 'entre'. Pero no por ello debe pensarse que nues-
> tras investigaciones son superfluas. Más bien ellas son
> un *análisis lógico de nuestra facultad de la intuición*.
> (Hilbert 1898/1899b, p. 230. El énfasis es mío).

Aunque las investigaciones metageométricas sobre la independencia y la consistencia de los axiomas consisten básicamente en "rein-
terpretar" los términos y relaciones básicas de la teoría geométrica
de diversas maneras, y por lo tanto en no ligarlos de antemano a
los objetos geométricos intuitivos, es evidente que Hilbert consideraba todavía en este período inicial que su examen axiomático de
la geometría euclídea era, al mismo tiempo, *un análisis de las fuentes originales de conocimiento*, i.e. de la experiencia y de nuestra
intuición geométrica. Estas investigaciones contribuían a esclarecer qué principios y proposiciones son responsables de varias de las
partes centrales de nuestro conocimiento geométrico intuitivo. En
otras palabras, Hilbert concebía su análisis axiomático formal de la
geometría como un suerte de *reconstrucción racional o conceptual*,

---

[12] "Los axiomas de la geometría se dividen en cinco grupos; cada uno de estos
grupos expresan ciertos hechos básicos relacionados de nuestra intuición"
(Hilbert 1898/1899a, p. 4).

que suponía un abandono de toda interpretación intuitiva fija y de
la intuición geométrica en pos del procedimiento de construcción de
"modelos" (aritméticos), pero que a su vez conservaba un vínculo
con los hechos básicos de la intuición, en tanto nos permitía distinguir allí "qué elementos pertenecen a la experiencia y qué hechos
son [sus] consecuencias lógicas" (Hilbert 1898/1899b, p. 222).

Ahora bien, que el examen axiomático constituya un análisis lógico de la intuición, no significa para Hilbert que el sistema axiomático propuesto debe ser considerado como una descripción directa y
exacta de un determinado dominio intuitivo dado:

> En cierto modo hemos dado en este curso una teoría
> geométrica; deseamos ahora hacer una observación acer-
> ca de la aplicación de esta teoría a la realidad. Las pro-
> posiciones geométricas nunca son válidas en la natura-
> leza con completa exactitud, porque los axiomas nunca
> son satisfechos [*erfüllt*] por los objetos. Esta carencia en
> la correspondencia reside en la esencia de toda teoría,
> pues una teoría, que se corresponda hasta en el más
> mínimo detalle con la realidad, sería sólo una descrip-
> ción exacta del objeto. (Hilbert 1898/1899a, p. 391)

O del mismo modo, según observa Hilbert en la otra versión de
este curso de 1898/1899:

> En la esencia de toda teoría reside [el hecho] de que ella
> no se cumple con exactitud en la experiencia. Pues en
> ese caso sólo seríamos capaces de describir los hechos
> empíricos singulares [*einzelnen Erscheinungstatsache*].
> Se dice entonces a menudo que la teoría sería falsa. Pero
> ello sólo ocurre cuando [sus afirmaciones] son contradic-
> torias entre sí. (Hilbert 1898/1899b, p. 283)

Hilbert reconoce que las distintas interpretaciones empíricas que
pueden proponerse del sistema axiomático formal para la geometría
sólo pueden tener un carácter *aproximativo*. Ello significa que el
"esquema o entramado de conceptos", que es el resultado de la
axiomatización, no puede estar de ningún modo limitado por lo
que a primera vista parece estar empírica o intuitivamente justificado. En tanto que la teoría geométrica formal no se refiere de un

modo directo a la realidad [*Wirklichkeit*], no puede decirse entonces que una interpretación particular del sistema axiomático debe ser privilegiada por sobre otras. Por el contrario, la geometría puede aprender de la intuición, la observación y de la investigación empírica, pero no debe ser su esclava, incluso cuando la intuición juegue un rol decisivo en el establecimiento del conjunto de hechos que constituyen el dominio básico de la geometría. Dicho con mejor precisión: aunque en las investigaciones geométricas nos vemos guiados constantemente por la intuición geométrica y nos planteamos preguntas y problemas sugeridos por la intuición, al final *es el análisis axiomático formal el que instruye a la intuición, no al revés.*[13] Y en definitiva, el hecho de que la intuición geométrica requiera de un análisis axiomático formal, se explica en razón de que Hilbert no la considera una fuente segura o totalmente fiable de conocimiento geométrico. Esta última afirmación nos lleva a intentar precisar qué es lo que entiende Hilbert por "intuición geométrica", noción invocada con insistencia a lo largo de sus cursos.

5.5. La noción de "intuición geométrica"

Hemos anticipado en el primer capítulo (sección 1.4) que la cuestión de la naturaleza, el contenido y el estatus epistemológico de nuestra "intuición geométrica" es un problema sobre el que Hilbert no profundiza en ningún momento en sus cursos sobre geometría; ello se explica en virtud de que él mismo advierte explícitamente que se trata de un problema estrictamente filosófico que excede sus investigaciones de carácter puramente matemático.[14] Sin embargo, aunque no encontramos en las fuentes que venimos analizando una elucidación filosófica mínima de esta noción central, considero que es posible realizar algunas observaciones al respecto.

En primer lugar, en virtud de su concepción de la geometría como una *ciencia natural*, resulta lícito inferir que Hilbert entiende la naturaleza de nuestra intuición espacial en términos más bien *empiristas*; en efecto, si la intuición espacial que está detrás de

---

[13] A propósito de esta conclusión, véanse los ejemplos de las investigaciones axiomáticas de Hilbert analizados por Hallett (2008).

[14] Hilbert señala en diversas oportunidades a lo largo de sus cursos que "la pregunta, acerca de si nuestra intuición espacial tiene un origen a priori o empírico, permanecerá aquí sin discutir" (Hilbert 1899, p. 303).

nuestro conocimiento geométrico fuera pura o *a priori*, entonces la geometría podría ser considerada una teoría matemática pura en lo que respecta a sus bases o fuentes epistemológicas.

En diversas ocasiones, especialmente al referirse al *origen de los axiomas* de la geometría, Hilbert parece concebir de esta manera la intuición espacial, equiparándola con la mera observación o percepción de simples configuraciones de objetos en el espacio: "En efecto la *geometría de los antiguos* surge también de la *intuición de las cosas* [*Anschauung der Dinge*] en el espacio, tal como se ofrece en la *vida cotidiana* [*tägliches Leben*]" (Hilbert 1891a, p. 23). O del mismo modo: "El axioma corresponde a una observación, como puede verse fácilmente en las esferas, reglas y superficies de cartulina [*Pappdeckeln*]" (Hilbert 1893/1894b, p. 74). Asimismo, en cuanto a la *forma o estructura* de esta intuición espacial, en esta etapa temprana previa al surgimiento de la teoría general de la relatividad, Hilbert parece no tener dudas respecto de que la forma en la que percibimos las relaciones espaciales se corresponde exactamente con la geometría euclídea.[15]

Ahora bien, es dable notar que en diversos pasajes de sus cursos citados anteriormente, Hilbert distingue la *experiencia* y la *intuición geométrica* como dos fuentes distintas, complementarias pero independientes, de nuestro conocimiento geométrico.[16] Ello permitiría pensar que concibe la intuición geométrica al mismo tiempo en un sentido más bien diferente al anterior.

En mi opinión, Hilbert también se refiere a la "intuición geométrica" en un sentido un poco más sutil, ligado más bien a la *práctica matemática*. La intuición geométrica en este sentido puede ser concebida como una cierta habilidad o capacidad, que puede ser instruida y desarrollada, para percibir o captar inmediatamente re-

---

[15] Véase especialmente (Hilbert 1893/1894b, pp. 119–120) y (Hilbert 1905b, p. 67). Corry (2004; 2006) ha analizado cómo la teoría general de la relatividad, en particular las novedosas relaciones entre la gravitación y la geometría establecidas por esta teoría, afectaron la imagen de la geometría defendida por Hilbert.

[16] Corry (2006) sostiene que, aunque el propio Hilbert aclara que no se pronunciará sobre esta cuestión, esta diferenciación entre experiencia e intuición permitiría pensar que ésta última reviste un carácter *a priori*, en un sentido kantiano. Por otro lado, Torres (2009) y Majer (2006) analizan la postura de Hilbert en esta primera etapa geométrica, en comparación con la filosofía de la geometría de Kant.

laciones geométricas fundamentales exhibidas generalmente en las construcciones geométricas y diagramáticas. Este modo de entender la intuición geométrica tiene lugar en el contexto del estudio y la práctica de la geometría en un nivel "informal" o "intuitivo", cuando los objetos geométricos primitivos ('puntos', 'líneas', 'planos', etc.) y las relaciones básicas son concebidas efectivamente a partir de su significado geométrico intuitivo habitual. La "intuición geométrica", en este segundo sentido, está así ligada al razonamiento geométrico fuertemente basado en diagramas que es propio de lo que Hilbert y Bernays (1934) llaman más tarde "axiomática material" [*inhaltliche Axiomatik*]; especialmente al tipo de razonamiento diagramático que sigue la tradición iniciada por los *Elementos* de Euclides. Más aún, una característica esencial de la "intuición geométrica", de acuerdo con este segundo sentido, consiste en la capacidad de *visualizar* diversas configuraciones de objetos y situaciones geométricas fundamentalmente a partir de la utilización de figuras y diagramas, por medio de los cuales es posible una comprensión más inmediata del *contenido*[17] de las proposiciones (axiomas, teoremas, etc.) geométricas.

Desde mi punto de vista, Hilbert tiene en mente esta noción más refinada cuando subraya una y otra vez la importancia capital de la intuición geométrica para una axiomatización (formal) exitosa de la geometría elemental. Un claro ejemplo es el pasaje antes citado correspondiente a las notas de clases para su curso de 1905:

> Uno siempre debe guiarse por la intuición al formular un sistema axiomático y uno siempre tiene a la intuición como una meta [*Zielpunkt*]. Por lo tanto, no es defecto alguno si los nombres nos recuerdan siempre, e incluso hacen más fácil recordar, el *contenido de los axiomas,*

---

[17] Analizando las discusiones en torno a la exigencia de la "pureza del método" en las investigaciones axiomáticas de Hilbert en el campo de la geometría, Arana y Mancosu (2012) distinguen entre una noción "informal" o "intuitiva" y otra "formal" del contenido de una proposición geométrica (axioma, teorema, etc.). El contenido de una proposición geométrica que se vuelve inmediatamente accesible a través de la intuición geométrica se corresponde así con la primera noción "informal" o "intuitiva", con lo que se alude a lo que "alguien con un entendimiento casual de la geometría sería capaz de comprender" (Arana y Mancosu 2012, p. 327). En cambio, la noción formal del contenido de una afirmación se identifica con "el rol inferencial de una proposición dentro de un sistema axiomático" (Íbid.).

puesto que se puede evitar fácilmente la intromisión de
la intuición en las investigaciones lógicas, al menos con
un poco de cuidado y práctica. (Hilbert 1905a, p. 8. El
énfasis es mío)

La intuición que sirve como guía y que debe ser tenida como
una meta [*Zielpunkt*] en el proceso de la construcción de un sistema axiomático formal para la geometría (elemental) es la intuición
geométrica que es ejercitada en el *razonamiento geométrico basado
en diagramas*[18] que tiene lugar originalmente en el contexto de *la
axiomática material*, en donde los objetos y relaciones básicas de la
geometría están ligados a su significado 'intuitivo' habitual.[19]

Esta relevancia epistemológica de la axiomática material para la
axiomática formal, determinada a través del papel significativo que
se le atribuye a la intuición geométrica, no es un elemento que se
circunscribe a su temprana concepción axiomática de la geometría,
sino que es un aspecto que Hilbert resalta explícitamente en una
etapa posterior de sus trabajos sobre los fundamentos de la matemática:

La axiomática formal requiere necesariamente de la axiomática material como su complemento [*Ergänzung*], pues
esta última proporciona en primer lugar la guía en la
elección del formalismo; más aún, también [la axiomática material] aporta la indicación de cómo debe ser aplicada una teoría formal dada a un dominio de lo real
[*Gebiet der Tatsächlichkeit*]. (Hilbert y Bernays 1934,
p. 2)

Finalmente, el papel que Hilbert le asigna a la intuición geométrica en su temprana concepción axiomática de la geometría sin dudas
contribuye a que su naturaleza y estatus epistemológico no sean
debidamente especificados y mínimamente esclarecidos. En efecto,

---

[18] Sobre la posición de Hilbert respecto del uso de diagramas en matemática, particularmente en relación al razonamiento basado en diagramas que
propone Minkowski en su obra *Geometrie der Zahlen* (1896), puede verse
(Smadja 2012).

[19] Quizás esta misma noción de intuición geométrica es ilustrada posteriormente por Hilbert en su libro – en coautoría Cohn-Vossen – *Anschauliche
Geometrie* (1932).

aunque la intuición es esencial para el establecimiento del conjunto de hechos geométricos fundamentales y sirve de guía en el proceso de axiomatización, es el análisis axiomático formal lo que en última instancia proporciona la justificación epistemológica de nuestro conocimiento geométrico. Por consiguiente, la concepción axiomática formal defendida por Hilbert es *compatible* con distintas maneras de concebir el contenido y el estatus epistemológico de nuestra intuición espacial.[20]

5.6. Consideraciones finales

El objetivo de las dos primeras partes de este libro ha sido reconstruir y analizar la temprana concepción axiomática de la geometría de Hilbert, utilizando principalmente sus notas manuscritas de clases para cursos sobre geometría. Estas fuentes nos han permitido reconocer una serie de consideraciones filosóficas y reflexiones metodológicas que subyacen a su axiomatización formal de la geometría euclídea, pero que sin embargo no resultan fácilmente reconocibles en el contexto de la exposición de carácter estrictamente matemático en *Fundamentos de la geometría*. Es oportuno realizar un breve repaso de los resultados que hemos alcanzado hasta el momento.

En primer lugar, esta concepción experimenta una suerte de evolución desde el primer trabajo que Hilbert dedica a la geometría en 1891, hasta la discusión más detallada y completa sobre los fundamentos axiomáticos de la geometría que encontramos en este período inicial, correspondiente a un curso dictado en 1905. En sus primeros cursos, Hilbert todavía caracteriza la geometría de un modo tradicional, al definirla como la ciencia que estudia las propiedades o forma de las cosas en el espacio. Los cursos posteriores exhiben, en cambio, una concepción axiomática abstracta de la geometría completamente desarrollada. Asimismo, esta concepción formal del método axiomático estuvo acompañada por una posición empirista, según la cual los hechos básicos sobre los que se

---

[20] El estatus de la "intuición" es un problema que Hilbert tampoco resuelve definitivamente en su posterior programa 'finitista' para la fundamentación de la aritmética y el análisis (Cf. Mancosu 2010, cap. 2). Sin embargo, el papel que esta noción desempeña allí es diferente al que hemos identificado en la etapa geométrica, en tanto la intuición resulta ahora fundamental en la justificación epistemológica del conocimiento metamatemático.

construye la geometría provienen de la experiencia y de una suerte
de "intuición geométrica". Hilbert sostiene que la geometría es la
"ciencia natural más completa", cuya diferencia fundamental respecto de otras teorías físicas reside únicamente en su avanzado estado de desarrollo. Empero esta posición empirista no es radicalizada
exigiendo que todos los conceptos y leyes básicas de la geometría
tengan un correlato empírico observable, sino que más bien se circunscribe a afirmar que esta teoría es, sólo en cuanto a su origen,
una ciencia natural.

Podemos concluir que la imagen de la geometría y la concepción
del método axiomático formal que presenta aquí Hilbert se oponen
claramente a las posiciones radicalmente formalistas, con las que
ha sido habitual identificarlo en las exposiciones de carácter más
general. Poco tiene que ver el modo en que Hilbert entiende la naturaleza y la función del método axiomático formal, en particular
en su aplicación a la geometría, con la concepción según la cual la
matemática consiste en un sentido estricto en una colección de sistemas deductivos completamente formalizados, construidos a partir
de un conjunto de principios o axiomas arbitrariamente escogidos
y sin un significado intrínseco. Por el contrario, un aspecto central
de la temprana concepción axiomática de la geometría consiste en
conceder un papel relevante a las fuentes primarias de conocimiento geométrico – i.e. la experiencia y la intuición, en el proceso de
axiomatización formal de la geometría elemental. En este respecto, Hilbert conserva todavía una cierta actitud tradicional respecto
de la naturaleza del conocimiento geométrico, que lo diferencia de
otros partidarios de la concepción axiomática abstracta de la matemática surgida en las postrimerías del siglo XIX y en los inicios
del siglo XX, como por ejemplo, Peano y Hausdorff.

Por otra parte, la llamada interpretación *formalista moderada*
describe correctamente el cambio conceptual introducido por Hilbert en la idea de axiomática, en esta etapa temprana dedicada a los
fundamentos de la geometría. Para Hilbert las teorías matemáticas
axiomatizadas no conforman un conjunto de proposiciones verdaderas acerca de un determinado dominio (intuitivo) fijo de objetos, sino que constituyen un entramado de relaciones lógicas entre
conceptos, capaz de recibir diversas interpretaciones. En tanto que
el objeto propiamente dicho de investigación matemática es el entramado de conceptos, Hilbert reconoce que una parte central de

nuestro conocimiento matemático se refiere a las "relaciones lógicas" entre las proposiciones de una teoría. El análisis axiomático no se centra así en la "verdad" de los enunciados de una teoría, sino más bien en sus relaciones o conexiones lógicas. Éstas últimas comprenden *a)* las relaciones lógicas de varias partes de la teoría, *b)* el modo en que los axiomas se combinan para probar teoremas y *c)* la relación inversa (o de independencia) entre los teoremas y los axiomas. Hilbert lo señala de la siguiente manera, en un texto bien posterior:

> De este modo llegamos a comprender que lo fundamental del método axiomático no consiste en la adquisición de una certeza absoluta, que es transferida de los axiomas a los teoremas por medio de una vía lógica; por el contrario, [lo esencial] reside en la investigación de las relaciones lógicas, que es independiente de la pregunta por la verdad objetiva. (Hilbert 1921/1922, p. 3)

Sin embargo, al mismo tiempo en sus cursos se destacan aspectos importantes de su concepción axiomática, que esta lectura formalista moderada no llega a capturar. Para Hilbert la función y la utilidad del método axiomático no se *limitaban solamente a reducir distintas teorías matemáticas a estructuras relacionales o esquemas conceptuales.* Por el contrario, y especialmente en el caso de la geometría, el método axiomático era concebido como una herramienta o instrumento eficaz para echar luz sobre las fuentes originales del conocimiento geométrico. En esta etapa temprana, Hilbert reitera constantemente que el origen de la geometría elemental se encontraba en investigaciones intuitivas e incluso empíricas, y que una función importante del método axiomático formal es instruir a esta intuición, por medio de un estudio de las relaciones y propiedades lógicas de las proposiciones originalmente intuitivas, que la misma intuición es incapaz de llevar a cabo. Aunque esta convicción excedía, por decirlo de algún modo, la concepción formal del método axiomático, Hilbert creía que la proyección de la esfera intuitiva a la esfera conceptual, llevada a cabo gracias al análisis axiomático formal, no significaba un abandono total de la primera; por el contrario, estaba todavía convencido de que un análisis axiomático de la geometría era al mismo tiempo un análisis sistemático y completo de lo que, en el fondo, proporciona la fuente y guía fundamental de nuestro conocimiento geométrico, a saber, la intuición y la experiencia.

Por último, aunque por lo general Hilbert se refiere a la "intuición geométrica o espacial" sin explicitar demasiado su significado y sin utilizar el término de un modo consistente, hemos identificado al menos dos sentidos diferentes en los que se alude a dicha noción. Por un lado, Hilbert concibe la intuición espacial en términos más bien empiristas, equiparándola con la percepción u observación de simples configuraciones de objetos en el espacio. Por otro lado, la "intuición geométrica" parece ser también entendida en un sentido más refinado, ligado a la práctica matemática, en donde es concebida como una cierta habilidad o capacidad, que puede ser instruida y desarrollada, para percibir relaciones geométricas fundamentales exhibidas generalmente en las construcciones geométricas o diagramáticas. La cuestión de la naturaleza y el estatus epistemológico de nuestra "intuición geométrica" es un problema sobre el que Hilbert no se pronuncia en estos cursos sobre geometría, en parte debido a que se trata de un problema filosófico que excede los límites de sus investigaciones axiomáticas de carácter puramente matemático. Y este hecho quizás se explica en virtud de que, en sus notas de clases, Hilbert presenta la concepción axiomática de la geometría que subyace a su trabajo de carácter matemático en *Fundamentos de la geometría*, pero no elabora una filosofía de la geometría de manera sistemática.

Parte III.

Metageometría

CAPÍTULO 6

Aritmetizando la geometría desde dentro

6.1. Introducción

En los capítulos precedentes hemos visto que Hilbert sostiene, al igual que muchos matemáticos hacia fines del siglo XIX, que las diferentes bases epistemológicas de la aritmética y la geometría hacen que el número y los procesos recursivos resulten algo extraño o ajeno a la geometría. Desde un punto de vista epistemológico, resultaba deseable lograr que el número no desempeñe un papel central en la fundamentación de la geometría. El problema del papel del número en geometría captó así la atención de Hilbert por el problema de los fundamentos de la geometría desde una etapa bien temprana. Sin embargo, este problema no sólo tenía una dimensión metodológica, asociada al requerimiento de la pureza del método, sino además una clara dimensión epistemológica ligada al carácter peculiar de la geometría como una teoría matemática mixta, fundada en el experiencia y la intuición. Asimismo, la pregunta por el papel del número en la geometría se traducía en problemas matemáticos bien concretos: en primer lugar, en el estudio de cómo se realizaba la introducción del número en las distintas teorías geométricas a partir de la construcción de un sistema adecuado de coordenadas; en segundo lugar, en el análisis (axiomático) del lugar que ocupan en la estructura deductiva de estas teorías aquellos axiomas en donde los supuestos numéricos resultan más evidentes, i.e. los axiomas de continuidad.

Estos problemas están luego íntimamente ligados a una de las contribuciones técnicas más importantes desarrolladas en *Fundamentos de la geometría*, a saber: el cálculo de segmentos [*Streckenrechnung*]. Hilbert mostró cómo era posible definir las operaciones de suma y multiplicación de segmentos lineales de un modo puramente geométrico y al mismo tiempo probó, recurriendo a los teoremas clásicos de Desargues y Pascal, que estas operaciones satisfacían todas las propiedades de un cuerpo ordenado. Esta construcción puramente geométrica de un conjunto que satisface la estructura de un cuerpo ordenado le permitió reconstruir la clásica teoría euclídea de las proporciones y de los triángulos semejantes, la cual finalmente le sirvió para llevar a cabo una *aritmetización interna o "desde dentro" de la geometría.*

La importancia del cálculo de segmentos fue reconocida inmediatamente y ha sido mencionada a menudo como una contribución importante a los fundamentos de la geometría.[1] Sin embargo, en este capítulo veremos que éste no sólo fue un resultado matemático destacado, sino que además Hilbert le confirió una gran relevancia metodológica y epistemológica. En particular, argumentaré que para Hilbert su cálculo de segmentos ponía de manifiesto uno de los rasgos o características más novedosas y atractivas de su nuevo método axiomático formal, desde un punto de vista matemático. Este rasgo consistía en la capacidad del método axiomático de *descubrir y exhibir conexiones internas o estructurales entre teorías matemáticas de muy diversa índole y así contribuir a la unidad del conocimiento matemático.* En este sentido, Hilbert enfatizó que el método axiomático no sólo debía ser concebido como un instrumento eficaz para presentar una teoría matemática de un modo más perspicuo y lógicamente preciso, sino además – y aun no menos importante – como una herramienta sumamente fecunda para el descubrimiento de nuevos resultados matemáticos.

---

[1] La importancia del cálculo de segmentos de Hilbert es mencionada en los artículos clásicos de Blumenthal (1935) y Freudenthal (1957). En cuanto a la recepción inmediata, Hessenberg (1905) y Hölder (1911) construyeron nuevos cálculos de puntos y segmentos basándose en las ideas originales de Hilbert. Desde un punto de vista más filosófico, la relevancia de este resultado ha sido destacada por Webb (1980) y Rowe (2000). Finalmente, Hartshorne (2000) resalta la importancia de los resultados alcanzados por Hilbert y los presenta de acuerdo con una forma más contemporánea.

El capítulo está organizado de la siguiente manera: en la primera sección (6.2) analizo brevemente los antecedentes del problema
de la "introducción del número" en geometría, a propósito de las
discusiones en torno a la definición de un sistema de coordenadas para la geometría proyectiva. Seguidamente (6.3), utilizo los
manuscritos de Hilbert para enfatizar el significado metodológico
y epistemológico que este autor le confirió a este problema, y en
particular, la importancia del método axiomático para encontrar
una respuesta a esta cuestión central para los fundamentos de la
geometría. Es decir, en este apartado, analizo una serie de consideraciones vertidas por Hilbert en sus notas de clases, en donde resalta
la importancia de que la introducción de los números en geometría
no sea llevada a cabo como una imposición desde fuera, sino más
bien desarrollando desde dentro una estructura equivalente a la de
los números (reales), o sea, de un modo puramente geométrico. A
continuación (6.4), presento el cálculo de segmentos elaborado por
Hilbert en el capítulo III de la primera edición *Fundamentos de
la geometría* (Hilbert 1899) – i.e., el cálculo de segmentos basado
en el teorema de Pascal – y analizo cómo este resultado puede ser
utilizado para introducir un sistema de coordenadas dentro de la
geometría. Finalmente (6.5), señalo una serie de consecuencias, de
carácter epistemológico y metodológico, que se siguen de esta contribución de Hilbert. En particular, argumento que, para Hilbert,
estas investigaciones axiomáticas no sólo permitían descubrir nuevas conexiones entre la geometría y la aritmética, sino que además
constituían un claro ejemplo de *la unidad esencial de la matemática*.

6.2. Coordenadas y continuidad

El problema de determinar el papel que desempeñan los principios de continuidad en la estructura deductiva de la geometría
euclídea fue un tema central en las investigaciones axiomáticas de
Hilbert sobre los fundamentos de la geometría. Esta importancia
ha sido a menudo reconocida y permite identificar una serie de
problemas matemáticos concretos que en gran medida motivaron
estas investigaciones. Un punto de partida de estos problemas se
encuentra en la presentación de la geometría proyectiva llevada a
cabo por von Staudt, cuya importante obra *Geometrie der Lage*
(von Staudt 1847) determinó una etapa fundamental en la histo-

ria de esta teoría geométrica. Según lo visto anteriormente[2], uno de los méritos fundamentales de esta obra consistió en presentar a la geometría proyectiva como una *teoría autónoma*, que no requiere de ninguna consideración métrica para su construcción. Uno de los elementos claves del método de von Staudt consistió en renunciar al invariante proyectivo fundamental de la razón cruzada o anarmónica de cuatro puntos colineales[3] para definir la relación de proyectividad entre formas fundamentales[4], tal como resultaba habitual en los trabajos de Möbius, Chasles y Steiner. En cambio, von Staudt proporcionó una definición puramente gráfica del conjugado armónico de un punto relativo a otros dos puntos, para lo cual utilizó una propiedad exhibida en la construcción del cuadrilátero (cuadrángulo) completo.

En su libro Von Staudt describe la construcción del cuadrilátero completo de la siguiente manera: Sean A, B, C tres puntos dados sobre un recta, y sea E un punto cualquiera no incidente con dicha recta. Trácese la recta AE y tómese un punto G cualquiera sobre dicha recta, distinto de A o E. Trácense las rectas CG y EB; llamamos F al punto donde se encuentran las rectas CG y EB. Trácense las rectas AF y BG, y sea H el punto donde estas dos rectas se intersecan. Finalmente, trácese la recta EH. Luego, las rectas EH y ABC se encontrarán en un punto D.[5] Esta construcción del cuadrilátero completo permite determinar el cuarto punto D de una cuaterna armónica consistente en los puntos A, B, C y D (figura 6.1).

Los cuatro puntos A, B, C, D sobre la línea a se denominan usualmente cuaterna armónica, aunque von Staudt los designa sim-

---

[2] Cf. capítulo 1, sección 1.3.1.

[3] La razón cruzada o anarmónica de cuatro puntos colineales A, B, C, D es la cantidad $\frac{CA}{CB} / \frac{DA}{DB}$, donde la línea en cuestión está dotada de una ordenación, de modo que esta cantidad sea positiva o negativa de acuerdo a dicha orientación. Desargues fue el primero en observar que la razón cruzada es un invariante proyectivo. Sin embargo, definido de esta manera, este concepto proyectivo básico suponía la posibilidad de medir la distancia entre dos puntos cualesquiera antes de calcular la razón cruzada, con lo cual un concepto métrico se colocaba en la base de la geometría proyectiva.

[4] Von Staudt llama formas fundamentales uniformes o de la primera especie a la recta, considerada como un conjunto de puntos, al haz de rectas (en el plano) y al haz de planos.

[5] Cf. (von Staudt 1847, §13).

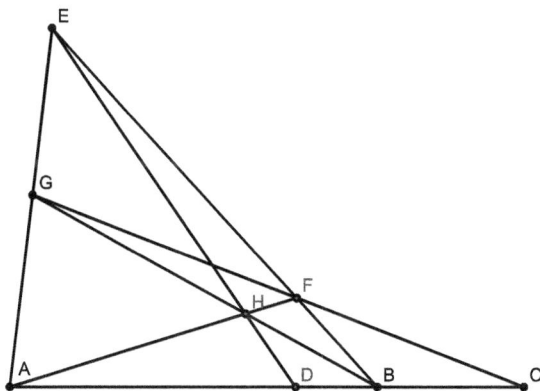

Figura 6.1.: Construcción del cuadrilátero completo de Staudt.

plemente formas armónicas.[6] De la misma manera, los puntos A y C separan armónicamente a los puntos B y D, de donde se sigue que estos dos últimos puntos son los armónicos conjugados de A y C. Asimismo, es importante mencionar que, una vez que los tres puntos colineales A, B, C son dados, la posición del cuarto armónico D se determina de manera *única*, es decir, independientemente de la elección de los puntos E y G. La unicidad de esta construcción estaba garantizada por el teorema de Desargues, que von Staudt demuestra fácilmente en tanto se sitúa en el espacio.[7] Más precisamente, von Staudt demuestra la unicidad del cuarto armónico utilizando el teorema de Desargues y *su recíproco*. Dada la importancia de estos teoremas, los recordamos a continuación:

Primer teorema de Desargues. Si los lados correspondientes de

[6] Dos pares de líneas o dos pares de planos, separados armónicamente, también constituyen formas armónicas. Es decir, una cuaterna armónica proyectada a partir de un punto S forma un haz armónico de líneas, mientras que de una sección sobre un haz armónico de líneas se obtiene una cuaterna armónica. Y del mismo modo puede definirse un haz de planos.

[7] Esta aclaración es pertinente, dado que sobre la demostración del teorema de Desargues se centran muchas discusiones metodológicas. Puntualmente, la cuestión central es la siguiente: mientras que el teorema de Desargues se refiere a propiedades de incidencia entre líneas en el plano, para su demostración sin embargo hay que recurrir a una construcción *en el espacio*. Respecto de las discusiones metodológicas en torno al teorema de Desargues, véase (Hallett 2008) y (Arana y Mancosu 2012).

dos triángulos $\triangle ABC$ y $\triangle A'B'C'$ se intersecan en los puntos A'', B'' y C'' pertenecientes a una misma recta, las rectas que unen los vértices correspondientes se cortarán en un mismo punto. (Figura 6.2)

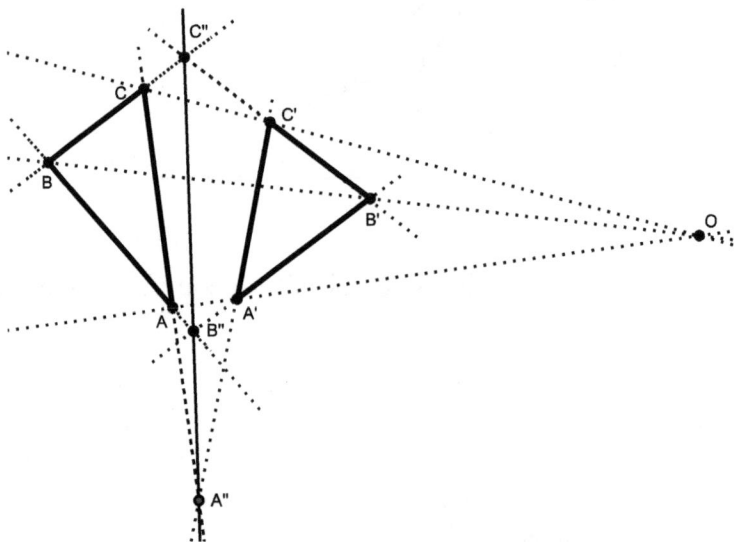

Figura 6.2.: Teorema de Desargues (en el plano).

Segundo teorema de Desargues. Si las rectas que unen los vértices de dos triángulos $\triangle ABC$ y $\triangle A'B'C'$ se cortan en un mismo punto, los lados correspondientes de estos triángulos se intersecarán en puntos pertenecientes a una misma recta.

Von Staudt generaliza además la noción de cuaterna armónica de modo que cubra a los elementos de un haz de rectas o un haz de planos, consiguiendo de ese modo una definición general de la correspondencia proyectiva entre dos formas fundamentales de la primera especie como una correspondencia (biunívoca) que conserva las cuaternas armónicas. A esta formulación le sigue un teorema que, dado el papel central que cumple en el desarrollo de su teoría, fue designado poco después *teorema fundamental de la geometría proyectiva*: "Si dos formas fundamentales uniformes proyectivas tienen tres elementos en común, entonces todos sus elementos correspondientes son comunes" (von Staudt 1847, p. 50).

Para demostrar el teorema fundamental von Staudt señaló que sólo se necesitaba probar el caso particular en el que las dos formas uniformes sean rectas, es decir, que dadas dos rectas cualesquiera, existe una y sólo una aplicación proyectiva que correlaciona a tres puntos cualesquiera de la primera línea con tres puntos cualesquiera de la segunda línea, en un orden dado. En tanto von Staudt caracterizó la correspondencia entre formas fundamentales sin utilizar la noción – definida apelando a consideraciones métricas – de razón anarmónica, su demostración del teorema fundamental estaba basada estrictamente en propiedades de incidencia de puntos, rectas y planos. Una consecuencia notable del método presentado por von Staudt fue que por primera vez se contó con las herramientas conceptuales necesarias como para definir *coordenadas numéricas de manera puramente proyectiva.*[8]

A pesar de la importancia de estos resultados, la demostración del teorema fundamental propuesta por von Staudt fue considerada posteriormente defectuosa, debido a que suponía implícitamente la propiedad de continuidad lineal. Al recurrir a la construcción de los armónicos conjugados por medio del cuadrilátero completo, la demostración original de von Staudt aseguraba la existencia de una correspondencia proyectiva, sólo en el caso de que las rectas fueran racionales. En cambio, para probar que, dados tres pares de elementos correspondientes, *siempre* existe una correspondencia proyectiva entre todos los elementos correspondientes, se necesitaba además que la construcción del cuarto armónico arroje como resultado una sucesión de puntos que penetre cada segmento de la recta. La demostración llevada a cabo por von Staudt suponía así un axioma que asegure la continuidad lineal, una condición que era asumida de un modo implícito.[9] Esta crítica fue formulada inicialmente por Klein (1873), aunque ciertamente de un modo confuso, en un célebre artículo que motivó un importante número de trabajos dedicados a dilucidar este problema.[10] El mérito de Klein fue haber notado

---

[8] Sobre el método de von Staudt para definir coordenadas véase (Nabonnand 2008b).

[9] Cf. (von Staudt 1847, pp. 50-52). Un análisis de la demostración original de von Staudt se encuentra en (Nabonnand 2008a, cap. 7) y (Voelke 2008, p. 251-252).

[10] Cf. (Klein 1873, pp. 132-145). Poco después Klein (1874) ensayó una solución utilizando el reciente "axioma de Cantor" que postula que a cada número real le corresponde un punto sobre la recta (Cf. Cantor 1872, p. 128). En

que el problema en cuestión era de una naturaleza topológica, a la vez que puso de manifiesto la existencia de supuestos implícitos importantes no sólo en la demostración del teorema fundamental de la geometría proyectiva, sino incluso en los teoremas clásicos de Pappus (o Pascal) y Desargues.

La idea de que un axioma de continuidad lineal era imprescindible para demostrar el teorema fundamental de la geometría proyectiva, y por lo tanto para definir un sistema de coordenadas, fue formulada con más claridad por el matemático francés Gaston Darboux (1842–1917), en una carta dirigida a Klein y publicada luego en los *Mathematische Annalen*.[11] Asimismo, a partir de las críticas iniciales de Klein al método de Von Staudt, la gran mayoría de los geómetras de la época siguieron al primero en este punto, defendiendo la necesidad de postular un axioma de continuidad lineal. Sin embargo, una excepción a esta posición fue presentada por Pasch (1882).

El trabajo de Pasch constituye la primera exposición general de la geometría proyectiva en forma axiomática, inaugurando una nueva etapa en el desarrollo de esta teoría. Por razones más bien ligadas a su concepción radicalmente empirista de la geometría que a motivos puramente matemáticos, Pasch buscó evitar que los axiomas de continuidad cumplan un papel importante en su construcción de la geometría proyectiva.[12] De ese modo, recién en la última sección del libro se recurre a una versión proyectiva del axioma de continuidad de Weierstrass sobre la existencia de un punto límite para mostrar cómo es posible obtener una correspondencia biunívoca entre los puntos de la línea proyectiva y los números reales.[13] Por el contrario, utilizando su nuevo sistema de axiomas, Pasch consiguió pro-

---

esta época la noción de continuidad se volvió además mucho más precisa gracias a los trabajos de Weierstrass, Dedekind y Cantor sobre el conjunto de los números reales.

[11] Cf. (Darboux 1880).

[12] "El axioma, por medio del cual Klein completó la laguna en la fundamentación de la proyectividad de Staudt, aparece en el teorema recién formulado [i.e. el axioma de Weierstrass]. Pero aceptarlo como un axioma no se corresponde sin embargo con las intuiciones a las que aquí nos sometemos. En tanto que una observación de ningún modo puede estar referida a un número infinito de cosas, la aceptación de aquel teorema no puede ser por ello mismo permitida desde nuestro punto de vista" (Pasch 1882, p. 126).

[13] Cf. (Pasch 1882, §23). El axioma de continuidad de Weierstrass sobre la existencia de puntos límites es formulado en (Pasch 1882, p. 126).

porcionar una prueba para el teorema fundamental en donde no se utilizaba ningún axioma de continuidad lineal, basándose en cambio en sus axiomas de congruencia, entre los cuales se encontraba una versión proyectiva del axioma de Arquímedes.[14]

Aunque Pasch logró mostrar que el teorema fundamental podía ser demostrado de un modo riguroso sin la necesidad de postular un axioma de continuidad lineal, su prueba resultó en cierta medida insatisfactoria, en tanto suponía que la teoría de la congruencia constituía la base en la fundamentación de la geometría proyectiva. El propio Pasch reconoció que si esta última condición quería ser evitada, entonces se debía apelar al axioma de continuidad de Weierstrass para poder probar el teorema fundamental.[15]

La cuestión central del debate era así determinar si efectivamente un axioma de continuidad lineal era imprescindible para probar el teorema fundamental de la geometría proyectiva, y del mismo modo, para la introducción de un sistema de coordenadas adecuado. Entre los geómetras que siguieron la propuesta de Pasch e intentaron desarrollar la geometría proyectiva reduciendo a un mínimo la utilización de principios de continuidad, se destacan las contribuciones de dos autores particularmente importantes para Hilbert: Hermann Wiener y Friedrich Schur. En la conferencia de 1891 que hemos analizado en el primer capítulo[16], Wiener sostuvo que sería posible utilizar los axiomas de Desargues y Pascal – a los que bautizó "teoremas de incidencia" [*Schliessungssätze*] – para probar el teorema fundamental de la geometría proyectiva.[17] Dado que estos teoremas de incidencia no requerían en principio de la aceptación de ningún axioma de continuidad, Wiener propuso que toda la geometría proyectiva podía ser construida sin apelar a este tipo de condiciones. En la conferencia de 1891 no encontramos demostración alguna para estas dos afirmaciones, sin embargo dos años después, en una segunda conferencia en donde se analizan las implicaciones de estas ideas para la geometría afín y euclídea, Wiener probó que el teorema de Pascal podía ser demostrado utilizando sólo los axiomas de congruencia de Pasch y el axioma de las paralelas, y sin

---

[14] (Pasch 1882, p. 105).

[15] Cf. (Pasch 1882, p. 125). Sobre el procedimiento de Pasch pueden consultarse (Contro 1976) y (Voelke 2008).

[16] Capítulo 1, sección 1.5.

[17] Cf. (Wiener 1891, p. 47).

apelar por lo tanto a ningún axioma de continuidad, en particular al axioma de Arquímedes.[18] En una nota sugirió además que de esta misma manera podía ser demostrado el teorema fundamental de la geometría proyectiva.[19]

Esta última sugerencia fue investigada por Schur, quien en 1898 logró demostrar el teorema de Pascal en el plano exclusivamente sobre la base de los teoremas de congruencia en el espacio, y utilizando luego este teorema, proporcionó una nueva demostración del teorema fundamental.[20] Los resultados alcanzados por Schur impresionaron notablemente a Hilbert, quien inmediatamente hizo de la tarea de determinar el papel que desempeñan los principios de continuidad – particularmente el de Arquímedes, uno de los temas centrales de su nuevo abordaje axiomático formal a la geometría.[21] Más precisamente, el hecho de que los teoremas de Desargues y Pascal cumplían un papel central en el procedimiento de von Staudt para introducir coordenadas en la geometría proyectiva era, como hemos visto, una cuestión bien conocida en la última década del siglo XIX. Sin embargo, lo que nadie antes de Hilbert fue capaz de percibir fue la posibilidad de *utilizar estos teoremas para introducir coordenadas en la geometría euclídea desde dentro*. Ello significaba construir nuevos puentes, por medio del método axiomático, entre las geometrías sintéticas y las geometrías analíticas construidas sobre diversos cuerpos de números.

---

[18] Cf. (Wiener 1893).

[19] Cf. (Wiener 1893, p. 72).

[20] Cf. (Schur 1898).

[21] Conocemos la relevancia que tuvieron para Hilbert estos resultados gracias a sus propias declaraciones. Como lo ha mostrado Toepell (1985; 1986), en una carta dirigida a su amigo Hurwitz, Hilbert reconoce estar al tanto del descubrimiento de Schur:

> Recientemente Schur ha probado, en una carta a Klein, que con ayuda de los teoremas del congruencia en el espacio, el teorema de Pascal en el plano para un par de líneas puede ser demostrado, es decir, sin ayuda del axioma de Arquímedes. Esta carta, sobre la cual Schönfiels ha hecho una presentación en la sociedad de matemáticos [de Göttingen], me ha motivado para que retome mis anteriores reflexiones acerca de los fundamentos de la geometría. (Hilbert a Hurwitz, 16 de marzo de 1898)

Esta carta es reproducida íntegramente en (Toepell 1985).

6.3. Geometría y número: el programa de Hilbert

En el primer capítulo (sección 1.3) hemos visto que las discusiones metodológicas entre los geómetras sintéticos puros y los geómetras analíticos constituyeron un trasfondo importante en el abordaje axiomático a la geometría llevado a cabo por Hilbert. Especialmente, nuestro matemático entendía que este debate, intensamente mantenido en Alemania en la primera mitad del siglo XIX, planteaba el problema de fondo de proporcionar una explicación adecuada respecto del *papel del número en geometría*. Dicho de otro modo, esta controversia planteaba el problema de determinar en qué medida era necesaria, y cómo se justificaba desde el punto de vista de los fundamentos, la introducción del número en geometría.

Esta pregunta estaba además unida a otra preocupación de Hilbert a la hora de abordar el problema de los fundamentos de la geometría. Con el objetivo fundamental de mostrar que la geometría podía ser considerada justificadamente como una teoría matemática *auto–suficiente*, resultaba esencial que su construcción axiomática proceda de manera autónoma o independiente, es decir, que en ella no se utilicen conceptos y supuestos provenientes de otras teorías matemáticas, como la aritmética, el análisis, o incluso la mecánica. Este requerimiento puede ser percibido en diversos aspectos de su abordaje axiomático a la geometría, aunque en este capítulo me centraré en uno en particular.[22]

La preocupación por este problema se tradujo en el hecho de que, en *Fundamentos de la geometría*, Hilbert impone ciertas condiciones o cuidados especiales en la introducción de un sistema de coordenadas numéricas para su teoría geométrica. Más precisamente, el procedimiento propuesto allí para la construcción de un sistema de coordenadas denota una preocupación muy especial respecto de *la relación entre la geometría euclídea elemental y la estructura (algebraica) de la geometría analítica*. Sobre esta cuestión en particular, sus cursos resultan sumamente esclarecedores, en tanto presentan numerosas reflexiones respecto de la importancia metodológica y

---

[22] Este requerimiento metodológico establecido por Hilbert también puede ser percibido, por ejemplo, en su análisis sobre los medios o herramientas utilizadas en las demostraciones geométricas. Sobre esta cuestión, que Hilbert llama el requisito de la 'pureza del método', véase Hallett (2008) y Arana y Mancosu (2012).

epistemológica de este problema, y especialmente, sobre cómo el método axiomático formal podía contribuir enormemente a su elucidación.

6.3.1. La introducción del número en 1893/4

Será oportuno que iniciemos nuestro análisis examinando el primer abordaje axiomático formal de la geometría realizado por Hilbert, esto es, su curso de 1893/4 "Los fundamentos de la geometría" (Hilbert 1893/1894b). En lo que se refiere al problema de la introducción del número es posible realizar dos observaciones. En primer lugar, en estas notas Hilbert reconoce por primera vez de un modo explícito la importancia metodológica y epistemológica que reviste este problema para la construcción sistemática de la geometría y para un examen de sus fundamentos. En segundo lugar, la estructura y organización de este curso revela que, en este primer ensayo axiomático, Hilbert adopta la estrategia – posteriormente por él criticada – de introducir el número en la geometría *lo más rápido posible*. Su objetivo parece ser aquí mostrar cómo es posible introducir coordenadas en la geometría sin apelar a consideraciones de congruencia, para después exhibir cómo la geometría hiperbólica y elíptica pueden ser desarrolladas sobre estos fundamentos mínimos; por esta razón el axioma euclídeo de las paralelas es el último en ser introducido.[23]

Hilbert organiza su exposición de la siguiente manera: en primer lugar presenta el grupo de axiomas de incidencia o "existencia", como se los designa allí, que establecen las relaciones de incidencia entre puntos, líneas y planos. En segundo lugar, formula el grupo de axiomas de "posición", que resultan adecuados para describir las relaciones de ordenación en la geometría euclídea. En este grupo de axiomas se nota claramente la influencia del libro *Lecciones de geometría moderna* (1882) de Moritz Pasch, en tanto cinco de los seis axiomas allí formulados son tomados de aquel libro. Hilbert hace entonces un breve paréntesis en su exposición para introducir una serie de conceptos proyectivos básicos, entre ellos el concepto de "separación" de cuatro puntos colineales. Por otra parte, otro concepto fundamental allí introducido es la noción de "cuaterna armónica", utilizado como dijimos por von Staudt para definir

---

[23] Cf. (Hilbert 1893/1894b).

la noción misma de proyectividad. Hilbert analiza la construcción clásica del cuarto elemento armónico, siguiendo el procedimiento basado en las técnicas desarrolladas por von Staudt, i.e. *la construcción del cuadrilátero completo*.[24] Ahora bien, esta construcción armónica no sólo permite definir varios conceptos centrales de la geometría proyectiva, sino que además hace posible la correlación entre los puntos de una línea y los números reales. Hilbert emprende inmediatamente esta tarea con el objetivo de exhibir cómo se pueden introducir coordenadas sobre esta base mínima de axiomas de incidencia y orden, por lo tanto, antes de establecer los axiomas de congruencia. Este procedimiento es estudiado en una sección titulada "La introducción del número".[25]

En el comienzo de esta sección, Hilbert destaca la importancia epistemológica que recae sobre la introducción del número en geometría:

> En todas las ciencias exactas recién se alcanzan resultados precisos cuando el número es introducido. Observar cómo ello ocurre tiene un gran significado epistemológico [*erkenntnisstheoretisch*]. (Hilbert 1893/1894b, p. 85)

A continuación utiliza las técnicas desarrolladas por von Staudt para mostrar que esta construcción armónica de cuatro puntos colineales permite encontrar un *único* punto sobre la recta para cada número racional (positivo).[26] Más aún, utilizando esta misma construcción, Hilbert muestra cómo es posible asignarle a cada punto sobre la recta un (único) número real (positivo).[27] Sin embargo, reconoce inmediatamente que para que la afirmación recíproca se cumpla, es decir, para que a cada número real (positivo) le corresponda un punto sobre la línea, es necesario agregar un nuevo axioma que garantice la continuidad lineal. Hilbert formula entonces un axioma de continuidad que establece la existencia de un punto límite para una sucesión monótona creciente y acotada superiormente de puntos sobre la línea, lo cual garantiza la correspondencia uno–a–uno entre los puntos de una línea y los números reales. Del mismo

---

[24] Cf. (Hilbert 1893/1894b, pp. 81–82).

[25] Cf. (Hilbert 1893/1894b, pp. 85–93).

[26] Cf. (Hilbert 1893/1894b, pp. 85–88).

[27] Si además se define un sentido sobre la línea, entonces también se pueden cubrir los números negativos.

modo, Hilbert limita su análisis de la introducción del número a establecer esta correspondencia uno–a–uno con los números reales, mientras que en cambio no se preocupa por investigar las propiedades algebraicas de los "análogos geométricos" a los números introducidos, es decir, las *propiedades de un cuerpo*. En efecto, estas propiedades son las que permiten aplicar los números para medir y describir las propiedades de los objetos geométricos (la línea, el rectángulo, el círculo, etc.). Estos dos últimos puntos revelan luego un importante cambio de actitud en su siguiente curso de 1898/99, respecto de cómo debía ser manejada la introducción del número en geometría.[28]

Ahora bien, la introducción de este axioma de continuidad es realizada muy rápidamente y de ningún modo es analizada en detalle. Por ejemplo, Hilbert limita su análisis de la introducción del número a establecer esta correspondencia uno–a–uno con los números reales, mientras que en cambio no se preocupa por investigar las propiedades algebraicas de los "análogos geométricos" a los números introducidos, es decir, las *propiedades de un cuerpo*. Estas propiedades son las que permiten aplicar los números para medir y describir las propiedades de los objetos geométricos (la línea, el rectángulo, el círculo, etc.).

En este primer estudio axiomático, Hilbert no se interesa en ningún momento por la cuestión de *hasta dónde puede ser desarrollada la geometría (euclídea) elemental, antes de utilizar algún postulado de continuidad*, un tema que posteriormente se volverá uno de los elementos claves en *Fundamentos de la geometría* (Hilbert 1899). Estos dos puntos revelan un importante cambio de actitud,

---

[28] *Axioma de continuidad*: Sea $P_1, P_2, P_3, \ldots$ una sucesión infinita ordenada de puntos sobre una recta. Si todos los puntos se encuentran de un mismo lado respecto de un punto A, entonces siempre existe un y sólo un punto P tal que todos los puntos de la sucesión se encuentran de un mismo lado respecto de P, y al mismo tiempo no existe ningún punto entre P y todos los puntos de la sucesión. P se llama el punto límite. (Hilbert 1893/1894b, p. 92).

Hilbert reproduce nuevamente este axioma en una carta a Klein, fechada del 14 de agosto de 1894, y publicada más tarde en los *Mathematische Annalen* (Hilbert 1895). Una versión similar de este axioma – conocido también como principio de Bolzano–Weierstrass sobre la existencia de puntos límites – se encuentra previamente en (Pasch 1882, pp. 125–126), de quien Hilbert probablemente tomó el axioma.

en su siguiente curso de 1898/99, respecto de cómo podía ser desarrollada la introducción del número en geometría. El cambio de actitud de Hilbert quizás se explica en virtud de que, en este primer momento, no estaba completamente convencido de que fuera posible realizar enteramente la introducción de un sistema de coordenadas sin apelar a ningún axioma de continuidad. Una alteración significativa hallada por M. Toepell en este mismo manuscrito de 1893/1894 sugiere esta hipótesis; a saber, en un pasaje tachado Hilbert aclara: "[debo] probar si los resultados de Wiener son correctos, lo cual me parece dudoso" (Toepell 1986, p. 78).[29]

6.3.2. Puentes axiomáticos: la introducción del número en 1898/9

En su próximo curso de 1898/99 Hilbert se propone desde el inicio, como un objetivo central de su análisis axiomático, investigar *cómo pueden y deben ser introducidos los números en la geometría*; más aún, destaca ahora que el método axiomático puede ser de gran ayuda en este respecto, en tanto puede contribuir a profundizar nuestra comprensión de las conexiones conceptuales entre la geometría sintética y la geometría analítica. Hilbert resalta además que en la resolución de este problema se puede apreciar con claridad la *fecundidad matemática* del método axiomático formal. Esta cuestión aparece sugerentemente indicada en una versión de este curso elaborada por el propio Hilbert (1898/1899b), en donde en cierta medida critica el modo en que en su curso anterior (Hilbert 1893/1894b) había sido tratada la introducción del número:

> Con estas premisas la geometría se ha vuelto inmediatamente un cálculo [*Rechenkunst*]. Es claro que utilizando ángulos rectos, paralelas, longitudes y distancias estamos suponiendo todo lo que es fundamental en la geometría elemental. Así, hemos tomado la vía en la que la introducción del número en la geometría es alcanzada tan rápido como sea posible y a cualquier precio. Ahora, en todas las ciencias la introducción del número es de hecho el objetivo más noble. Es posible medir el progreso de las ciencias naturales, o de una rama de la ciencia

---

[29] Hilbert se está refiriendo a (Wiener 1891).

natural, en función del grado en el que el número ha sido introducido. Sin embargo, si la ciencia no quiere caer presa de un formalismo estéril [*unfruchtbarer Formalismus*], entonces *deberá reflexionar sobre sí misma en una fase posterior de su desarrollo y, por lo menos, examinar cómo se ha logrado la introducción del número*. (Hilbert 1898/1899b, p. 222. El énfasis es mío)

Hilbert reconoce de esta manera la importancia, no sólo para la matemática sino también para todas las ciencias en general, de investigar cómo es llevada a cabo la introducción del número. En el caso particular de la geometría euclídea, la vía que se propone desarrollar es la siguiente:

Por lo tanto, en nuestro curso la introducción del número en la geometría aparecerá directamente en la última etapa como un *objetivo final*, que viene a *coronar* el edificio de la geometría hasta allí construido. (Hilbert 1898/1899b, p. 223)

Al afirmar que la introducción del número será realizada en una última etapa como un "objetivo final", Hilbert expresa su interés en que esta introducción no sea realizada como una imposición desde fuera, como ocurre en la geometría analítica, sino desarrollando axiomáticamente una estructura equivalente a la de los números reales *desde dentro*, o sea, de manera *puramente geométrica*. Asimismo, esta dilación en la introducción del número le permitirá investigar cuáles son los recursos algebraicos disponibles dentro de la estructura de la geometría sintética, *independientes* de la introducción de supuestos específicamente numéricos o de continuidad. Por ejemplo, una tarea emprendida en este curso, y luego en el *Festschrift*, consistió en analizar qué axiomas son responsables de la presencia de la estructura de un cuerpo ordenado sobre la línea. Al mismo tiempo, Hilbert reconoció que un importante beneficio que conlleva este tipo de abordaje es que permite *descubrir nuevas e importantes conexiones entre la geometría y la aritmética*:

Pero investigar nuevamente los elementos de la geometría euclídea no es sólo de una necesidad práctica

y epistemológica, sino que espero también que los resultados que obtendremos valdrán el considerable esfuerzo. Seremos conducidos a una serie de problemas
en apariencia simples, pero en verdad bien profundos
y difíciles. Llegaremos a reconocer preguntas completamente nuevas y, en mi opinión muy fructíferas, acerca
de los elementos de la aritmética y los elementos de
la geometría, y de esa manera *llegaremos a proporcionar nuevamente un fundamento para la unidad de la
matemática.* (Hilbert 1898/1899b, p. 223. El énfasis es
mío.)

Una parte esencial de la empresa hilbertiana de construir axiomáticamente la geometría consistía en mostrar que esta disciplina
podía ser desarrollada de manera independiente a la aritmética y
el análisis. Esta tarea procedía en dos direcciones, ambas conectadas con su "cálculo de segmentos" [*Streckenrechnung*]. En primer
lugar, Hilbert demuestra que muchos resultados importantes de la
geometría elemental pueden ser alcanzados sin apelar a postulados de continuidad y, además, que estos principios de continuidad
pueden ser formulados de un modo puramente geométrico. En parte, Hilbert desarrolla por esta razón su cálculo de segmentos, que
imita el comportamiento de los números racionales de un modo puramente geométrico. Este cálculo podía ser entonces utilizado para
elaborar una nueva teoría de las proporciones, a la cual se podía
acudir para formular el axioma de Arquímedes, el único axioma de
continuidad utilizado en el *Festschrift*.

En segundo lugar, con su cálculo de segmentos Hilbert revela
cómo es posible construir, de manera puramente geométrica, una
estructura algebraica equivalente a un cuerpo ordenado, y a partir
de allí cómo introducir coordenadas en la geometría "desde dentro". Es decir, Hilbert consigue mostrar que los segmentos lineales,
junto con las operaciones definidas para ellos, pueden ser utilizados
como la base de cuerpos adecuados para llevar a cabo una coordenatización interna de la geometría, y de ese manera, exhibir que, en
cierto modo, la geometría analítica es posible sin tener que recurrir
a la imposición de cuerpos numéricos "desde fuera". Estas innovaciones técnicas le permitieron mostrar que en ningún momento, en
la construcción de la geometría, estamos forzados a suponer que la

geometría debe ser construida sobre una variedad de números, una suposición muy común en el siglo XIX.

De este modo, Hilbert logró mostrar por medio de su análisis axiomático cómo la geometría podía ser construida como una *teoría matemática pura*, pero que no dependía esencialmente de ningún tipo de número. Este resultado constituía un claro contraejemplo para la tesis clásica de Kronecker, rechazada siempre por Hilbert, según la cual sólo podía considerarse como teorías matemáticas puras a aquellas teorías que en última instancia podían ser inmediatamente reducidas a la teoría de los números naturales.[30] Sin embargo, es importante señalar que Hilbert no consideraba su reconstrucción axiomática de la geometría sintética como una manera de probar la pretendida superioridad de la geometría pura, sino más bien como un modo de unir o trazar un puente entre las geometrías sintéticas axiomatizadas y la geometría analítica. Hilbert sugiere precisamente este rasgo de su empresa axiomática de la siguiente manera:

> A partir de lo dicho se esclarece la relación de este curso con aquellos sobre geometría analítica y geometría proyectiva (sintética). En ambas disciplinas las preguntas fundamentales no son tratadas. En la geometría analítica se comienza con la introducción del número; por el contrario nosotros habremos de investigar con precisión la justificación para ello, de modo que en nuestro caso la introducción del número se producirá al final. En la geometría proyectiva se apela desde el principio a la intuición, *mientras que nosotros queremos analizar la intuición, para reconstruirla, por decirlo de algún modo, en sus componentes particulares* [*einzelne Bestandteile*]. (Hilbert 1899, p. 303. El énfasis es mío.)

Empero cabe aclarar que, el requerimiento de Hilbert según el cual la geometría debe ser construida independientemente del análisis y la aritmética, convive con la utilización de interpretaciones aritméticas y analíticas para mostrar que los diversos axiomas empleados son independientes entre sí. La utilización de conceptos y técnicas analíticas y algebraicas no es rechazada en absoluto

---

[30] Cf. (Blumenthal 1922, p. 68).

por Hilbert, sino que más bien está *reservada para el nivel me-tageométrico*, en donde constituye una herramienta imprescindible:

> La geometría no debe llevar a los ricos métodos del análisis *como una cadena*, sino que los métodos del análisis deben ser *investigados por sí mismos y utilizados conscientemente como una fuente de nuevos conocimientos*. (Hilbert 1899, p. 222. El énfasis es mío.)

6.4. Aritmetizando la geometría desde dentro

Hilbert pretende lograr una presentación axiomática de la geometría en la que los números no son introducidos "desde fuera", como elementos externos o exógenos, sino que en cambio son introducidos "desde dentro", es decir, de un modo puramente geométrico. Para alcanzar este objetivo, elabora de manera puramente geométrica una *aritmética de segmentos lineales*, cuyas operaciones coinciden con las reglas usuales de los números racionales. Exclusivamente por medio de construcciones geométricas, Hilbert define las operaciones de suma y multiplicación de segmentos y muestra cómo se puede construir de ese modo un conjunto con la estructura de un *cuerpo ordenado*, cuando se toman como los elementos positivos de este conjunto a las clases de equivalencia de segmentos lineales (módulo congruencia). La novedad de este procedimiento consiste en que, en lugar de utilizar una noción "preexistente" de número, como los números racionales o los números reales, Hilbert genera de manera puramente geométrica un conjunto cuya estructura se corresponde a la de un cuerpo numérico (abstracto), a la cual se podía acudir luego para definir un sistema de coordenadas. En otras palabras, Hilbert logra mostrar cómo es posible llevar a cabo una *aritmetización interna de la geometría*.

Para poder apreciar el alcance el proyecto de Hilbert, resultará útil comparar rápidamente la presentación axiomática de la geometría de Hilbert en *Fundamentos de la geometría* (1899) con la estructura de los *Elementos* de Euclides.

6.4.1. Los *Grundlagen* de Hilbert y los *Elementos* de Euclides

Un aspecto relevante a la hora de analizar *Fundamentos de la geometría* descansa en el hecho de que, como lo ha observado David E. Rowe (2000), desde el punto de vista de la estructura la geometría euclídea era en 1898 más parecida a los *Elementos* de Euclides que a los *Grundlagen* de Hilbert.[31] Estas diferencias estructurales están íntimamente ligadas a la aritmética de segmentos elaborada por éste último.[32]

Como es bien sabido, en los primeros cuatro libros de *Elementos*, Euclides desarrolla una teoría geométrica pura *sin números*. No encontramos en estos libros una noción de *longitud* de un segmento lineal, ni de *amplitud* de un ángulo, ni números asignados a las figuras planas en el estudio de las áreas, sino que todas las figuras geométricas son estudiadas apelando a la noción no definida de congruencia, que intenta expresar que dos figuras (segmentos, ángulos, áreas) tienen el mismo "tamaño". La estrategia de Euclides en los libros I–IV consiste en probar la mayor cantidad de teoremas posibles apelando a los teoremas de congruencia. El libro I trata de las figuras rectilíneas congruentes y culmina con el teorema de Pitágoras. El libro II introduce una suerte de álgebra geométrica de segmentos y rectángulos, cuyas propiedades están basadas en los teoremas de congruencia; y en los libros III–IV se aplican los resultados de los libros previos a la teoría de los círculos y los polígonos regulares. Sin embargo, esta estrategia enfrenta una dificultad cuando Euclides debe ocuparse de la teoría de los *triángulos semejantes*, i.e. triángulos cuyos lados correspondientes no son iguales, pero tienen una razón común entre sí. La teoría de la congruencia de triángulos puede ser utilizada sin problemas para estudiar la semejanza de triángulos, en el caso de que las razones de los lados correspondientes sean números enteros, o incluso racionales. En cambio, si las razones entre los lados correspondientes de dos triángulos son números *irracionales*, resulta claramente problemático expresar que la razón entre la longitud de los lados

---

[31] (Rowe 2000, p. 68).

[32] Para una comparación de la estructura de los *Elementos* de Euclides y los *Grundlagen* de Hilbert, pueden verse (Hartshorne 2000, cap. 1–4) y (Greenberg 1994, cap. 1–4).

correspondientes de los triángulos es la misma, si dichas longitudes no pueden ser expresadas numéricamente. Para superar esta dificultad, Euclides interrumpe su exposición "puramente geométrica" y presenta en el libro V de los *Elementos* la célebre "teoría de las proporciones", atribuida por Proclo a Eudoxio de Cnidos.[33]

Un rasgo central de la teoría de las proporciones de Eudoxio es que allí no se define qué es una razón o proporción entre dos magnitudes, sino en cambio cuando dos razones son iguales entre sí, o cuando una es mayor o menor que la otra. En efecto, esta noción es formulada en la definición 5, considerada generalmente como la definición más importante del libro V:

> Dícese que la razón de una primera magnitud a una segunda es igual a la de una tercera a una cuarta, cuando las primeras y las terceras igualmente multiplicadas o al mismo tiempo superan, o al mismo tiempo son iguales o al mismo tiempo son inferiores que las segundas y cuartas igualmente multiplicadas.[34]

Es usual explicar el contenido de esta definición, utilizando una notación algebraica moderna, de la siguiente manera: dos *magnitudes* (segmentos lineales, áreas, volúmenes, etc.) tienen la misma razón respecto de otras dos (en símbolos $a : b = c : d$) si tomando m múltiplos (enteros positivos) de a y c y n múltiplos (enteros positivos) de b y d, se tiene que:

$$ma \gtreqless nb \text{ sí y sólo sí } mc \gtreqless nd.$$

De la definición anterior se sigue también que si $a : b > c : d$, entonces existen dos múltiplos (enteros positivos) m, n tal que $ma > nb$, pero $mc \leq nd$. Sin embargo, estas últimas desigualdades plantean una dificultad. Si se quiere probar que para $a < b$ se cumple $a : a > a : b$, entonces es necesario buscar dos m, n (enteros positivos) tales que $ma > na$, pero $ma \leq nb$. Luego, si $m = n + 1$, entonces se tiene que

$$(n + 1)a \leq nb$$

[33] Sobre el origen de la teoría de las proporciones del libro V véase (Heath 1956).

[34] *Elementos*, V, def. 5.

o bien,

$$a \leq (b - a)n.$$

Ello significa que para las magnitudes a y $d = (b - a)$, se debe encontrar un n (entero positivo) tal que

$$nd \geq a,$$

y éste es precisamente el axioma de Arquímedes, que en el quinto libro de *Elementos* aparece sugerido en la definición IV.[35]

Tras desarrollar íntegramente la teoría de las proporciones de las magnitudes generales de un modo "abstracto" en el libro V de *Elementos*, en el libro siguiente Euclides la aplica a la geometría plana, desarrollando la teoría de los triángulos semejantes. Hilbert advierte en sus notas de clases que el resultado más importante de esta teoría, utilizado prácticamente en todas las demostraciones subsiguientes, es presentado en la proposición VI. 2, a veces también referida como el teorema de Tales[36]:

> Si se traza una recta paralela a uno de los lados de un triángulo, cortará proporcionalmente los lados del triángulo. Y si se cortan proporcionalmente los lados de un triángulo, la recta que une los puntos de sección será paralela al lado restante del triángulo. (Figura 6.3)

La demostración que propone Euclides es una de las más ingeniosas de *Elementos* y utiliza la *teoría del área*, desarrollada de un modo rudimentario en el libro I.[37] Ahora bien, en sus notas de clases, Hilbert formula la siguiente observación en relación a la demostración de Euclides:

> En Euclides las demostraciones de estos teoremas son completamente rigurosas, en el caso de que tanto AC como BC se obtienen de substraer repetidamente uno y el mismo segmento. Sin embargo, Euclides se refiere a

---

[35] "Se dice que guardan razón entre sí las magnitudes que, al multiplicarse, pueden exceder una a otra" (Elementos V, def. 4).

[36] Cf. (Hilbert 1898/1899b, pp. 274–275) y (Hilbert 1898/1899a, p. 363).

[37] Sobre la teoría euclídea del área véase (Hartshorne 2000).

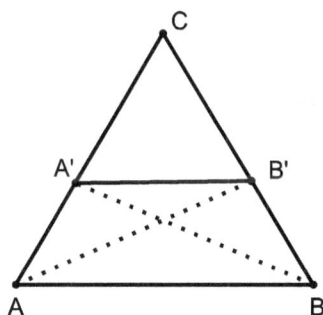

Figura 6.3.: *Elementos, libro VI, prop. 2*

relaciones generales de magnitudes, puesto que concibe
la proporción anterior como una ecuación *numérica* y
concluye que el teorema es válido para cualquier posición de A y A'. Contra esto se debe objetar que: 1– para
entender una proporción entre *segmentos* siempre como
una relación *numérica* se requiere de un nuevo axioma
(al que nos referiremos aquí como V[38]); 2– Incluso si este
nuevo axioma ha sido asumido, se debe probar explícitamente que los nuevos números introducidos obedecen
las mismas leyes de operaciones que las ya conocidas.
(Hilbert 1898/1899a, p. 363. Énfasis en el original)

Hemos mencionado que la definición de Euclides de la igual-
dad/desigualdad de proporciones requiere para funcionar de la validez del axioma de Arquímedes; en este pasaje, Hilbert subraya
explícitamente esta dependencia. Más precisamente, Hilbert señala
que en el caso donde los dos lados del triángulo son segmentos incon-
mensurables, la recta paralela a la base determinará *unívocamente*
los puntos A y A' sólo si *el axioma de Arquímedes es asumido*. De
este modo, en su curso posterior, Hilbert concluye que un defecto
crucial en la teoría de Euclídes fue que aquel axioma no fue formulado explícitamente: "Existe una mancha en el sol de Euclídes,
puesto que él omitió formular aquel axioma [de Arquímedes]" (Hilbert 1924/25, p. 693).

---

[38] Hilbert se refiere aquí al axioma de Arquímedes. En este curso Hilbert
formula tres versiones diferentes de este axiomas, no todas equivalentes
entre sí. Nos ocuparemos de analizar este problema en el capítulo 7.

Independientemente de si Euclides incluye o no entre sus definiciones (una versión de) el axioma de Arquímedes, es claro que su
teoría de las proporciones y los triángulos semejantes se funda en
aquel principio. Pero en tanto que un objetivo central de sus investigaciones axiomáticas consistía en estudiar cuidadosamente el papel
desempeñado por los postulados de continuidad en la estructura deductiva de la geometría elemental, con el fin de mostrar que estos
principios no eran necesarios para la construcción de gran parte de
la teoría, es claro que la teoría euclídea resultaba a sus ojos claramente inapropiada.[39] Más aún, Hilbert alude también a la cuestión
de la *pureza del método*, en su requerimiento de que la construcción
de la teoría de las proporciones y los triángulos semejantes proceda
sin asumir la validez del axioma de Arquímedes:

> Este teorema puede ser demostrado con la ayuda del se-
> gundo teorema de congruencia, en el caso especial donde

---

[39] Es oportuno señalar que existe una evidente conexión entre las críticas que
formula Hilbert aquí a la teoría de las proporciones de Euclides y el análisis
de Dedekind de los números irracionales y la noción de continuidad. Por
un lado, en su artículo "Continuidad y números irracionales" (1872) Dedekind organiza su exposición en función de la comparación entre la propiedad
de continuidad de la recta y la idea del continuo de números tal como se
manifiesta en el conjunto ordenado de los números reales. Más precisamente, siguiendo "aritméticamente todos los fenómenos de la recta", Dedekind
arriba a su construcción puramente aritmética del sistema de los números
reales como el conjunto que corresponde a todas las cortaduras de números
racionales (Cf. Dedekind 1872). Y más aún, Dedekind alcanza este objetivo
mostrando que los "nuevos" números irracionales – definidos en términos
de cortaduras – satisfacen todas las propiedades de los "viejos" números
racionales – con la excepción de la propiedad de completitud o continuidad.
Por otro lado, Dedekind sostuvo explícitamente que la continuidad del
espacio no era una condición que debía ser *necesariamente* supuesta en la
estructura lógica de la geometría euclídea. Por ejemplo, en el prefacio de la
primera edición de su libro *¿Qué son y para qué sirven los números?* (1888),
Dedekind sugirió que, en un sistema de coordenadas formado por números
algebraicos, todas las construcciones de la geometría euclídea podían ser
llevadas a cabo y todos sus teoremas resultaban allí válidos (Cf. Dedekind
1888, p. 783).
Sobre las reflexiones de Dedekind respecto de la noción de continuidad
y la geometría euclídea, véanse (Ferreirós 2007, pp. 131–135), (Corry 2004,
pp. 37–40) y Sieg y Schlimm (2005). La influencia de Dedekind en las ideas
tempranas de Hilbert acerca de los fundamentos ha sido resaltada por Ferreirós (2009), (Corry 2004) y (Sieg 2009).

> se sabe que las longitudes de los segmentos son conmen-
> surables con una de las semirrectas; sin embargo, en el
> caso general se requiere de la utilización de [un axio-
> ma de] continuidad. Desde el punto de vista de nues-
> tro abordaje previo, el recurso a la continuidad apare-
> ce aquí como una inferencia completamente extraña, y
> de hecho resulta particularmente insatisfactoria, pues-
> to que aquel teorema de las proporciones es utilizado,
> entre otras cosas, para probar algunos teoremas de inci-
> dencia, cuyo contenido parece ser independiente de las
> leyes de continuidad.(Hilbert 1917, p. 89)

Hilbert sugiere aquí que el *contenido* de este teorema central en
la teoría de las proporciones es independiente de consideraciones de
continuidad; en particular, esta independencia puede ser apreciada
en el hecho de que este teorema es utilizado para probar diversos
teoremas de incidencia, donde ninguna condición de continuidad
parece estar involucrada. Hilbert concluye entonces que el requerimiento de la "unidad de los métodos de prueba" [*Einheitlichkeit
der Beweismethoden*] (Hilbert 1917, p. 89), que exige que los medios
utilizados en la demostración de un teorema deben corresponderse
con el contenido del mismo, constituye una razón adicional para
evitar la introducción de principios de continuidad en la fundamentación de la teoría de las proporciones. Más aún, esta consideración
sobre la pureza está detrás de unas de las objeciones más importantes de Hilbert a la teoría euclidiana de las proporciones, i.e. que
esta teoría no reviste el mismo carácter "puramente geométrico"
que los cuatro libros previos, sino que posee más bien una *naturaleza aritmética*. En efecto, Euclides no explica qué es una razón o
una proporción geométricamente, sino que define 'aritméticamente'
la identidad de dos razones, esto es, como una 'ecuación numérica'
[*Zahlengleichnung*].

Para Hilbert, la teoría de los triángulos semejantes desarrollada en el libro VI de *Elementos* estaba basada en dos teorías con
una base epistemológica más bien diferente: una geométrica y otra
aritmética; y desde un punto de vista metodológico, ésta era una
situación que prefería eludir. Remediar estas dificultades fue una
de las contribuciones más notables de Hilbert a los fundamentos
de la geometría euclídea. Por un lado, el matemático alemán elaboró una nueva teoría de las proporciones exclusivamente sobre la

base de su aritmética de segmentos, construida de manera puramente geométrica y sin asumir ningún axioma de continuidad. Por otro lado, aplicó esta nueva teoría de las proporciones para desarrollar la teoría de los triángulos semejantes y del área. Hilbert llevó a cabo así una unificación de dos teorías que, anteriormente, estaban basadas en fundamentos distintos, dando al mismo tiempo una respuesta al problema de la introducción del número en geometría.

6.4.2. La aritmética de segmentos [*Streckenrechnung*]

Los resultados geométricos mencionados en las secciones anteriores se encuentran en los capítulos III–V de *Fundamentos de la geometría* (1899). En el capítulo III Hilbert construye una aritmética de segmentos basada en el teorema de Pascal, presenta su nueva teoría de las proporciones y de los triángulos semejantes, e indica cómo es posible definir un sistema de coordenadas (cartesianas) utilizando esta aritmética de segmentos. El capítulo IV está dedicado a la teoría euclídea del área, que Hilbert reconstruye utilizando su teoría de las proporciones y la aritmética de segmentos desarrollada en el capítulo anterior, y por lo tanto, *sin utilizar ningún axioma de continuidad*. Finalmente, el capítulo V se ocupa del teorema de Desargues y de la aritmética de segmentos que se puede construir basándose en este teorema. En dicho capítulo se demuestra que, mientras que la aritmética de segmentos asociada al teorema de Pascal satisface todas las propiedades de un cuerpo ordenado, la aritmética de segmentos asociada al teorema de Desargues carece de la propiedad conmutativa bajo la multiplicación. En lo que sigue me concentraré en la aritmética de segmentos construida en el capítulo III, que contiene los resultados más interesantes para el problema que venimos analizando.

Dado que Hilbert se plantea explícitamente el objetivo de mostrar que las operaciones definidas para los segmentos lineales cumplen con todas las propiedades usualmente asociadas con la aritmética de los reales, es claro que para ello era necesario contar con una axiomatización precisa de la estructura de un cuerpo ordenado, que permita distinguir qué propiedades comparten y qué propiedades no comparten ambos cuerpos. Éste es el origen de su conjunto de axiomas para un "conjunto de números complejos", que constituye de hecho el primer sistema axiomático para un *cuerpo ordenado arquimediano.*[40] Hilbert presenta una primera versión de este sistema de axiomas en su curso de 1898/1899, el cual es reproducido en la sección §13 del capítulo III del *Festschrift*.[41] Poco después, en su conferencia de Munich "Sobre el concepto de número" (Hilbert 1900a), el sistema de axiomas original es complementado con su famoso "axioma de completitud" [*Vollständigkeitsaxiom*], con lo cual se obtiene la primera caracterización axiomática de un cuerpo ordenado completo.

Tras presentar esta caracterización axiomática de la estructura de un cuerpo ordenado (completo), el próximo paso consiste en proporcionar una demostración de un caso especial del teorema de Pascal (más conocido como teorema de Pappus) para las secciones cónicas, de notable importancia en la geometría proyectiva. Se trata de una versión *afín* del teorema, que Hilbert enuncia de la siguiente manera:

Teorema de Pascal (versión afín). Dados dos conjuntos de puntos A, B, C y A', B', C', situados respectivamente sobre dos rectas que se intersecan, de tal manera que ninguno de ellos se encuentra en la intersección de estas líneas. Si CB' es paralelo a BC' y CA' es también paralelo a AC', entonces BA' es paralelo a AB'. (Figura 6.4)

La importancia de la demostración del teorema de Pascal proporcionada por Hilbert consistía en que apelaba a los axiomas de congruencia (IV) y los axiomas de orden (II) e incidencia en el plano (I, 1–2), lo cual era un argumento técnicamente difícil de llevar a cabo. En consecuencia, dicha demostración *no hace uso de ningún postulado de continuidad*, en particular, del axioma de Arquímedes.[42] El teorema de Pascal proporciona asimismo lo necesario para

---

[40] En sus notas de clases, Hilbert aclara que por un sistema de números complejos entiende a todo sistema de números que, al igual que los números complejos, no satisface todos los axiomas para los números reales. De acuerdo con esta definición, $\mathbb{Q}$ o el cuerpo Ω de números algebraicos son así ejemplos de sistemas de números complejos (Cf. Hilbert 1902b, p. 564).

[41] Cf. (Hilbert 1899, §13).

[42] Muy poco tiempo antes, Schur (1898) había proporcionado una prueba del axioma de Pascal sin utilizar el axioma de Arquímedes, basándose sin embargo en todos los axiomas de incidencia, orden y congruencia (I–II, IV). Sobre la influencia de este resultado de Schur en Hilbert véase (Toepell 1985).

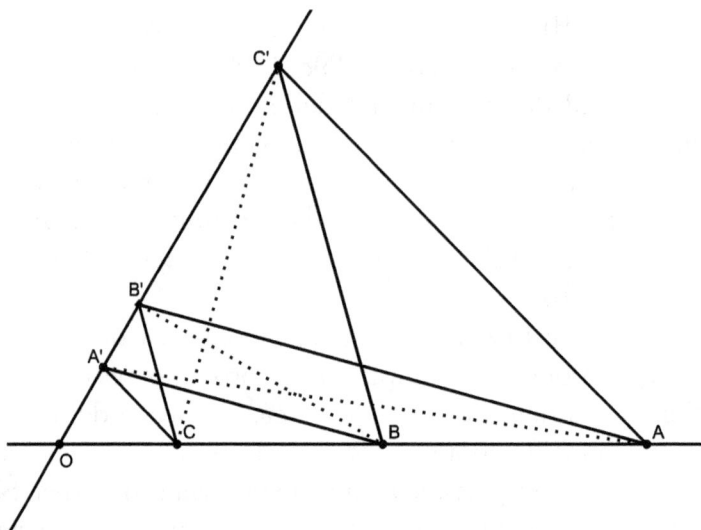

Figura 6.4.: Versión afín del teorema de Pascal.

construir una aritmética de segmentos lineales, en donde son válidas todas las operaciones "de los números reales".[43] En primer lugar, Hilbert aclara que, en el cálculo de segmentos que se presentará a continuación, la palabra "igual" y el signo "=" serán utilizados en lugar de la palabra "congruentes" y el signo "≡".[44] Ello significa que las operaciones de suma y multiplicación serán definidas para clases de equivalencia de segmentos lineales (módulo congruencia). La primera operación en ser definida es la suma o adición de segmentos lineales. Hilbert define esta operación de una manera muy simple, de acuerdo a como era habitual caracterizar esta operación de un modo puramente geométrico:

Definición. *Si A, B, C son tres puntos sobre una línea y B se encuentra entre A y C, entonces decimos que c = AC es la suma de los segmentos a = AB y b = BC, y establecemos que*

$$c = a + b.$$

Dada esta definición de la suma de segmentos lineales, las propiedades asociativa y conmutativa se siguen inmediatamente de los axiomas de congruencia para segmentos (III 1–3). Por el contrario,

---

[43] Cf. (Hilbert 1899, p. 32).
[44] Cf. (Hilbert 1899, p. 33).

la definición de multiplicación no es tan inmediata. Para ello Hilbert se sirve de la siguiente construcción geométrica.: sean a y b dos segmentos lineales. Elegimos un segmento cualquiera que permanecerá fijo – la unidad lineal –, al cual denotamos 1. Luego, sobre uno de los lados de un triángulo rectángulo trazamos desde el vértice O los segmentos 1 y b, mientras que sobre el otro lado trazamos el segmento a. Seguidamente unimos el punto final del segmento 1 y el punto final del segmento a y desde el punto final del segmento b trazamos la paralela a 1a (figura 6.5). Esta línea determina un segmento c sobre el otro lado, al cual llamamos el producto del segmento a por el segmento b y designamos como $c = ab$. La existencia del segmento c está garantizada por el axioma de las paralelas.

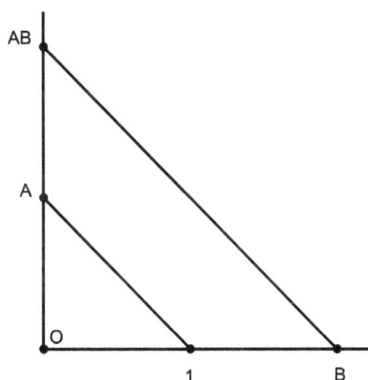

Figura 6.5.: Producto de segmentos lineales.

Ésta es la construcción geométrica habitual del cuarto proporcional (*Elementos*, VI, 12), que Descartes utilizó por primera vez para definir el producto de dos segmentos lineales como un segmento lineal. Descartes y Hilbert interpretaron así esta construcción como un medio para definir el producto de dos segmentos lineales de un modo similar, en el sentido de que ambos afirmaron que esta definición no se refería a números, sino a magnitudes geométricas, i.e. segmentos lineales. En otras palabras, estos dos célebres matemáticos no identificaron los segmentos lineales con sus longitudes expresadas numéricamente.[45] En sus notas de clases, Hilbert repite casi obsesivamente que su definición del producto de segmentos lineales

---

[45] Sobre la interpretación de Descartes de las operaciones algebraicas de segmentos lineales, véase (Mancosu 1996) y (Bos 2001).

constituye una formación de conceptos puramente geométrica [*geometrische Begriffbildung*], puesto que no se presupone en ningún momento el concepto de número o la noción de proporción entre números: "Debemos enfatizar que esta definición es puramente geométrica; de ningún modo ab es un producto entre dos números" (Hilbert 1898/1899a, p. 364). Sin embargo, existe una diferencia esencial entre las dos interpretaciones de esta operación aritmética de segmentos lineales. Para Descartes su definición estaba basada esencialmente en la proposición VI. 2 sobre la proporcionalidad de triángulos semejantes; en consecuencia, no sólo asumió por completo la teoría de la proporciones del libro V de *Elementos*, sino también implícitamente la validez del axioma de Arquímedes. Por el contrario, el objetivo de Hilbert era mostrar que, partiendo de su definición de la multiplicación de segmentos lineales, podíamos obtener la noción de proporcionalidad y triángulos semejantes, evitando de ese modo la introducción de aquel axioma de continuidad.

Una vez definido el producto de segmentos lineales de esta manera, Hilbert prueba que cumple con todas las propiedades identificadas previamente para esta operación; en particular, el teorema de Pascal, anteriormente demostrado sin recurrir al axioma de Arquímedes, resulta esencial para probar la propiedad conmutativa del producto: $ab = ba$. La demostración procede esquemáticamente como sigue: en primer término, construimos el segmento ab tal como se indicó recién. Luego trazamos el segmento a sobre el primer lado del triángulo rectángulo y el segmento b sobre el segundo lado. Ahora unimos el punto final de este segmento b con el segmento del segmento 1, y trazamos la paralela a $1b$ que pasa por el punto a. Esta línea paralela determina así el segmento ba sobre el otro lado del triángulo, el cual coincide con el segmento ab construido inicialmente (figura 6.6).

El aspecto central de la prueba reside en que el segmento ab coincide con el segmento ba gracias al teorema de Pascal, tal como queda reflejado en el diagrama. Es decir, si unimos los puntos a y b sobre cada uno de los lados del triángulo recto respectivamente entre sí, obtenemos una configuración de tres pares de puntos y líneas cuyas relaciones de intersección coinciden con las descriptas en el teorema de Pascal, de acuerdo con la versión antes indicada. De este modo, el mencionado teorema le permite a Hilbert demostrar la propiedad conmutativa para el producto de segmentos lineales.

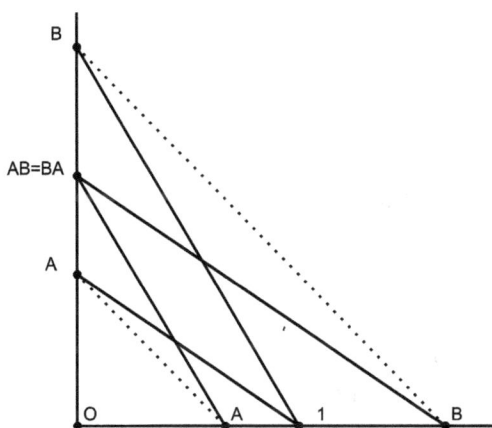

Figura 6.6.: Conmutatividad del producto de segmentos lineales.

A continuación, utiliza una estrategia similar para probar la ley asociativa para el producto y la ley distributiva para el producto y la suma.[46]

Hasta aquí se ha definido una aritmética para segmentos lineales, en donde se cumplen las leyes asociativa y conmutativa para la adición, las leyes asociativa y conmutativa para el producto, y la ley distributiva para la adición y el producto. Con la ayuda de esta aritmética de segmentos es posible reconstruir la teoría de las proporciones y de los triángulos semejantes de Euclides, *sin hacer uso del axioma de Arquímedes*. Hilbert no se detiene a desarrollar estas teorías en detalle, sino que se limita a presentar una nueva definición de proporcionalidad y a demostrar, utilizando su aritmética de segmentos, el teorema fundamental de la teoría de las proporciones, i.e, la proposición VI.2 de *Elementos*.[47] La definición de proporcionalidad, basada en su definición previa de producto de segmentos lineales, es la siguiente[48]:

Definición. *Si a, b, a', b' son cuatro segmentos lineales, entonces la proporción*

$$a : b = a' : b'$$

---

[46] Cf. (Hilbert 1899, pp. 34–35).
[47] Véase (Hilbert 1899, §16).
[48] (Hilbert 1899, p. 36).

no denota sino la igualdad de segmentos lineales

$$ab' = a'b.$$

Con esta definición, Hilbert logra mostrar qué significa *geométricamente* que dos segmentos son proporcionales, a saber: la igualdad del producto de dos pares de segmentos lineales. De este modo, su caracterización de la proporcionalidad evita la introducción subrepticia de supuestos numéricos, algo por lo cual critica a Euclides. Por otra parte, para definir la noción de *semejanza* entre dos triángulos, Hilbert no apela a la proporcionalidad entre lados correspondientes, sino que utiliza en cambio la congruencia de los ángulos correspondientes.

Definición. *Dos triángulos se llaman semejantes si sus ángulos correspondientes son congruentes.*[49]

Asimismo, Hilbert prueba que si los segmentos a, b, a', b' son los lados correspondientes de dos triángulos (semejantes), entonces la definición anterior de proporcionalidad es válida.[50] Su exposición concluye con la formulación del teorema fundamental de la proporcionalidad, en una versión adaptada a su propia teoría:

Teorema fundamental de la proporcionalidad. Si dos rectas paralelas determinan respectivamente, en los lados de un ángulo cualquiera, los segmentos a, b y a', b', entonces se verifica la proporción

$$a : b = a' : b'$$

Recíprocamente, si cuatro segmentos a, b, a', b' satisfacen esta proporción, y a, a' y b, b' son construidos de a pares en los lados de un ángulo cualquiera, entonces las líneas que unen a los puntos finales de a, a' y b, b' son paralelas. (Hilbert 1899, p. 37)[51]

Una vez enunciados estos conceptos fundamentales de su nueva teoría de las proporciones, Hilbert extiende esta aritmética de segmentos para que incluya también *relaciones de orden*, de modo que se cumplan todas las propiedades de un cuerpo ordenado. Hilbert

---

[49] (Hilbert 1899, p. 35)
[50] Teorema 41 en (Hilbert 1999).
[51] Teorema 42 en (Hilbert 1999).

procede de la siguiente manera: en primer lugar, a la aritmética de segmentos antes definida le añadimos otro conjunto de tales segmentos. Por medio de los axiomas de orden, es fácil distinguir sobre una línea una dirección "positiva" y una "negativa". Un segmento AB, denotado antes a, continuará llamándose a si B se encuentra en dirección positiva respecto de a; en caso contrario, se lo designará $-a$. Asimismo, un punto A cualquiera se designará ahora como 0. El segmento AB es entonces positivo o mayor que 0 (en símbolos, $a > 0$,); el segmento $-a$ se designa negativo o menor que 0 (en símbolos, $-a < 0$).[52] Introducidas de ese modo las relaciones de orden en la aritmética para segmentos, es posible probar, utilizando los axiomas I–III, la existencia de un elemento neutro y de un elemento inverso para la suma y para la multiplicación. Hilbert concluye entonces que su aritmética de segmentos lineales satisfice todas las propiedades de un *cuerpo ordenado*.[53]

Por último, para culminar con la "introducción del número", Hilbert muestra cómo es posible introducir coordenadas en la geometría utilizando la aritmética de segmentos previamente desarrollada. Para ello procede esquemáticamente de la siguiente manera: en un plano α en donde se cumplen todos los axiomas I–IV (incidencia, orden, paralelas, congruencia) trazamos dos rectas perpendiculares que se intersecan en un punto 0, las cuales nos servirán como los ejes fijos de coordenadas X, Y. Sobre cada una de estas rectas trazamos desde 0 los segmentos x, y, respectivamente. Seguidamente trazamos dos rectas perpendiculares a X, Y desde los puntos finales de los segmentos x, y; la intersección de ambas rectas determinan el punto P. Los *segmentos* x, y se llaman así las *coordenadas* de P. Y todo punto en el plano α está unívocamente determinado por sus coordenadas x, y, que pueden ser segmentos positivos, negativos o 0.

De este modo, los resultados de la teoría de las proporciones anteriormente desarrollada nos proporcionan fácilmente la ecuación de la recta. Sea l una línea cualquiera sobre el plano α que pasa por 0 y por un punto C, cuyas coordenadas son el par ordenado (a, b). Si x, y son las coordenadas de un punto cualquiera de l, entonces por el teorema 23 se cumple que $a : b = x : y$. Dada la definición de

---

[52] Cf. (Hilbert 1899, pp. 37–38).

[53] "En esta aritmética de segmentos todas las reglas de operaciones 1–16, enumeradas en la sección 13, son válidas" (Hilbert 1899, p. 37).

proporcionalidad enunciada por Hilbert, ello es lo mismo que decir que $bx - ay = 0$, o sea, la ecuación (general) de la recta (figura 6.7).

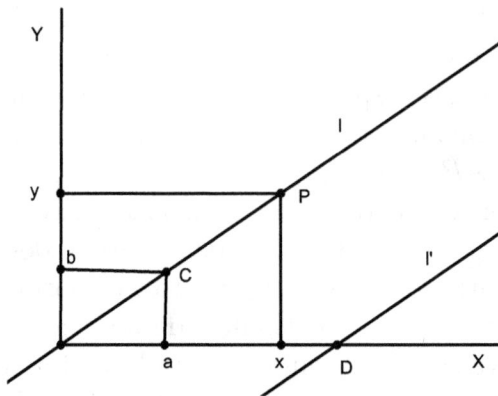

Figura 6.7.: Introducción de coordenadas

Obtenida de este modo la ecuación general de la recta, Hilbert da por culminada su exposición en torno a cómo es posible introducir un sistema de coordenadas en la geometría "desde dentro", es decir, de un modo *puramente geométrico*, que no recurre a un cuerpo numérico en particular como una *imposición desde fuera*. La conclusión que extrae del procedimiento que hemos analizados es la siguiente:

> A partir de estos desarrollos concluimos, de un modo independiente al axioma de Arquímedes, que toda línea en el plano puede ser representada por medio de ecuaciones lineales a través de las coordenadas x, y, e inversamente, que todas las ecuaciones lineales de tal clase, *en la que los coeficientes son segmentos en la geometría dada*, representan una línea. (...) La construcción subsiguiente de la geometría puede ser realizada por medio de los métodos habituales que son utilizados en la geometría analítica. (Hilbert 1899, p. 38. El énfasis es mío.)

En suma, las técnicas desarrolladas por Hilbert permiten probar que, dados un plano α que satisface los axiomas I–IV y un cuerpo ordenado $\mathbb{K}$ asociado a la aritmética de segmentos en α, el plano α es isomorfo a un plano cartesiano $\mathbb{K}^2$ sobre el cuerpo $\mathbb{K}$. Asimismo, si junto con los axiomas I–IV se asume además el axioma de Arquímedes, entonces es posible asignar un (único) número real a cada punto sobre la línea.[54] Hilbert reconoce, sin embargo, que con este paso renunciamos al carácter puramente geométrico de su teoría axiomática. En efecto, con el axioma arquimediano se introduce inevitablemente una *suposición numérica*, en tanto que para su formulación resulta esencial la cuantificación existencial sobre los números naturales. En el contexto de una discusión sobre el sistema axiomático para los números reales, Hilbert resalta el carácter no elemental del axioma de Arquímedes: "Aquí [i.e. con la inclusión del axioma de Arquímedes] se introduce el concepto de un número finito arbitrario como un nuevo elemento lógico, en tanto que se lo requiere aquí para la conjunto necesario de procesos de adición [*Additionsprozessen*]" (Hilbert 1905b, pp. 16–17).

La correspondencia uno–a–uno entre los puntos de una línea y los números reales se conseguirá finalmente por medio del famoso axioma de completitud.[55] Hilbert advierte nuevamente que este axioma "no es de una naturaleza puramente geométrica" (Hilbert 1902b, p. 25). Sin embargo, con su inclusión el "puente axiomático" construido por Hilbert no sólo alcanza ahora la geometría analítica ordinaria sobre los números reales – que se convierte en el único modelo (salvo isomorfismo) de su sistema axiomático – sino que al mismo tiempo se proporciona un fundamento para la geometría analítica y el análisis (real).

Finalmente, esta construcción de una aritmética para segmentos lineales exhibe la conexión fundamental entre dos teoremas clásicos de la geometría proyectiva, como los teoremas de Desargues y Pappus (Pascal), y las propiedades algebraicas de las operaciones definidas geométricamente para los segmentos lineales. Más precisamente, Hilbert muestra que mientras que el primero asegura que el plano puede ser coordenatizado por medio de un cuerpo no conmutativo (siendo esencial para probar la propiedad asociativa de la multiplicación), el segundo garantiza la propiedad conmutativa para la misma operación.[56]

---

[54] Cf. (Hilbert 1899, pp. 38–39).

[55] El axioma de completitud no está presente en la primera edición de *Fundamentos de la geometría* (1903), sino que es incluido en ediciones subsiguientes. Este tema será abordado en detalle en el capítulo 7.

[56] Hilbert prueba estos resultados en el capítulo V de *Fundamentos de la geometría* (Hilbert 1999). Allí demuestra, entre otras cosas, que en una

6.5. El método axiomático y unidad de la matemática

Quisiera concluir este capítulo con algunas observaciones respecto del significado general de la aritmética para segmentos lineales, elaborada por Hilbert en *Fundamentos de la geometría*.

En primer lugar, las investigaciones de Hilbert contribuyeron notablemente a esclarecer un problema de enorme importancia para los fundamentos de la geometría, a saber: la determinación del papel que el número desempeña en la geometría, y en particular, la función de los axiomas de continuidad en la introducción de coordenadas numéricas. Como hemos visto, sus reflexiones se originaron en gran medida en las dificultades planteadas por los métodos geométricos puros introducidos von Staudt en la geometría proyectiva en la mitad del siglo XIX, y estuvieron motivadas no sólo por la búsqueda de una solución a estos problemas matemáticos concretos, sino también por preocupaciones de carácter e*pistemológico y metodológico*. El procedimiento pensado por Hilbert para introducir coordenadas en la geometría euclídea, basado en su novedoso cálculo de segmentos, reveló que efectivamente era posible introducir un sistema de coordenadas de un modo puramente geométrico y sin utilizar ningún axioma de continuidad, en particular, el axioma de Arquímedes. Más aún, estos resultados exhibieron por primera vez la potencialidad de los teoremas de Desargues y Pascal para realizar una coordenatización interna de la geometría elemental.

Cabe aclarar, sin embargo, que de ningún modo estos resultados constituyeron la culminación de estos problemas, sino que más bien fueron el punto de partida para nuevas investigaciones. Por ejemplo, poco después Hessenberg (1905) mostró cómo era posible construir un cálculo de puntos geométricos similar a la aritmética de segmentos hilbertiana, obteniendo de ese modo una simplificación de su aritmetización interna de la geometría. Asimismo, algunas de las ideas originales de Hilbert fueron posteriormente mejoradas. Especialmente, la teoría de las proporciones, que según Freudenthal aparecía como "complicada y oscura" desde un punto de vista

---

geometría plana donde los axiomas I, 1–3, II, IV y el teorema de Desargues son válidos, es posible construir una aritmética de segmentos en donde se cumplen todas las propiedades de un cuerpo ordenado, *menos la propiedad conmutativa de la multiplicación*.

más contemporáneo[57], fue simplificada notablemente por Bernays (1999), en un trabajo que fue publicado como suplemento en la décima edición de *Fundamentos de la geometría* (Hilbert 1999). Los resultados de Hilbert motivaron así un gran número de fructíferas investigaciones.[58]

En segundo lugar, la aritmética para segmentos lineales permitió "sortear el hiato" o "trazar un puente", por así decirlo, entre las geometrías sintéticas y las geometrías analíticas. Según lo advierte el propio Hilbert, sus investigaciones revelaron cómo "es posible construir un cálculo con segmentos o una geometría analítica, en donde las letras representan de hecho segmentos, y no números" (Hilbert 1898/1899b, p. 261). Hilbert reconoce entonces que los segmentos lineales pueden conformar, una vez que las operaciones de adición y producto han sido definidas adecuadamente, la base de un cuerpo ordenado que puede ser a su vez utilizado para construir un sistema de coordenadas. Empero ello equivale a afirmar que, en gran medida, la geometría analítica es posible sin la imposición de cuerpos numéricos "desde afuera". Precisamente aquí se aprecia la importancia que para Hilbert tenía el hecho de que su aritmetización de la geometría fue realizada con independencia del axioma de Arquímedes, en tanto que éste era el único axioma que podía considerarse como no puramente geométrico, puesto que su formulación misma suponía el concepto de número entero positivo.

Los resultados de Hilbert constituyen así una explicación de *cómo* y *por qué* existe una completa correspondencia entre la geometría sintética y la geometría analítica. Al probar que la teoría de las magnitudes surge intrínsecamente en la geometría sintética, y por lo tanto no debe ser impuesta desde fuera por medio de supuestos (numéricos) adicionales, Hilbert consigue mostrar al mismo tiempo que la suposición general que guía a la geometría analítica, i.e. la coordenatización de los puntos de una línea con los números reales, está realmente justificada. Por medio de su cálculo para segmentos lineales Hilbert brinda un fundamento axiomático para las conexiones estructurales entre la geometría euclídea la geometría analítica, una preocupación que como vimos está presente ya en sus primeros

---

[57] Cf. (Freudenthal 1957, p. 127).

[58] Un panorama muy completo de las investigaciones motivadas por *Fundamentos de la geometría* se encuentra en los trabajos de Karzel y Kroll (1988) y Pambuccian (2013).

trabajos consagrados a los fundamentos de la geometría.[59]

Finalmente, en virtud de nuestro examen, podemos comprender ahora la afirmación de Hilbert según la cual, gracias a su análisis axiomático, llegamos a "proporcionar un nuevo fundamento para la unidad de la matemática" (Hilbert 1898/1899b, p. 223). Su nuevo método axiomático formal le permitió mostrar cómo distintas teorías matemáticas como la geometría y la aritmética (y el análisis), que en esta etapa temprana él consideraba muy distantes respecto de sus bases epistemológicas, están conectadas estructuralmente. La contribución del método axiomático (formal) en la consecución de esta tarea se manifestó así al menos en dos puntos principales. En primer lugar, para mostrar que los segmentos lineales comparten con los números reales la estructura de un cuerpo ordenado, fue necesario contar con una axiomatización precisa de esta estructura algebraica, a partir de la cual es posible mostrar qué propiedades son compartidas por el cuerpo formado por segmentos y por el cuerpo formado por números, y cuáles no. En el *Festschrift* Hilbert presenta entonces el primer sistema de axiomas para un cuerpo ordenado (arquimediano). En segundo lugar, la presentación de cada una de estas estructuras como un sistema de axiomas formales es lo que hace posible, por un lado, identificar y descubrir las semejanzas estructurales; por otro lado, es lo que permite determinar qué axiomas o teoremas son responsables de cada una de las propiedades.

En resumen, además del interés y la relevancia que recaen en estos resultados desde un punto de vista estrictamente matemático, la aritmética de segmentos lineales constituye un claro ejemplo de una creencia general de Hilbert respecto de la naturaleza de la matemática y del valor del método axiomático para el conocimiento matemático. Me refiero a su conocida tesis de la "unidad de la matemática", expresada en su conferencia de París "Problemas matemáticos" (Hilbert 1900b):

> En mi opinión, la matemática es un todo indivisible, un organismo cuya vitalidad está condicionada por la conexión entre sus partes. Puesto que a pesar de la variedad del conocimiento matemático, todavía somos muy conscientes de las ideas de la matemática como un todo

---

[59] Cf. *supra*, capítulo 1, sección 1.3.1.

y de las numerosas analogías en sus distintos campos
de conocimiento [*Wissensgebieten*]. También llegamos
a percibir que, cuanto más avanzada o desarrollada se
encuentra una teoría, más armoniosa y uniformemente
procede su construcción, y relaciones insospechadas entre ramas hasta el momento separadas de las ciencias
son reveladas. De este modo ocurre que a través de su
extensión, el carácter orgánico de la matemática no se
pierde sino que se manifiesta a sí mismo más claramente
(...) La unidad orgánica de la matemática es inherente
a la naturaleza de esta ciencia, porque la matemática
es el fundamento de todo conocimiento exacto de los
fenómenos naturales. (Hilbert 1900b, p. 329)

La aritmética de segmentos era así para Hilbert un caso concreto en donde podía percibirse este tipo de "unidad orgánica" de la
matemática. Es decir, era un claro ejemplo de cómo dos disciplinas como la geometría y la aritmética y el álgebra, en apariencia
muy distintas o separadas, estaban conectadas estructuralmente.[60]
Y según hemos podido observar en sus notas de clases, Hilbert reconoció que ésta era precisamente una de las características más
atractivas y fructíferas de su nuevo método axiomático, a saber:
la capacidad de descubrir y exhibir conexiones hasta el momento
desconocidas entre distintas teorías matemáticas, y de esa manera
contribuir a la unidad del conocimiento matemático.

---

[60] En la misma conferencia de París, Hilbert destaca además que otras
analogías entre el pensamiento geométrico y el pensamiento aritmético fueron reveladas por Minkowski en su reciente trabajo sobre la *Geometría de los
números* (1986). Cf. (Hilbert 1900b, p. 296). Un estudio de las observaciones de Hilbert respecto del trabajo de Minkowski se encuentra en (Smadja
2012).

CAPÍTULO 7

La (temprana) metateoría de los sistemas axiomáticos

7.1. Introducción

En la medida en que los axiomas no deben ser más considerados como verdades autoevidentes, ciertos criterios o condiciones de adecuación deben ser impuestos a los sistemas axiomáticos, para evitar que la libertad con la que los axiomas pueden ser postulados colapse en arbitrariedad. Hilbert exige por este motivo desde un inicio que todo sistema axiomático sea 1) *consistente*, 2) *completo*, 3) que el número de axiomas sea *finito*[1], 4) que los axiomas sean *independientes* unos de otros. Empero estas condiciones de adecuación no eran de ningún modo nuevas. La exigencia por la independencia de los axiomas había sido postulada, al menos veinte años antes que Hilbert comenzara sus investigaciones, en los trabajos sobre las geometrías no euclídeas.[2] Del mismo modo, Dedekind y Cantor formularon explícitamente el requerimiento de consistencia en el establecimiento de toda nueva teoría.[3] Finalmente, en su nueva presentación de la mecánica, Hertz insistió en la independencia y en un tipo de completitud de los principios elegidos. Sin embargo, es preciso reconocer que Hilbert fue sin dudas el primero en fijar estas condiciones conjuntamente y en relacionarlas directamente al

---

[1] Por lo general, Hilbert se refiere a esta condición, aunque de un modo más laxo, como "simplicidad".

[2] Cf. (Toepell 1986, p. 59).

[3] Cf. (Hallett 1994).

método axiomático.

Ahora bien, la caracterización de las mencionadas propiedades 'metalógicas' ofrecida por Hilbert en esta etapa inicial, sólo pudo haber tenido un carácter impreciso o informal. Para definir con precisión estos requerimientos era necesario contar al menos con las nociones de deducción formal, deducibilidad y consecuencia lógica; y por supuesto ello era algo con lo que Hilbert no contaba todavía en 1900. Más aún, a pesar de que sus investigaciones metageométricas sobre la independencia de los axiomas son de una naturaleza próxima a lo que se llama hoy "teoría de modelos", existen claros indicios que nos llevan a pensar que, en esta etapa temprana, Hilbert no contaba con un clara distinción conceptual entre sintaxis y semántica.[4]

Dadas estas limitaciones conceptuales, en sus manuscritos Hilbert tampoco ofrece una caracterización rigurosa de las propiedades 'metalógicas' de un sistema axiomático. Sin embargo, en este capítulo intentaré mostrar que estas fuentes aportan consideraciones y observaciones muy valiosas para evaluar cuál fue efectivamente el lugar que estas propiedades ocuparon en sus investigaciones geométricas correspondientes a este período inicial. El objetivo de este último capítulo será utilizar este valioso material para reexaminar el tratamiento que las nociones 'metalógicas' de completitud, independencia y consistencia recibieron en los primeros estudios axiomáticos de Hilbert en el campo de la geometría. Argumentaré que esta cuestión puede ser fructíferamente abordada cuando se analizan, sobre la base de estas nuevas fuentes, las vicisitudes que rodearon a la inclusión del axioma de completitud [*Vollständigkeitsaxiom*] en el sistema de axiomas hilbertiano para la geometría euclídea.

El capítulo se estructura de la siguiente manera. En la sección 7.2 analizo la noción de consistencia. Por un lado, señalo que Hilbert fluctúa, en este etapa, entre una especie de definición semántica de consistencia, esto es, como *satisfacibilidad*, y una especie de noción sintáctica, que concibe la consistencia como la imposibilidad de deducir una contradicción por medio de un número finito de inferencias lógicas. Esta definición, sin embargo, es presentada sin hacer ninguna referencia a un sistema lógico específico. Por otro lado, afirmo que la consistencia de la geometría euclídea, o más

---

[4] Zach (1999) ha señalado que la primera distinción explícita de Hilbert entre sintaxis y semántica se encuentra en un curso de 1917. Cf. (Hilbert 1917).

precisamente, la cuestión de probar la consistencia de la geometría mostrando que su sistema de axiomas podía ser reducido a los axiomas para los números reales, no era en este momento una preocupación central para Hilbert. Seguidamente (7.3), me ocupo de la noción de independencia. En particular, en esta sección argumento que la independencia fue, *en la práctica*, la noción metalógica en la que Hilbert depositó un mayor interés, en el contexto de sus investigaciones geométricas.

La sección 7.4 está dedicada a la noción de completitud y, en especial, al axioma de completitud. En primer lugar, menciono una noción 'pre–formal' de completitud aludida por Hilbert, que consiste en exigir que todos los hechos conocidos del dominio científico que debe ser axiomatizado, puedan ser deducidos (lógicamente) a partir de los axiomas. En segundo lugar, analizo en detalle la incorporación del axioma de completitud en el sistema de axiomas para la geometría euclídea elemental, utilizando en gran medida la información que aportan las notas de clase de Hilbert. En particular, primero intento mostrar que la 'completitud' de la que habla el axioma de completitud, de ningún modo se refiere a la propiedad de completitud del *sistema axiomático*, en un sentido estricto. Segundo, señalo que este hecho es advertido explícitamente por Hilbert en un período posterior. Tercero, argumento que las consideraciones y discusiones evidenciadas en sus notas de clases, no sólo permiten ganar mayor claridad respecto de cómo Hilbert juzgó la naturaleza y la función del axioma de completitud en su sistema axiomático para la geometría elemental, sino que además hacen posible distinguir ciertas diferencias importantes entre el papel que este axioma cumple en el sistema de axiomas para los números reales y en el sistema para la geometría. Cuarto, sostengo que la indagación sobre las fuentes mencionas aporta evidencia muy convincente respecto de la notable importancia que Hilbert depositó en sus investigaciones sobre la independencia de los axiomas geométricos. Finalmente, concluyo que esta elucidación permite alcanzar una perspectiva mejor contextualizada del abordaje axiomático a la geometría, desarrollado por Hilbert hacia fines del siglo XIX y principios del siglo XX.

7.2. Consistencia

Una consecuencia central de la nueva concepción formal del método axiomático es que la propiedad de *consistencia* se convierte en el requerimiento más importante que debe garantizarse de un sistema de axiomas. El hecho de que los axiomas dejan de ser considerados como enunciados verdaderos autoevidentes, conlleva que la pregunta por la consistencia del sistema de axiomas se vuelva central. Para la concepción clásica del método axiomático, la consistencia era una consecuencia de la verdad de los axiomas, puesto que su carácter de proposiciones verdaderas aseguraba que eran compatibles entre sí.[5] En la concepción abstracta, en cambio, no es posible recurrir a la verdad de los axiomas para garantizar la consistencia del sistema axiomático. La consistencia de un sistema formal de axiomas debe ser *demostrada*, para clausurar la posibilidad de que se trate de un sistema trivial, desprovisto de todo interés. Es decir, una consecuencia de la inconsistencia, resaltada a menudo por Hilbert, es que *en un sistema inconsistente toda proposición es deducible de, o está conectada con, cualquier otra*:

Sea *a* una proposición cualquiera, por ejemplo, un teorema sumamente complejo y profundo de la matemática. Luego, si de algún modo emerge una contradicción, de modo que *a* es verdadera y falsa al mismo tiempo – *i.e.*, ambos pueden ser demostrados lógicamente –, entonces podemos decir:

De 2 = 2 se sigue *a*

De 2 = 2 se sigue No–*a*

Ahora bien, de acuerdo con una ley lógica conocida, de las dos proposiciones anteriores se sigue que la premisa 2 = 2 es falsa; e incluso, de cualquier contradicción, sin importar cuán dentro [de la teoría] se encuentre, se puede probar rigurosamente la falsedad de toda proposición correcta. Podemos decir entonces que, en la totalidad de nuestro conocimiento, *una* contradicción actúa

---

[5] Esta idea es expresada explícitamente, por ejemplo, por Frege: "De la verdad de los axiomas se sigue que no se contradicen entre sí" (Frege a Hilbert, 27 de diciembre de 1899, en Frege 1976, p. 63).

como una chispa en un barril de pólvora [*Pulverfass*] y destruye todo. Por lo tanto, todas las ciencias deben preocuparse por evitar una contradicción, incluso si ésta se halla muy dentro en la teoría. (Hilbert 1905b, p. 217)

La importancia fundamental de la consistencia fue reconocida y enfatizada públicamente por Hilbert, principalmente en relación al sistema de axiomas para la aritmética. En primer lugar, esta cuestión es aludida en su conferencia "Sobre el concepto de número" (Hilbert 1900c), en donde la consistencia es señalada como la primera propiedad que se debe exigir de un sistema axiomático. Sin embargo, poco después, en sus "Problemas matemáticos" de París (Hilbert 1900b) Hilbert hace de la *demostración* de la consistencia el problema central de su nueva concepción axiomática:

Pero por sobre todo quisiera designar lo siguiente como lo más importante, entre las numerosas preguntas que pueden preguntarse en relación a los axiomas: *demostrar que ellos mismos no se contradicen entre sí, esto es, que un número finito de inferencias basadas en ellos no puede conducir a resultados contradictorios.* (Hilbert 1900b, p. 300)

La relevancia de la consistencia de los axiomas para la aritmética queda reflejada en el hecho de que Hilbert la propone como el segundo problema de su lista de problemas matemáticos: "Hallar una prueba directa de la consistencia de los axiomas para la aritmética" (Hilbert 1900b, pp. 299–301). Luego, esta importancia atribuida al problema de la consistencia de la aritmética ha fomentado la imagen de que el objetivo fundamental de Hilbert en *Fundamentos de la geometría* era probar la consistencia de la geometría euclídea, mostrando que su sistema de axiomas podía ser reducido a los axiomas para los números reales. Sin embargo, veremos a continuación que esta interpretación no resulta del todo acertada.

En esta etapa temprana Hilbert se hallaba imposibilitado de ofrecer una caracterización rigurosa de nociones metalógicas como la consistencia, principalmente en función de dos limitaciones conceptuales fundamentales. En primer lugar, no contaba con una noción suficientemente precisa de *deducción formal*; ello se explicaba en

parte debido a que la "lógica subyacente" de sus primeros sistemas de axiomas para la geometría y la aritmética consistía en una
teoría informal de conjuntos y funciones, y no en un sistema deductivo formal explícitamente formulado. En segundo lugar, Hilbert
tampoco parecía disponer de una distinción conceptual clara entre
sintaxis y semántica, a pesar de que esta distinción estaba implícitamente supuesta en sus demostraciones de la independencia de
algunos axiomas geométricos, basadas en la construcción de modelos aritméticos o analíticos.[6]

En cuanto a la primera de estas limitaciones, Hilbert emprende la tarea de elaborar un sistema lógico, que pudiera servir como
la lógica subyacente para sus sistemas axiomáticos, en 1904/1905.
La urgencia de esta empresa fue advertida por nuestro autor principalmente a partir del reconocimiento de que las paradojas que
afectaban a la teoría de conjuntos no eran de una naturaleza puramente matemática, pues extendían su alcance también a la lógica.
Esta opinión es expresada en una carta a Frege fechada el 7 de no-
viembre de 1903. En esta carta Hilbert se refiere a la descripción
de la paradoja de Russell, presentada por Frege en el epílogo del
segundo volumen de *Grundgesetze der Arithmetik* (1903), y al consecuente reconocimiento de que el sistema lógico allí empleado para
dar una fundamentación a la aritmética era inconsistente:

> Su ejemplo en el final del libro (p. 253) es conocido
> aquí por nosotros; yo mismo he encontrado, hace ya
> cuatro o cinco años, otras contradicciones incluso más
> convincentes. Ellas me han llevado al convencimiento de
> que la lógica tradicional es inadecuada y que la teoría
> de la formación de conceptos debe ser agudizada y refi-
> nada.[7] (Frege 1976, pp. 79–80).

Poco después, en la conferencia de Heidelberg de 1904 "Sobre los
fundamentos de la lógica y la aritmética" (Hilbert 1905a), Hilbert
formuló la conocida exigencia de un "desarrollo parcialmente si-
multáneo de las leyes de la lógica y la aritmética" (Hilbert 1905a,

---

[6] Esta limitación ha sido advertida, entre otros, por Zach (1999), Awodey y
Reck (2002) y Sieg (2009).

[7] La afirmación de Hilbert del descubrimiento, en 1898–1899, de otras paradojas incluso "más convincentes" que la de Russell, ha sido analizada por
Peckhaus y Kahle (2002).

p. 176). Hilbert presentó en este trabajo una descripción muy rudimentaria de cómo debería proceder una prueba absoluta o sintáctica de la consistencia de los axiomas para la aritmética, como así también un esbozo muy general de un sistema lógico.[8] Sin embargo, este esbozo fue ampliado en la segunda sección de su curso de 1905, al que ya hemos aludido en capítulos anteriores. Hilbert presenta allí un cálculo para una lógica proposicional axiomatizada basada en la noción de identidad. Este cálculo proposicional fue elaborado por Hilbert de manera *algebraica*, y en este sentido era muy similar a un álgebra de Boole.[9]

Ahora bien, aunque Hilbert sostuvo que este sistema para la lógica proposicional podía ser utilizado como la lógica subyacente de sus sistemas axiomáticos, sin dudas se trataba de un cálculo lógico construido sobre una base muy rudimentaria, lo que lo volvía cla-

---

[8] Un análisis del intento de Hilbert en este artículo por describir como debería ser llevada a cabo una prueba puramente sintáctica de la consistencia de la aritmética, puede verse en (Sieg 2009).

[9] El sistema de axiomas para la lógica proposicional, elaborado por Hilbert en 1905, es el siguiente:

i. Si $X \equiv Y$ entonces es posible reemplazar X por Y e Y por X.

ii. De dos proposiciones X,Y resulta (por adición) una nueva proposición $Z \equiv X + Y$

iii. De dos proposiciones X, Y resulta de un modo diferente (por multiplicación) otra proposición $Z \equiv X \cdot Y$

iv–viii. Reglas de cálculo para estas operaciones

$$iv.\ X + Y \equiv Y + X$$
$$v.\ X + (Y + Z) \equiv (X + Y) + Z$$
$$vi.\ X \cdot Y \equiv Y \cdot X$$
$$vii.\ X \cdot (Y \cdot Z) \equiv (X \cdot Y) \cdot Z$$
$$viii.\ X \cdot (Y + Z) \equiv X \cdot Y + X \cdot Z$$

ix–xii. Existen dos proposiciones distintas $0, 1$, y para cada proposición X, otra proposición $\overline{X}$ puede ser definida, tal que:

$$ix.\ X + \overline{X} \equiv 1 \qquad x.\ X \cdot \overline{X} \equiv 0$$
$$xi.\ 1 + 1 \equiv 1 \qquad xii.\ 1 + X \equiv X.$$

En una nota marginal, Hilbert aclara: "escribir más simplemente = 'igual'" (Hilbert 1905b, pp. 224). Los símbolos X, Y, Z mientan proposiciones, $+$ la conjunción, $\cdot$ la disyunción, 0 la verdad y 1 la falsedad (Cf. Hilbert 1905b, pp. 225–228). Un análisis detallado del sistema lógico elaborado por Hilbert en estas notas manuscritas se encuentra en Peckhaus (1990; 1994; 1995) y Zach (1999).

ramente inadecuado para cumplir tal fin.[10] Es por ello que cuando
más tarde, en un curso de 1917, Hilbert retomó esta misma tarea, lo hizo sobre una base sustancialmente diferente. En efecto,
Hilbert recibió con gran entusiasmo a los *Principia Mathematica*
(1910–1913) de Whitehead y Russell, y elaboró un nuevo cálculo
proposicional basado en el sistema de los *Principia*, que constituye
además el antecedente inmediato para el sistema lógico de Hilbert
y Ackermann (1928).[11]

En cuanto a la segunda de las limitaciones advertidas, un ejemplo de la ausencia de una clara distinción conceptual entre sintaxis
y semántica, se observa en el hecho de que en este período inicial
Hilbert parece confundir, e incluso identificar, lo que actualmente
entendemos por las nociones de consecuencia sintáctica o *deducibilidad* y *consecuencia lógica* o semántica.

La idea de consecuencia lógica está presente implícitamente en las
pruebas de independencia de diversos axiomas de la geometría, llevadas a cabo por Hilbert *in extenso* durante este período.[12] Ello se
observa en el procedimiento empleado por Hilbert para demostrar
la independencia de un axioma A cualquiera, que consiste precisamente en mostrar que *hay una interpretación que hace a todos
los axiomas verdaderos, y a A falso*. Por otro lado, es posible también indicar una serie de referencias textuales en donde esta noción
"informal" de consecuencia lógica estaría presente.

En primer lugar, y tan tempranamente como en 1894, Hilbert parece aludir a ella en sus notas de clases para el curso "Fundamentos
de la geometría" (Hilbert 1893/1894b). Se trata de un pasaje que
ya hemos citado en un capítulo anterior:

> Nuestra teoría proporciona sólo un esquema [*Schema*]
> de conceptos, conectados entre sí por las invariables

---

[10] Por ejemplo, Hilbert no logra extender en 1905 este sistema de axiomas para
la lógica proposicional, de manera que incluya cuantificadores.

[11] El sistema lógico elaborado por Hilbert en su curso de 1917, "Principios
de la matemática" (Hilbert 1917), ha sido examinado por Moore (1997),
Sieg (1999) y Zach (1999). Sobre la recepción de *Principia Mathematica*
por parte de Hilbert – y su escuela –, puede verse Mancosu (2003).

[12] La presencia de una suerte de noción de consecuencia lógica en los trabajos
de Hilbert, correspondientes al período que estamos analizando, ha sido
sugerida por algunos autores. En especial, véase (Hallett 1995a, p. 149) y
(Shapiro 1997, p. 164).

leyes de la lógica. Se deja al entendimiento humano [*menschlicher Verstand*] cómo aplicar este esquema a los fenómenos, cómo llenarlo de material [*Stoff*]. Ello puede ocurrir de diversas maneras: *pero siempre que los axiomas sean satisfechos, entonces los teoremas son válidos*. (Hilbert 1894, p. 104. El énfasis es mío)

De acuerdo con esta noción informal de consecuencia lógica, una proposición es una "consecuencia lógica" del sistema de axiomas, en el caso de que sea una proposición válida bajo cualquier interpretación que haga a los axiomas verdaderos. Hilbert menciona nuevamente esta noción en la primera de sus respuestas a Frege, en el contexto de la conocida controversia epistolar:

Si cuando me refiero a mis 'puntos' pienso en un sistema de objetos cualesquiera, por ejemplo, el sistema: amor, ley, deshollinador (...), y luego aceptamos a todos mis axiomas como [estableciendo] las relaciones entre estos objetos, entonces mis teoremas, por ejemplo, el teorema de Pitágoras, también son válidos para estos objetos.[13]

Por último, esta misma noción está operando en una descripción del abordaje axiomático a la geometría de Hilbert, realizada por Bernays en uno de sus importantes artículos.[14] Con el objetivo de distinguir la concepción clásica del método axiomático de la nueva concepción abstracta de Hilbert, Bernays señala:

De acuerdo con esta concepción, los axiomas no son en general proposiciones de las cuales pueda decirse que son verdaderas o falsas; sólo en conexión con todo el sistema axiomático tienen ellas algún sentido. Y tampoco el sistema axiomático constituye la expresión de una verdad, sino que la estructura lógica de la geometría axiomática, en el sentido de Hilbert, es puramente hipotética – al igual que, por ejemplo, la teoría abstracta de grupos. *Si en cualquier lugar en la realidad existen tres sistemas de objetos y ciertas relaciones determinadas entre estos objetos, de manera tal que para éstos los axiomas*

---

[13] Hilbert a Frege, 19 de diciembre de 1899; en (Frege 1976, p. 67).
[14] Cf. (Hallett 1995a, p. 137).

> *se cumplen (esto es, que a partir de una corresponden-*
> *cia apropiada entre nombres y objetos y relaciones, los*
> *axiomas se convierten en proposiciones verdaderas), en-*
> *tonces todos los teoremas de la geometría son válidos*
> *también para estos objetos y relaciones.* (Bernays 1922a,
> pp. 95–96. El énfasis es mío)

Ahora bien, en otros lugares y sin mayores aclaraciones, Hilbert
parece estar pensando al mismo tiempo en una noción de consecuencia en un sentido diferente al recién mencionado, o sea, en un
sentido sintáctico:

> (. . .) Luego, en mi opinión, es posible mostrar que una
> respuesta [a un problema] es correcta a través de un
> número finito de inferencias lógicas [*endliche Anzahl von*
> *Schlüssen*] basada a su vez en un número finito de pre-
> misas (. . .). Este requerimiento de la deducción lógica
> por medio de un número finito de inferencias no es otro
> sino el requerimiento del rigor en las demostraciones.
> (Hilbert 1900b, p. 293)

Vemos aquí que Hilbert parece pensar también en la noción de
consecuencia en un sentido sintáctico como *deducibilidad*, o en palabras del propio autor, como "ser deducible a través de una de-
rivación finita". Más aún, esta idea aparece más visiblemente en
(Hilbert 1905b; 1905c). Hilbert habla allí de la consistencia como
la incapacidad de deducir al mismo tiempo a partir de los axiomas las fórmulas ϕ y $\neg\phi$ por medio de "operaciones lógicas", y
señala también que una deducción lógica es efectuada por medio de
"combinaciones lógicas de proposiciones". Ello revela que, en 1905,
Hilbert entendía también la consistencia de manera sintáctica, en
el sentido de *deducibilidad*. Es decir, un sistema es consistente si es
imposible deducir a partir de los axiomas una contradicción, por
medio de un número finito de inferencias:

> Sin embargo, lo más importante aquí es la prueba de que
> los 12 axiomas no se contradicen entre sí, i.e. utilizando
> los métodos arriba descriptos no es posible obtener una
> proposición que contradice a los axiomas, por ejemplo,
> $X + \overline{X} = 0$. (Hilbert 1905b, p. 230)

Dado que Hilbert no especifica, en este período inicial, un conjunto de principios deductivos o reglas de inferencia, es posible llamar consistencia "quasi–sintática" a esta definición.[15] La noción de consistencia de un sistema de axiomas que surge de entender la idea de consecuencia como deducibilidad, es así una noción *sintáctica*. Sin embargo, en la medida en que todas las pruebas de consistencia de *Fundamentos de la geometría* son pruebas relativas o indirectas, o sea, pruebas en las que la consistencia es demostrada por medio de la construcción de un "modelo", Hilbert parece estar pensando también en la consistencia en el sentido de *satisfacibilidad*, esto es, en un sentido semántico que equipara la consistencia a la existencia de un modelo.

En suma, aunque en la práctica Hilbert distinguía entre los axiomas formales de su sistema y sus posibles interpretaciones, no disponía en cambio en este período inicial de una clara *distinción conceptual* entre sintaxis y semántica. Como lo advierte Hallett, "[En esta etapa inicial], Hilbert pasaba rápidamente de la noción sintáctica de deducción lógica a la noción semántica de consecuencia lógica, pensando presumiblimente que eran lo mismo" (Hallett 1995a, p. 150).[16] Y ello tiene como resultado que Hilbert se refiere en estos trabajos iniciales, sin mayores distinciones y aclaraciones, a la noción metalógica de *consistencia tanto en un sentido sintáctico como en un sentido semántico*, esto es, como satisfacibilidad.

Por otra parte, la relevancia de la consistencia como el requerimiento más fundamental que deben satisfacer los sistemas axiomáticos es algo que Hilbert enfatiza continuamente. En relación al sistema de axiomas para la aritmética de los reales, Hilbert admite que la búsqueda de una prueba de consistencia es una tarea absolutamente central. Ello se explica en virtud de diversos factores. En primer lugar, en el caso de la aritmética, la prueba de consistencia sólo puede ser *absoluta o directa*; es decir, la consistencia de la

---

[15] Cf. (Sieg 2009; 2013).

[16] Zach (1999) ha mostrado que una distinción rigurosa entre sintaxis y semántica se encuentra, por primera vez, en el curso de Hilbert de 1917 "Principios de la matemática" (Hilbert 1917). Entre otros resultados, en este curso Hilbert presenta: *a)* una semántica explícitamente definida para el cálculo proposicional usando valores de verdad; *b)* la noción de decidibilidad de un conjunto de fórmulas proposicionales válidas; *c)* la completitud de un sistema de axiomas en relación a una semántica dada y la noción de completitud sintáctica o de Post.

aritmética no puede ser demostrada por medio de la construcción de modelos, tal como ocurre en geometría.[17] La importancia de llevar a cabo efectivamente una demostración de la consistencia de la aritmética se debía entonces a que requería de la elaboración de nuevas herramientas conceptuales, o como lo señala Hilbert, suponía "la modificación apropiada de los métodos de deducción usuales" (Hilbert 1900c, p. 184). Poco después, en su conferencia de Heidelberg "Sobre los fundamentos de la lógica y la aritmética" de 1904, Hilbert presentará un esbozo muy rudimentario de cómo esta prueba directa de la consistencia de la aritmética puede ser llevada a cabo. Sin embargo, éste será posteriormente el problema central del llamado "programa de Hilbert".

En segundo lugar, la trascendencia de esta tarea residía también en que, a través de la demostración de la consistencia de su sistema de axiomas para la aritmética, según Hilbert era posible despejar todas las dudas que rodeaban a las distintas teorías de los números reales, sobre todo aquellas que se basaban en nociones y construcciones conjuntistas:

> Todas las dudas y objeciones que se han planteado en relación a la existencia del conjunto de los números reales y, en general, en relación a la existencia de conjuntos infinitos aparecen como algo injustificado una vez que hemos adoptado el enfoque que acabo de describir. De acuerdo con lo dicho, por conjunto de los números reales no tenemos que entender la totalidad de las leyes posibles según las cuales pueden avanzar los elementos de una sucesión fundamental[18], sino más bien, como acabamos de decir, un sistema de objetos cuyas relaciones se encuentran determinadas por el sistema finito y cerrado de los axiomas I–IV, y en relación al cual ninguna afirmación será válida si no puede deducirse a partir de

---

[17] Cf. (Hilbert 1900b, p. 300).

[18] Una sucesión de números racionales a_n se llama *fundamental o de Cauchy* si para todo número positivo ϵ corresponde un número $k(\epsilon)$ tal que

$$|a_n - a_m| < \epsilon \text{ para todo } n, m \geq k(\epsilon)$$

Hilbert se refiere aquí a la construcción de Cantor (1872) de los números reales como límites de sucesiones fundamentales de números racionales.

estos axiomas por medio de un número finito de inferencia lógicas. (Hilbert 1900c, p. 184)[19]

Ahora bien, aunque la importancia que Hilbert le confirió en 1900 a la demostración de la consistencia del sistema axiomático para la aritmética es bien conocida y a menudo resaltada, es importante advertir que en el caso de la geometría no resultaba, en la práctica, inmediatamente equiparable. Si se observa el tratamiento que recibe este problema en *Fundamentos de la geometría*, es claro que para Hilbert la consistencia de la geometría no era algo que resultaba problemático, en el sentido de que debía ofrecerse con urgencia una prueba de la consistencia de su sistema de axiomas para la geometría. Hilbert no ofrece allí *una demostración sistemática y exhaustiva de la consistencia de su sistema axiomático para la geometría*, sino que se limita a tratar la cuestión muy brevemente a lo largo de dos páginas, señalando meramente que la geometría analítica construida sobre los números reales podía ser utilizada para demostrar la consistencia de sus axiomas para la geometría sintética. Una rápida mirada sobre su libro muestra que el problema de la consistencia de la geometría euclídea, o más precisamente, la cuestión de probar la consistencia de la geometría mostrando que su sistema de axiomas podía ser reducido a los axiomas de los números reales, no era en este momento de ningún modo una preocupación central.[20] Antes bien, otras nociones metalógicas jugaron *en la práctica* un papel más relevante en los estudios geométricos de Hilbert.

---

[19] La misma opinión es expresada en "Problemas matemáticos":

> En el caso presente, en donde nos ocupamos de los axiomas de los números reales en la aritmética, la prueba de consistencia de los axiomas es al mismo tiempo la demostración de la existencia matemática del sistema completo de los números reales o del *continuum*. En efecto, cuando la prueba de la consistencia de los axiomas sea lograda completamente, las dudas que han sido expresadas ocasionalmente respecto de la existencia del sistema completo de los números reales, se volverán totalmente infundadas. (Hilbert 1900b, p. 301)

[20] Este hecho, a menudo pasado por alto, ha sido advertido por (Rowe 2000, p. 69) y (Corry 2006, pp. 142–143).

7.3. Independencia

Las limitaciones de Hilbert al momento de distinguir con claridad entre sintaxis y semántica, o mejor, entre deducibilidad y consecuencia lógica, impiden de la misma manera que podamos encontrar, en las fuentes que venimos analizando, una noción rigurosa de *independencia*. En la medida en que la noción de *deducibilidad* o *derivabilidad* es fundamental para caracterizar la noción de independencia de un axioma respecto de un conjunto de axiomas dados, es claro que las confusiones recién aludidas no le permitieron proporcionar una definición rigurosa de la mentada propiedad metalógica. Ello es evidente en la primera edición de *Fundamentos de la geometría* (Hilbert 1899). Allí Hilbert parece utilizar en muchas ocasiones su noción informal de 'consecuencia lógica o semántica', para referirse a la independencia de varios axiomas de la geometría, i.e. al afirmar que un axioma o un teorema en particular no es *deducible o derivable* de un grupo de axiomas dados. Sin embargo, la definición de independencia presentada, sugiere más bien que se trata de una relación puramente "sintáctica" entre fórmulas[21]:

> Tras haber reconocido la consistencia de los axiomas, resulta de interés ahora investigar si son en su conjunto independientes entre sí. En efecto, es posible mostrar que ninguno de estos axiomas puede ser deducido de los restantes a través de inferencias lógicas [*logische Schlüsse*]. (Hilbert 1899, p. 21)

Una descripción similar encontramos también en relación a los axiomas de congruencia:

> Vamos a reconocer ahora la independencia de los axiomas de congruencia, por medio de la demostración de que el axioma IV 6, o la proposición que de él se sigue,

---

[21] Frege fue quizás el primero en advertir estas imprecisiones por parte de Hilbert. Es decir, aunque Frege no compartía la concepción "modelo teórica" de la lógica defendida por Hilbert, en sus artículos de 1903 y 1906 advierte claramente que Hilbert habla indistintamente, y sin dar mayores precisiones, de la independencia como una relación puramente sintáctica entre fórmulas o enunciados sin significado, pero también de la independencia de proposiciones o axiomas ya interpretadas.

el primer teorema de congruencia de los triángulos – *i.e*,
el teorema 10 – no puede ser deducido a través de inferencias lógicas de los axiomas restantes I, II, IV 1-5, V.
(Hilbert 1899, p. 23)

Del mismo modo que en el caso de la noción de consistencia, la ausencia de una clara distinción conceptual entre sintaxis y semántica,
entre deducibilidad y consecuencia lógica, impiden encontrar una
definición rigurosa o precisa de la noción de independencia, en los
trabajos de Hilbert correspondientes a este período temprano. Sin
embargo, resultará relevante para lo que sigue realizar un par de
observaciones y aclaraciones respecto del papel que esta propiedad
desempeñó en sus investigaciones geométricas.

A diferencia de la consistencia, la independencia desempeñó *en
la práctica* un papel central en las investigaciones axiomáticas de
Hilbert. Un claro indicio de esta afirmación es que, a lo largo de
Fundamentos de la geometría, Hilbert se concentra mucho más en
los problemas de la *imposibilidad* de demostrar un teorema – o un
axioma – a partir de un conjunto particular de axiomas, que en las
cuestiones de demostrabilidad. Dicho con mejor precisión: los resultados más novedosos y significativos alcanzados por Hilbert en su
monografía consistieron mayormente en mostrar la independencia
de diversos teoremas importantes de la geometría elemental respecto de ciertos axiomas o grupos de axiomas, o mejor, en las pruebas
de la imposibilidad de demostrar algunos teoremas de la geometría
elemental, sin asumir la validez de ciertos axiomas.

La importancia y la novedad de estos resultados no descansaba
solamente en la exhibición de la independencia de diversos teoremas respecto de ciertos axiomas de la geometría, sino sobre todo en
el hecho de que para probar la independencia de diversas proposiciones, Hilbert construyó modelos para nuevos tipos de geometrías
– no–arquimedianas, no–desarguesianas, no–pitagorianas –, en muchos casos completamente originales e interesantes por sí mismas.
Podemos ilustrar esta afirmación tomando como ejemplo sus investigaciones en torno al teorema de Desargues.

En el capítulo anterior he mencionado al teorema de Desargues,
que desempeña un papel central en la construcción del cuadrilátero
completo de von Staudt, y por lo tanto, en su procedimiento para
definir coordenadas en la geometría proyectiva sin apelar a consideraciones métricas. Ahora bien, la formulación allí presentada se

corresponde con una versión *restringida* del teorema, en la medida en que exige que los triángulos homólogos se encuentren en un
mismo plano; es por ello que se la conoce también como "teorema de Desargues en el plano". Por otra parte, si en la formulación
del teorema se admite la posibilidad de que los triángulos estén en
planos diferentes, entonces se obtiene una versión *más general*, referida usualmente como "teorema de Desargues en el espacio". Esta
aclaración es pertinente en función de lo siguiente: si partimos del
sistemas de axiomas de Hilbert (1899) para la geometría elemental, la versión general o espacial del teorema de Desargues puede
ser demostrada *muy fácilmente* si se utilizan *todos* los axiomas de
incidencia (grupo I 1-7) y los axiomas de orden (grupo II 1–5), esto
es, si se usan los axiomas de incidencia tanto en el plano y como
en el espacio.[22] Por el contrario, la prueba de la versión restringida
es mucho más trabajosa, y ofrece una dificultad particular: para
demostrar la versión del teorema de Desargues en el plano es necesario recurrir a la versión general en el espacio; más precisamente,
la estrategia básica de la prueba consiste en tomar un punto exterior al plano en el que se encuentran los triángulos homólogos, para
reconstruir la configuración tridimencional de Desargues y aplicar
entonces la versión espacial del teorema. El siguiente diagrama (figura 7.1) ilustra cómo procede la prueba.[23]

Aunque en su versión restringida el teorema de Desargues se refiere a primera vista únicamente a conceptos planos, i.e. conceptos
que sólo hablan de la intersección de líneas *en un mismo plano*, para
su demostración es necesario situarse en el espacio y utilizar todos
axiomas de incidencia y los axiomas orden. Hilbert se pregunta si
es posible llevar a cabo una prueba del teorema de Desargues en el
plano, *en la que no se utilicen construcciones en el espacio*. En sus
notas de clases, plantea la cuestión de la siguiente manera:

---

[22] En la primera edición de *Fundamentos de la geometría* (Hilbert 1899), el
grupo de axiomas de incidencia estaba conformado por siete axiomas; los I
1–2 eran planos, mientras que los restantes I 3–7 eran espaciales. A partir
de la segunda edición (Hilbert 1903), el grupo de incidencia pasa a estar
conformado por 8 axiomas, mientras que el axioma de orden II 4, es presentado como un teorema. Esta diferencia no afecta sin embargo a la cuestión
que estamos discutiendo aquí.

[23] Cf. (Hilbert y Cohn-Vossen 1996, pp. 106–108). Una demostración completamente elaborada puede encontrarse, por ejemplo, en (Efímov 1984, p.
213–215).

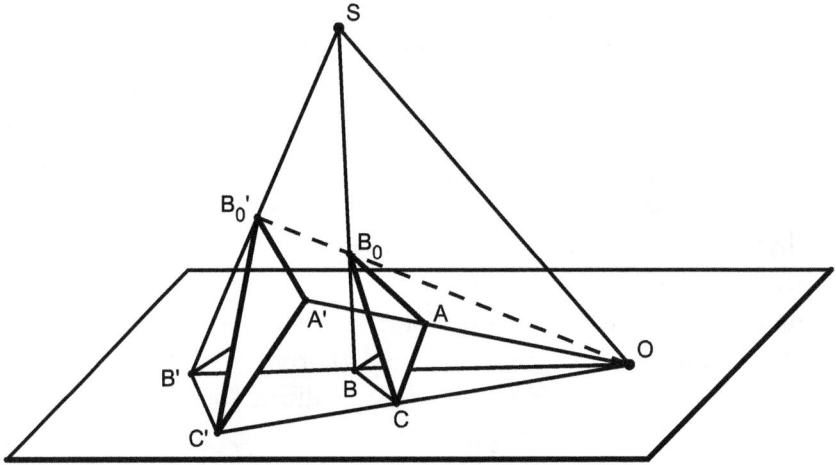

Figura 7.1.: Diagrama de la prueba estándar del teorema de Desargues en el plano. Adaptado de (Hilbert y Cohn-Vossen 1996, p. 108).

He afirmado que el *contenido* del teorema de Desargues es importante. Pero por ahora lo más importante será su *prueba*, puesto que queremos vincularla a una *consideración* muy importante, o más bien, a *una línea de investigación*. El teorema corresponde a la geometría plana; la prueba sin embargo hace uso del espacio. Se plantea entonces la pregunta en cuanto a si *existe una prueba que sólo utilice los axiomas lineales y planos I 1-2, II 1-5*. Luego, por primera vez sometemos aquí a un análisis crítico a los medios para llevar a cabo una demostración.[24] (Hilbert 1898/1899b, p. 236)

Hilbert se plantea entonces una pregunta de *independencia*, y emprende de ese modo la tarea de mostrar que es *imposible* demos-

---

[24] Hilbert se está refiriendo aquí a la cuestión de la "pureza de los métodos de demostración", a la que se alude muy superficialmente en los párrafos finales de *Fundamentos de la geometría* (Cf. Hilbert 1999, pp. 195–196). Esta cuestión ha sido recientemente discutida por Hallett (2008) y Arana y Mancosu (2012).

trar el teorema de Desargues en el plano sin recurrir a los axiomas espaciales de incidencia:

> Vamos a mostrar más bien que el teorema de Desargues en el plano no puede ser *demostrado* por medio de los axiomas I 1–2 y II 1–5. De este manera nos *ahorraremos el problema* de buscar una prueba en el plano. Para nosotros, éste es el primer y simple ejemplo de una prueba de *indemostrabilidad*. Para safisfacernos, es necesario o *encontrar* una prueba que sólo opera en el plano, o *mostrar que no existe tal demostración*. Probar entonces que [es posible] especificar un sistemas de cosas = puntos y cosas = planos para el que los axiomas I 1–2 y II 1–5 se cumplen, pero el teorema de Desargues no, i.e. que una geometría plana con los axiomas I, II es posible sin el teorema de Desargues. (Hilbert 1898/1899b, pp. 236–237)

En la primera edición de *Fundamentos de la geometría*, Hilbert logra proporcionar una respuesta definitiva a este problema de la *independencia* del teorema de Desargues en el plano respecto de los axiomas de incidencia (I 3–7) en el espacio y de orden. Hilbert consiguió mostrar que esta versión del teorema de Desargues sólo podía ser demostrada en su sistema *usando los axiomas espaciales de incidencia y orden, o alternativamente recurriendo a los teoremas de congruencia*. Ahora bien, como se observa en la cita anterior, para probar que este teorema no podía ser demostrado en la geometría plana (i.e. sobre la base de los axiomas I 1-2, II, III, IV 1-5, y V), Hilbert construyó un modelo en el que todos estos axiomas se cumplían pero el teorema de Desargues no.[25] Este modelo constituyó el primer ejemplo explícito[26] de una geometría no–desarguiana

---

[25] El modelo utilizado por Hilbert para probar este resultado es un plano analítico de números reales, en el que el intervalo cerrado $[0, +\infty]$ es removido. Una descripción y un estudio técnico de este modelo de geometría no–desarguiana se encuentra en Stroppel (1998; 2011).

[26] Se trata del "ejemplo explícito" ya que, aunque en 1894 Peano había presentado un modelo de un plano en el que el teorema de Desargues no se cumplía, la descripción de Hilbert constituye la primera exposición sistemática de tal construcción. Sobre este tema puede verse (Arana y Mancosu 2012, pp. 317–321).

y, además de ser un resultado original, motivó nuevas y prolíferas investigaciones.[27] En consecuencia, las investigaciones de independencia no sólo permitían esclarecer las relaciones lógicas entre teoremas particulares y algunos axioma del sistema, sino que además el método utilizado para probar la independencia – la construcción de modelos – arrojaba resultados originales y conducía a nuevos descubrimientos matemáticos. Este último aspecto "creativo", es reconocido por el propio Hilbert hacia el final de su libro:

> En efecto, cuando en nuestras investigaciones matemáticas nos enfrentamos a un problema o sospechamos un teorema, nuestro anhelo de conocimiento es recién satisfecho, o cuando alcanzamos una completa solución de aquel problema y una demostración rigurosa de este teorema, o cuando hemos reconocido con claridad la razón de la imposibilidad de lo buscado, y con ello al mismo tiempo la necesidad del fracaso.
>
> De este modo, en la matemática moderna la cuestión de la imposibilidad de ciertas soluciones o problemas juegan pues un papel preponderante, y el esfuerzo por responder preguntas de este tipo, a menudo ha motivado nuevos descubrimientos y fructíferos campos de investigación. (Hilbert 1899, p. 89)

Para resumir, la notable importancia que tuvo para Hilbert la cuestión de la independencia puede ser reconocida en virtud de lo siguiente. En primer lugar, las investigaciones de independencia constituyen el ámbito en donde se manifiesta más radicalmente las virtudes, desde un punto de vista matemático, que Hilbert veía en su nueva concepción formal de método axiomático. En efecto, la independencia de un axioma o un teorema – i.e. la imposibilidad de obtener una proposición a partir de ciertos principios dados – podía ser *demostrada por primera vez de un modo sistemático y matemáticamente preciso*, gracias a las herramientas conceptuales que aportaba el método axiomático formal.[28] En segundo lugar, las

---

[27] Sobre los investigaciones posteriores, motivadas por los nuevos tipos de geometrías presentados por Hilbert en *Fundamentos*, véase Cerroni (2004; 2007; 2010).

[28] Por ejemplo, Hilbert reconoce esta virtud del método axiomático en (Hilbert 1905b, pp. 86–87).

investigaciones en torno a la independencia ponen además de manifiesto un rasgo central que Hilbert asocia al método axiomático, a saber: este método no sólo debe ser entendido como un instrumento eficaz para presentar una teoría matemática de un modo más perspicuo y lógicamente preciso, sino además – y no menos importante – como una herramienta sumamente fecunda para el descubrimiento de nuevos resultados matemáticos. Esta última afirmación se volverá incluso más evidente a continuación, cuando analicemos el tratamiento particular que reciben los principios de continuidad en el abordaje axiomático a la geometría de Hilbert.

7.4. Completitud

7.4.1. Una noción 'pre–formal' de completitud

Las limitaciones conceptuales de Hilbert, señaladas en la sección anterior, para definir la noción de consistencia – i.e. la ausencia de un aparato deductivo formal y las "confusiones" entre sintaxis y semántica – desde luego afectan a la noción de completitud. Tal como ocurre con la consistencia y la independencia, la caracterización de esta propiedad de los sistemas axiomáticos, presentada por Hilbert en este período inicial, sólo pudo haber tenido un carácter informal o, si se quiere, pre–formal.

Una primera alusión a esta noción informal de completitud se encuentra en la introducción de *Fundamentos de la geometría*, en donde Hilbert describe sus objetivos como sigue:

> La presente investigación es un nuevo intento de establecer para la geometría un *conjunto de axiomas completo*, y lo más simple posible, y de deducir de allí los teoremas más importantes de la geometría. (Hilbert 1899, p. 3. El énfasis es mío.)

Asimismo, unas páginas más tarde y al introducir los elementos y las relaciones primitivas de su sistema, Hilbert afirma que "la descripción precisa y matemáticamente completa de estas relaciones se sigue de los axiomas de la geometría" (Hilbert 1898/1899a, p. 4). Y de un modo similar, señala lo siguiente respecto del criterio de completitud, en relación al sistema de axiomas para la aritmética de los reales:

> En la construcción de la geometría se comienza supo-
> niendo la existencia de una totalidad de elementos (...)
> y luego (...) se los relaciona unos con otros por medio
> de ciertos axiomas (...). Así surge necesariamente la
> tarea de mostrar la consistencia y la *completitud* de es-
> tos axiomas, i.e. debe probarse que la aplicación de los
> axiomas dados nunca puede conducir a contradicciones,
> y que *el sistema de axiomas es adecuado para probar*
> *todos los teoremas de la geometría*. (Hilbert 1900a, p.
> 181. El énfasis es mío.)

Éstas son prácticamente todas las referencias explícitas acerca de
la completitud de un sistema axiomático, que pueden encontrarse en
los trabajos *publicados* de Hilbert correspondientes a este período.
El carácter informal de la noción de completitud se observa, por
ejemplo, en el hecho de que Hilbert habla indistintamente de la
capacidad de su sistema axiomático para probar "todos los teoremas
de la geometría" o de sólo "los más importantes". Sin embargo, en
sus notas de clases encontramos más referencias en este respecto.

En primer lugar, como hemos analizado en el capítulo 3, en sus
manuscritos Hilbert señala en numerosas oportunidades que su objetivo es presentar una "imagen completa de la realidad geométrica", en el sentido de que la construcción del sistema axiomático debe
proceder de tal manera que todos los hechos (conocidos) o teoremas
de la geometría deben poder ser representados en la teoría, ya sea
como axiomas o como consecuencias "deductivas" de los axiomas.[29]
Hilbert repite esta idea en su curso de 1905, aunque sin referirse esta
vez a Hertz:

> Asimismo nos interesa la completitud del sistema axio-
> mático. Exigiremos que todos los hechos restantes del
> dominio de conocimiento [*Wissensbereich*] examinado
> sean consecuencias de los axiomas.

La noción pre–formal de completitud de un sistema axiomático,
que propone Hilbert en esta etapa inicial, podría expresarse de la
siguiente manera: un sistema axiomático Ω es *completo*, si todos de
los teoremas o "hechos" [*Tatsachen*] que componen a la teoría que

---

[29] Cf. Sección 3.4.

es objeto de la axiomatización, pueden ser deducidos lógicamente a partir de los axiomas.

Ahora bien, es oportuno realizar todavía un par de observaciones respecto de esta noción pre–formal de completitud. En primer lugar, como lo han señalado Awodey y Reck (2002), se trata de una noción (informal) de completitud *relativa*; la completitud de un sistema de axiomas se establece *en relación o respecto* de la teoría que se pretende axiomatizar.[30] Este carácter relativo es, a su vez, una consecuencia de la manera en que Hilbert concibe al método axiomático, en tanto no lo entiende primordialmente como una herramienta para crear o inventar nuevas teorías matemáticas *ex nihilo*. Más bien, como una condición previa, Hilbert establece que el método axiomático debe aplicarse a teorías matemáticas *pre-existentes y en un avanzado estado de desarrollo*. Según lo advierte en un trabajo correspondiente a un período posterior:

> Si consideramos el conjunto de los hechos que conforman una cierta esfera del conocimiento más o menos comprensiva, nos percatamos de inmediato de que la totalidad de los mismos es susceptible de un orden. La ordenación se lleva a cabo recurriendo a una cierta trama de conceptos relacionados entre sí, de tal manera que a cada objeto y a cada hecho del campo de conocimiento del que se trate le corresponda, respectivamente, un concepto de esa trama y una relación lógica entre conceptos del mismo. La trama de conceptos no es otra cosa que la *teoría* de esa esfera del saber.
>
> Ésta es precisamente la manera en la que se ordenan en la geometría los hechos geométricos (. . .)
>
> Si observamos de cerca una teoría determinada, reconoceremos en ella un reducido número de proposiciones del entramado de conceptos que hemos mencionado. A partir de esas proposiciones y sobre la base de principios lógicos, podemos obtener en su totalidad el edificio conceptual que subyace a la disciplina en cuestión. (Hilbert 1918, 405–406)

---

[30] Awodey y Reck (2002) han resaltado la importancia histórica de esta noción informal de completitud relativa, en las primeras axiomatizaciones formales de teorías matemática, hacia fines del siglo XIX y principio del siglo XX.

El método axiomático es entendido así como un modo de ofrecer una nueva presentación o una reconstrucción de una teoría matemática ya existente, en la que los conceptos básicos, su ordenación y sus relaciones lógicas aparecen caracterizados con completa rigurosidad y exactitud, y son estudiados de un modo sistemático. En consecuencia, un objetivo central de la presentación axiomática es que el sistema de axiomas consiga captar y abarcar completa o íntegramente el dominio de la teoría que se pretende axiomatizar, i.e. que la totalidad de los teoremas que componen a la teoría puedan ser obtenidos, por medio puramente deductivos, a partir de los axiomas.

En segundo lugar, es preciso reconocer que aquello que Hilbert llama "un dominio o campo de conocimiento [*Wissensbereich*], también posee un carácter impreciso, en tanto que en este contexto no es delimitado ni clara ni mucho menos formalmente. Tomemos como ejemplo la geometría euclídea elemental. Uno podría proponer que aquello que debe entenderse por el dominio o el corpus de esta disciplina esté determinado estrictamente por el conjunto de teoremas que son demostrados en los *Elementos* de Euclides, con lo cual este dominio estaría caracterizado con total precisión, aunque arbitrariamente. Sin embargo, ello no parece ser lo que Hilbert entiende aquí por esta expresión. Por el contrario, nuestro autor sugiere más bien que la "totalidad de hechos o teoremas que constituyen el dominio de la geometría elemental" está formada por *todos aquellos teoremas que esperaríamos encontrar entre los teoremas de la geometría elemental* (Hilbert 1899, p. 3). En este período temprano Hilbert opera con una noción "pragmática" y "quasi–empírica" de completitud de un sistema axiomático.[31]

Hasta aquí esta la noción pre–formal de completitud de un sistema axiomático. En lo que sigue me ocuparé de analizar la incorporación de Hilbert de su axioma de completitud en el sistema axiomático para la geometría euclídea elemental.

7.4.2. Completitud y continuidad

En su clásica conferencia "Über den Zahlbegriff" (Hilbert 1900c), pronunciada el 19 de septiembre de 1899 en Múnich ante la *Deutsche Mathematiker Vereinigung* (DMV), Hilbert presentó la primera

---

[31] Cf. (Corry 2006, p. 142) y (Sieg 2009, 339).

caracterización axiomática del sistema de los números reales como un cuerpo ordenado arquimediano completo o maximal – según se lo designa actualmente. Tal caracterización axiomática de los números reales estaba basaba en los axiomas para un "conjunto de números complejos", presentado por Hilbert pocos meses antes, en la primera edición de *Fundamentos de la geometría*.[32] En efecto, la única diferencia entre ambos sistemas de axiomas residía en que, en su conferencia de Múnich, Hilbert propone por primera vez su original axioma de completitud [*Vollständigkeitsaxiom*]. La función de este axioma era asegurar la propiedad de completitud de los números reales de un modo "indirecto", a saber: estableciendo una condición de maximalidad sobre el conjunto de elementos del sistema, cuya consecuencia inmediata era que el cuerpo ordenado completo de los números reales se convertía en la única realización o 'modelo' capaz de satisfacer la totalidad de los axiomas.

Poco tiempo después, Hilbert emuló la estrategia adoptada para la aritmética de los reales, incorporando su novedoso axioma de completitud al sistema de axiomas para la geometría euclídea elemental, que en la versión original contaba con el axioma de Arquímedes como único axioma de continuidad. En su versión geométrica, el axioma de completitud apareció por primera vez en la traducción al francés del *Festschrift* (Hilbert 1900a), publicada en abril de 1900; más tarde en la edición inglesa de E. J. Townsend (Hilbert 1902a), y posteriormente a partir de la segunda edición alemana (Hilbert 1903).

En cuanto a sus consecuencias, la incorporación del axioma de completitud tiene como resultado que la geometría analítica construida sobre los reales – i.e. la geometría 'cartesiana' – se convierte en el único 'modelo' numérico (salvo isomorfismo) de sus axiomas para la geometría elemental. En este sentido, los efectos de la inclusión del axioma de completitud son notablemente importantes, y quizás sea por ello que, la circunstancia de que este axioma no figura en la primera edición de *Fundamentos de la geometría*, y es en cambio una modificación introducida en ediciones posteriores, ha sido constantemente mencionada en la literatura. Como ejemplo pueden consultarse los trabajos de Rowe (2000) y Corry (2004), quienes han ofrecido la reconstrucción quizás más influyente y di-

---

[32] (Cf. Hilbert 1899, §13).

fundida al respecto.

La explicación que ofrecen estos autores advierte lo siguiente. Es necesario reconocer que, para presentar una caracterización de la geometría analítica "cartesiana" como la realización de sus axiomas para la geometría sintética, Hilbert debía ofrecer una descripción en detalle de la estructura del sistema de los números reales. Sin embargo, esta tarea suponía un esfuerzo considerable, puesto que al momento de la publicación del *Festschrift*, Hilbert no disponía todavía de una caracterización axiomática de los números reales. En este sentido, el célebre matemático alemán percibió con inteligencia que, si su sistema axiomático incluía al axioma de Arquímedes como el único axioma de continuidad, entonces esta dificultad podía ser evitada. Es decir, si el axioma de Arquímedes figuraba como único axioma de continuidad, era posible construir una realización aritmética para el sistema axiomático a partir de un cuerpo numérico más pequeño, como por ejemplo, un cuerpo *numerable* formado por números algebraicos. Luego, de acuerdo con esta interpretación, la negativa de Hilbert de trabajar en la primera edición de *Fundamentos de la geometría* con la geometría analítica cartesiana como 'modelo' único de sus axiomas, se explica en virtud de las dificultades que conllevaba tener que dar cuenta de las propiedades del sistema de los números reales.

Por otra parte, señalan estos autores, esta estrategia era a su vez totalmente coherente con los intereses que se dejan traslucir en las investigaciones axiomáticas de Hilbert en el campo de la geometría. Es decir, según hemos indicado en una sección anterior, el problema de la consistencia de la geometría euclídea, o mejor, la cuestión de probar la consistencia de la geometría mostrando que su sistema de axiomas podía ser reducido a los axiomas de los números reales, no era en este momento de ningún modo una preocupación central. Luego, la caracterización axiomática de los reales presentada en (Hilbert 1900c), donde el axioma de completitud era el encargado de asegurar la propiedad de completitud del conjunto de los números reales, fue el factor detonante para que Hilbert decidiera casi inmediatamente trabajar con el continuo de los números reales como única realización aritmética de sus axiomas para la geometría.

Ahora bien, aunque en mi opinión esta explicación es en gran medida correcta, existen no obstante otros aspectos que pueden ser ahora tenidos en cuenta. En particular, esta tarea puede ser emprendida gracias al material que aportan las notas de Hilbert para clases sobre geometría y aritmética, correspondientes al período que se extiende entre 1894 y 1905. Mi objetivo en lo que resta de este capítulo será intentar arrojar luz sobre el contexto que rodea a la decisión de Hilbert de adaptar su axioma de completitud para los números reales e incorporarlo en el sistema axiomático para la geometría. En particular, intentaré mostrar en primer lugar que la 'completitud' de la que este axioma habla, de ningún modo se refiere a la completitud del *sistema axiomático*, en un sentido estricto. Este hecho, advertido explícitamente por Hilbert en un período posterior, en ocasiones no es expresado claramente en la literatura. En segundo lugar, argumentaré que estas discusiones no sólo permiten ganar mayor claridad respecto de cómo Hilbert juzgó la naturaleza y la función del axioma de completitud en su sistema axiomático para la geometría elemental, sino que además hacen posible distinguir ciertas diferencias importantes entre el papel que este axioma cumple en el sistema de axiomas para los reales y en el sistema para la geometría. En tercer lugar, defenderé que la indagación que llevaremos a cabo puede entregar resultados interesantes en torno al modo en que Hilbert consideró la importancia de la propiedad 'metalógica' de completitud, en este período temprano de sus investigaciones axiomáticas en el campo de la geometría. Una elucidación de estos tres puntos, sostendré finalmente, aporta elementos valiosos para alcanzar una perspectiva mejor contextualizada del abordaje axiomático a la geometría desarrollado por Hilbert hacia fines del siglo XIX y principios del siglo XX.

7.4.2.1. El sistema original del *Festschrift* (1899)

El sistema de axiomas para la geometría euclídea, presentado por Hilbert en la primera edición de *Fundamentos de la geometría* (Hilbert 1899), estaba conformado por veinte axiomas divididos en cinco grupos: Grupo I: axiomas de incidencia (siete axiomas); Grupo II: axiomas de orden (cinco axiomas); Grupo III: axioma de las paralelas; Grupo IV: axiomas de congruencia (seis axiomas); Grupo V: axioma de continuidad.

En función de nuestro interés, se sigue de suyo que el grupo de axiomas de continuidad merece especial atención. En el *Festschrift* este grupo estaba conformado únicamente por el axioma de Arquímedes, de acuerdo con la siguiente versión:

> **Axioma de Arquímedes**: Sea A_1 un punto cualquiera sobre una recta situado entre dos puntos cualesquiera dados A y B. Tómense luego los puntos A_2, A_3, A_4 ..., de manera que A_1 se encuentra entre A y A_2, A_2 entre A_1 y A_3, A_3 entre A_2 y A_4, etc.; además dispóngase que los segmentos
>
> $$A\,A_1,\ A_1\,A_2,\ A_2\,A_3,\ A_3\,A_4,\ \ldots$$
>
> son iguales entre sí. Luego, en la serie de puntos A_2, A_3, A_4, ..., siempre hay un punto A_n, tal que B se encuentra entre A y A_n.

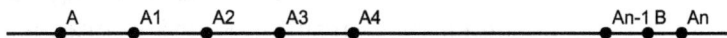

Figura 7.2.: Axioma de Arquímedes.

Un papel muy importante que desempeña el axioma de Arquímedes en la geometría elemental es que permite fundamentar el proceso de medición – por ello también es conocido como axioma de la medida –, dando lugar a la introducción de números. Es decir, si bien en base a los axiomas I–III (incidencia, orden y congruencia), es posible comparar la longitud de segmentos, sólo a partir del axioma de Arquímedes podemos definir para cada segmento de manera única un número (positivo), que se identifica con la longitud de ese segmento. Dicho de otro modo, el axioma de Arquímedes hace posible la introducción de números en la geometría, en tanto permite que, junto con el conjunto de todos los segmentos, quede completamente determinado el conjunto de sus longitudes.

Ahora bien, por sí solo el axioma de Arquímedes no alcanza para que las longitudes de los segmentos cubran todos los números reales;

o sea, para garantizar recíprocamente que, cualquiera sea el número real $a > 0$, existe un segmento cuya longitud se corresponde con él. Por el contrario, para ello es necesario agregar un nuevo axioma de continuidad. Como se sabe, algunas de las alternativas usuales son el principio de continuidad de Dedekind[33], algún principio equivalente como el axioma del supremo, o el principio conocido como el axioma de Cantor de intervalos encajados. Sólo apelando a alguno de estos principios es posible asegurar que entre el conjunto ordenado de todos los puntos de una recta y el conjunto ordenado de los números reales puede establecerse una correspondencia uno–a–uno, de modo tal que los elementos correspondientes se encuentran en igual relación de orden, i.e. *la continuidad de la recta*.

Por otro lado, el sistema de coordenadas para la recta, el plano y el espacio que puede establecerse exclusivamente utilizando el axioma de Arquímedes sólo puede corresponderse con un cuerpo numérico arquimediano numerable, como por ejemplo el de los números racionales. Para obtener una correspondencia biunívoca con todos los números reales – i.e. con la geometría analítica "cartesiana" – es necesario apelar a algún otro principio de continuidad, como por ejemplo alguno de los recién mencionados. En consecuencia, en la medida en que en el *Festschrift* el grupo de axiomas de continuidad estaba formado únicamente por el axioma de Arquímedes, Hilbert utiliza como la realización aritmética más simple de sus axiomas a un sub-cuerpo pitagórico[34] (numerable) de los reales, a saber: el cuerpo Ω de números algebraicos, definido del siguiente modo:

> Sea Ω el cuerpo de todos los números algebraicos que surgen del número 1 y de aplicar, un número finito de veces, las cuatro operaciones aritméticas de adición, sustracción, multiplicación y división, y la quinta operación $\sqrt{1 + \omega^2}$, donde ω representa un número que surge de estas cinco operaciones.[35] (Hilbert 1899, p. 454)

---

[33] Por cierto, como se verá a continuación, si a los axiomas I–III (incidencia, orden y congruencia) se le agrega el principio de Dedekind – o algún axioma equivalente – entonces el axioma de Arquímedes puede ser demostrado como un teorema.

[34] Un cuerpo $\mathbb{K}$ se llama *pitagórico* si es ordenado y si, para cada elemento $a \in \mathbb{K}$, la raíz cuadrada $\sqrt{1 + a^2}$ existe en $\mathbb{K}$.

[35] En breve, lo que se exige es que el cuerpo Ω sea cerrado bajo las operaciones de $+$, $-$, $\times$, $\div$ y la quinta operación de $\sqrt{1 + \omega^2}$.

En lugar de apelar al sistema de los números reales, Hilbert decidió entonces trabajar en 1899 con una realización aritmética "más pequeña" como el cuerpo Ω, para mostrar la independencia y la consistencia de sus axiomas. Sin embargo, tanto en trabajos publicados como en notas para clases anteriores al *Festschrift*, Hilbert menciona e incluso hace uso de los principios de continuidad de Dedekind y Cantor. Ello sugiere que, independientemente de la explicación antes aludida, existen otras razones detrás de la resolución de Hilbert de esperar hasta que un axioma de las características del axioma de completitud esté disponible, para incorporarlo como segundo axioma de continuidad. Más aún, considero que intentar exhibir estas razones puede contribuir a ganar claridad respecto de cómo Hilbert apreció la naturaleza del axioma de completitud, a menudo leído en una clave demasiado "modelo–teórica", y por ello, anacrónica.

7.4.2.2. El axioma (geométrico) de completitud

El axioma de completitud, añadido en la primera edición francesa (Hilbert 1900a) y luego a partir de la segunda edición alemana en adelante (Hilbert 1903), es el siguiente:

> **Axioma de completitud**: Los elementos (puntos, líneas, planos) de la geometría forman un sistema de objetos que, si se mantiene la totalidad de los axiomas antes mencionados, no es capaz de ser extendido; esto es, no es posible añadir al sistema de puntos, líneas y planos otro sistema de objetos, de modo que en el sistema obtenido por esta composición los axiomas I–V.1 sean válidos.

Aquello que ha llamado más la atención respecto de este axioma es que el modo peculiar en el que está formulado le da un carácter más bien diferente respecto del resto de los axiomas. En efecto, mientras los axiomas I–V.1 hablan directamente de los elementos básicos del sistema, y predican relaciones sobre ellos, el axioma de completitud se refiere en cambio a los axiomas anteriores y a las posibles realizaciones de los axiomas. En otras palabras, mientras que los axiomas I–V.1 pueden ser formalizados en un lenguaje de primer orden, el axioma de completitud requiere de un lenguaje de segundo orden, en la medida en que implica la cuantificación sobre 'modelos' de los axiomas.[36] Este rasgo ha provocado que en general se enfatice el carácter "lógicamente complejo" del axioma de completitud, en comparación con el resto de los axiomas. Asimismo, es también común que en la literatura se lo identifique como un axioma "metamatemático", en la medida en que este axioma predica relaciones entre los axiomas y sus 'modelos'. Sin embargo, esta lectura puede desviar la atención de su verdadero contenido y su función dentro del sistema axiomático, al menos como fue pensada por Hilbert inicialmente. Analicemos entonces el contenido del axioma de completitud.

En primer lugar, el axioma establece la completitud *del sistema de los elementos geométricos*; o más precisamente, fija una condición de maximalidad sobre el conjunto de los objetos gobernados por los axiomas I–V.1. La condición de maximalidad se expresa mediante la afirmación de que no es posible extender el espacio por medio de la introducción de nuevos elementos (puntos, líneas, etc.) y conservar al mismo tiempo la validez de los anteriores axiomas. Hilbert aclara además cómo debe ser entendida la extensión del sistema y la "conservación" de los axiomas: el axioma de completitud exige que una vez que el sistema haya sido extendido por medio de la introducción de nuevos elementos u objetos (puntos, líneas, etc.), las condiciones establecidas por los axiomas deben mantenerse; ello es, las relaciones fijadas antes de la extensión – orden, congruencia, etc. – entre los distintos elementos no deben ser violadas cuando un nuevo elemento es introducido en el sistema de los objetos geométricos. Para ilustrar esta idea por medio de un ejemplo, un punto que antes de la extensión se encontraba entre dos puntos, continúa estando entre ellos después de la extensión. El axioma de completitud afirma que una extensión del sistema de objetos caracterizado por los axiomas, tal como ha sido recién descripta, no es posible.[37]

La consecuencia que tiene la incorporación de este axioma es que la *única* realización aritmética que podrá satisfacer a los axiomas I–V. 1 y al axioma de completitud es el cuerpo ordenado completo o maximal de los números reales, y por ende, la geometría analítica construida sobre los números reales. Es claro que una geometría

---

[36] Hablar del axioma de completitud como un axioma de segundo orden es sin dudas anacronista, puesto que en este época no existía una distinción conceptual clara entre lógica de primer y segundo orden.

[37] Cf. (Hilbert 1903, p. 17).

analítica construida sobre $\mathbb{Q}$ u Ω contradice el axioma de completitud: siempre es posible extender estas geometrías añadiendo nuevos puntos sobre la línea (los puntos que representen números irracionales o irracionales trascendentes respectivamente) y respetar al mismo tiempo las relaciones de orden establecidas previamente por los otros axiomas, lo cual contradice lo afirmado por el axioma de completitud. Por ejemplo, si A, B, C, D son cuatro puntos sobre la línea racional, y AB es congruente con CD, entonces ambos segmentos siguen siendo congruentes incluso cuando yo añado nuevos puntos entre A y B.

El axioma de completitud postula así de un *modo indirecto* la continuidad de los objetos geométricos, o de acuerdo a su versión lineal, la continuidad de la línea.[38] La continuidad lineal es postulada de un modo indirecto puesto que, a diferencia de los otros principios de continuidad, no se afirma directamente la existencia de nuevos puntos sobre la línea. Por el contrario, el axioma de completitud sólo afirma que el *único* sistema numérico que puede servir como una realización aritmética es el cuerpo ordenado completo de los reales, y por ende, la geometría analítica basada en los números reales. A su vez, ésta es la función que Hilbert destaca constantemente del axioma de completitud. Por ejemplo, en la traducción al francés señala que "este axioma hace posible la correspondencia uno–a–uno entre los puntos de una línea y todos los números reales" (Hilbert 1900a, p. 26).[39] Puede decirse entonces que la cuestión de la "completitud" surge originalmente en el contexto de evitar la

---

[38] En la séptima edición de 1930, Hilbert presenta una nueva versión del axioma de completitud:

> **Axioma de completitud lineal**: una extensión del sistema de puntos sobre una línea con sus relaciones de orden y congruencia, que preservaría las relaciones existentes entre los elementos originales así como también las propiedades fundamentales del orden y congruencia lineal que se siguen de los axiomas I–III, y del axioma V.1, es imposible.

La nueva versión del axioma de completitud sólo exige que no sea posible añadir nuevos puntos sobre la línea y mantener la validez de los axiomas que describen el orden y congruencia lineal. Que tampoco puedan ser añadidos, sin generar contradicciones, nuevas líneas y planos, es una consecuencia de la "completitud lineal". La versión original del axioma de completitud se demuestra entonces como un "teorema de completitud".

[39] Véase además (Hilbert 1903, p. 17).

laguna entre la geometría cartesiana y el sistema de axiomas de Hilbert para la geometría sintética. Por medio del axioma de completitud Hilbert pretende demostrar que no puede haber puntos en aquella geometría cuya existencia no pueda ser probada a partir de su sistema de axiomas. Empero el hecho de que esta "paridad deductiva" entre el sistema de axiomas de Hilbert y la geometría cartesiana es una consecuencia inmediata del axioma de completitud, no debe hacernos perder de vista que lo que afirma el axioma de completitud es la continuidad del *sistema de los objetos geométricos*, y no la propiedad de completitud del sistema axiomático. Si ese fuera el caso, entonces se trataría de una propiedad metalógica del sistema axiomático que debería ser demostrada, y no simplemente postulada.

7.4.3. Ventajas del axioma de completitud

En virtud de la relación recién señalada entre el axioma de completitud y las condiciones de continuidad, una serie de interrogantes se plantea naturalmente. La ausencia del axioma de completitud en la primera edición de *Fundamentos de la geometría* tiene como consecuencia que el sistema de axiomas para la geometría sintética es incompleto respecto de la geometría analítica basada en los números reales, en tanto no es posible establecer una correspondencia uno–a–uno entre los elementos de ambos sistemas. Pero entonces cabe preguntarse: más allá de la decisión de Hilbert de no trabajar con los números reales como la única realización aritmética de sus axiomas para la geometría: ¿Qué otras razones pudieron llevarlo a dejar "incompleto" su sistema de axiomas en el *Festschrift*, al rechazar otras alternativas disponibles para el axioma de completitud? O puesto de otro modo: ¿Qué características peculiares del axioma de completitud motivaron a Hilbert a incorporarlo casi inmediatamente al grupo de axiomas de continuidad, cuando hubiese sido posible alcanzar *antes* los mismos resultados, apelando a alguno de los otros postulados de continuidad?

En relación a estos interrogantes, Hilbert realiza en la edición francesa (Hilbert 1900a) y en la segunda edición alemana (Hilbert 1903), un par de observaciones muy interesantes, pero que en cierto modo pasan inadvertidas en el contexto de su exposición en *Fundamentos de la geometría*. Afortunadamente, sus cursos sobre geometría aportan reflexiones muy esclarecedoras.

La primera observación apunta a la relación entre el axioma de
Arquímedes y el axioma de completitud. En el texto de la segunda edición, Hilbert señala que una característica fundamental del
axioma de completitud es que permite presentar las condiciones
de continuidad a través de dos principios o axiomas esencialmente
distintos:

> A través del abordaje precedente el requerimiento de
> continuidad ha sido descompuesto en dos componentes
> esencialmente diferentes, a saber: *en el axioma de Ar-
> químedes, que cumple la función de preparar el requeri-
> miento de continuidad, y en el axioma de completitud,
> que forma la piedra angular [Schlußstein] de todo el sis-
> tema de axiomas.* (Hilbert 1903, p. 17)

Una ventaja crucial del axioma de completitud es, a los ojos
de Hilbert, que permite introducir el requerimiento de continuidad
– o más precisamente, el principio de continuidad de Dedekind –
por medio de dos axiomas esencialmente diferentes, ello es, lógicamente independientes. Que el axioma de completitud no es una
consecuencia del axioma de Arquímedes es claro inmediatamen-
te, puesto que existen realizaciones aritméticas $(\mathbb{Q}, \Omega)$, en las que
el axioma de Arquímedes vale pero el axioma de completitud no.
Asimismo, la afirmación recíproca es también válida, aunque su
demostración ofrece mayores dificultades. De hecho, este resultado
no fue probado por Hilbert, sino que las relaciones lógicas entre la
propiedad de completitud establecida por su axioma homónimo y
el axioma de Arquímedes, fueron esclarecidas un poco más tarde,
en el notable trabajo de H. Hahn sobre sistemas de magnitudes no–
arquimedianas.[40] En resumen, en la medida en que del axioma de

---

[40] Básicamente, Hahn mostró cómo era posible *generalizar* la condición de
completitud impuesta por el axioma de Hilbert, de manera que no se necesite
presuponer la validez del axioma de Arquímedes (Cf. Hahn 1907, §3). Para
un estudio introductorio del trabajo de Hahn y de sus consecuencias para las
investigaciones de Hilbert, véanse Ehrlich (1995; 1997). En (Ehrlich 1997)
puede encontrarse un análisis del axioma (aritmético) de completitud y sus
relaciones lógicas con otros principios de continuidad, a la luz de desarrollos
matemáticos más generales.

completitud no puede deducirse el axioma de Arquímedes, es necesario concluir que ambos axiomas son lógicamente independientes, tal como lo pretendía Hilbert.

Por otro lado, la segunda observación de Hilbert está conectada con un rasgo que caracteriza su abordaje axiomático a la geometría, y que resulta muy visible en sus notas manuscritas para clases. Un objetivo central del proyecto hilbertiano consistió en mostrar cómo su nueva presentación axiomática de la geometría permitía ver con claridad que esta disciplina podía ser construida o fundada de un modo completamente autónomo o independiente, es decir, prescindiendo de cualquier consideración o concepto tomado de la aritmética, el análisis e incluso de la mecánica. Especialmente, Hilbert estaba muy interesado en demostrar que no sólo muchos resultados fundamentales de la geometría elemental podían ser alcanzados sin tener que apelar a principios de continuidad, sino que además las condiciones de continuidad mismas podían ser expresadas de un modo "puramente geométrico", o sea, con independencia de nociones provenientes de la aritmética y el análisis. En este sentido, el siguiente pasaje de la edición francesa resulta muy sugerente:

> Este axioma no nos dice nada acerca de la existencia de puntos límites, o acerca de la noción de convergencia; sin embargo, nos permite demostrar el teorema de Bolzano según el cual, para todo conjunto [infinito] de puntos en una línea situado entre dos puntos definidos sobre la misma línea, existe necesariamente un punto de acumulación, esto es, un punto límite. Desde un punto de vista teórico, el valor de este axioma es que lleva indirectamente a la introducción de puntos límites y, por lo tanto, permite establecer una correspondencia uno–a–uno entre los puntos de un segmento y el sistema de los números reales. Sin embargo, en lo que sigue, no haremos uso en ninguna otra parte de este axioma. (Hilbert 1900a, p. 25–26)[41]

Hilbert le atribuye así un carácter "puramente geométrico" al

---

[41] Hilbert repite esta observación en la segunda edición alemana (Cf. Hilbert 1903, p. 17), agregando además que el axioma de completitud permite también demostrar que para cada cortadura de Dedekind existe un elemento correspondiente en el sistema.

axioma de completitud, ausente en los otros postulados de continuidad. Este rasgo puede entenderse como sigue: tal como ocurre con todos los axiomas del sistema original del *Festschrift*, el axioma de completitud no utiliza subrepticiamente conceptos del análisis, como las nociones de límite, sucesión, convergencia, punto de acumulación o punto límite, etc. Sin embargo, aunque dicho axioma no emplea conceptos del análisis, a partir de él puede demostrarse la existencia de puntos límite para toda sucesión acotada de puntos sobre una línea. En suma, las virtudes del axioma de completitud residen en que: *i)* permite descomponer las condiciones de continuidad en dos principios independientes; *ii)* no introduce ninguna noción ajena a la geometría.

7.4.4. Alternativas para el axioma de completitud

7.4.4.1. El principio de continuidad de Dedekind y el teorema de Bolzano–Weierstrass

Las dos observaciones anteriores indican palmariamente que una cuestión crucial para comprender las características peculiares que Hilbert vislumbra en el axioma de completitud (en su versión geométrica), consiste en identificar sus diferencias respecto de otros principios alternativos para postular o garantizar la continuidad lineal. De particular interés resultarán el célebre teorema de Bolzano–Weierstrass y el principio de continuidad de Dedekind, mencionados por Hilbert en numerosas oportunidades. Este último fue formulado por Dedekind en 1872, en su trabajo "Continuidad y números irracionales" (Dedekind 1872):

> **Principio de continuidad de Dedekind**: Si todos los puntos de la recta se descomponen en dos clases tales que todo punto de la primera clase está a la izquierda de cada punto de la segunda clase, entonces existe uno y sólo un punto que produce esta partición de todos los puntos en dos clases, este corte de la recta en dos partes. (Dedekind 1872, p. 85)

El principio de Dedekind, que postula directamente la continuidad de la recta, se explica en función de su construcción de los números irracionales en términos de cortaduras o particiones de números racionales. Éste es además un principio de continuidad muy fuerte, puesto que *por sí solo* basta para garantizar la completa coordenatización de los puntos de la línea con los números reales. Por otro lado, dicho principio es equivalente al axioma del supremo, a través del cual es habitual actualmente formular la propiedad de completitud de los números reales.[42] Ahora bien, asumiendo el principio de continuidad de Dedekind – o indistintamente, el axioma del supremo – es posible probar fácilmente el conocido teorema de Bolzano–Weierstrass sobre la existencia de puntos límites. En una formulación actualizada, este teorema reza así:

> **Teorema de Bolzano–Weierstrass**: Todo conjunto acotado S que contenga infinitos elementos (tales como puntos o números), tiene al menos un punto de acumulación o punto límite.[43]

Es oportuno mencionar aquí estos dos principios, en tanto que fueron la primera alternativa considerada por Hilbert como axiomas de continuidad. Como hemos visto, en el semestre de invierno de 1893/1894, Hilbert dictó un curso titulado "Die Grundlagen der Geometrie" (Hilbert 1893/1894b). Este curso constituyó su primer abordaje axiomático a la geometría. Como un problema central, Hilbert se propone indagar allí la cuestión muy discutida, en el último tercio del siglo XIX, de cuál es el papel que juegan las condiciones de continuidad en la geometría elemental. En efecto, Hilbert se plantea en este curso dos objetivos que luego serán centrales para sus trabajos posteriores: por un lado, investigar qué axiomas son responsables de la estructura de un "cuerpo ordenado" sobre la línea; en segundo lugar, y relacionado con lo anterior, determinar qué axiomas son necesarios para conseguir una completa coordenatización de los puntos de una línea con los números reales.[44] En cuanto a este último objetivo, el camino elegido por Hilbert fue utilizar un axioma de continuidad que postule la existencia de un punto límite, o más precisamente del supremo, para un conjunto infinito y acotado de puntos de la línea[45]; en otras palabras, un axioma

---

[42] Axioma del supremo: Todo conjunto no vacío y acotado superiormente de números reales posee un supremo.

[43] Para una discusión histórica sobre el teorema de Bolzano–Weierstrass véanse Ferreirós (2007) y Moore (2000).

[44] Cf. (Hilbert 1893/1894b).

[45] Cf. (Hilbert 1893/1894b, p. 92).

prácticamente equivalente al teorema de Bolzano–Weierstrass sobre la existencia de puntos límites. Hilbert recurre nuevamente a este axioma de continuidad en una carta a F. Klein[46], fechada el 14 de agosto de 1894 y publicada más tarde en los *Mathematische Annalen* (Hilbert 1895). El axioma es el siguiente:

> **Axioma de continuidad**: Si A_1, A_2, A_3, es una sucesión infinita de puntos de una recta a y B es otro punto de a, de tal clase que en general A_i se encuentra entre A_h y B, siempre que el índice h sea menor que i, entonces existe un punto C con la siguiente propiedad: todos los puntos de la sucesión infinita A_2, A_3, A_4,... se encuentran entre A_1 y C, y si C' es otro punto, para el que ello también vale, entonces C se encuentra entre A_1 y C'.

Este axioma afirma de modo directo la existencia de un punto límite para una sucesión infinita y acotada de puntos sobre una línea. Más precisamente, por medio de la última condición ("Si C' es otro punto, para el que ello también vale, entonces C se encuentra entre A_1 y C'"), se identifica al punto límite C con el supremo. Es por ello que quizás podamos referirnos a él aquí como "axioma de continuidad de Bolzano–Dedekind". Asimismo, es importante resaltar que por medio de este axioma, Hilbert impone una condición muy fuerte de continuidad, a saber: el axioma de continuidad de Bolzano–Dedekind no sólo garantiza por sí mismo la continuidad de la recta, sino que además de él se puede obtener el axioma de Arquímedes como una consecuencia.

Hilbert no se limitó a adoptar esta alternativa en sus primeros abordajes axiomáticos, sino que incluso recurrió a este axioma de continuidad en su curso del semestre de invierno de 1898–99, "Elemente der Euklidischen Geometrie" (Hilbert 1898/1899a), texto en el que se apoya ampliamente la primera edición de *Fundamentos de la geometría*.[47] Hilbert reconoce además allí las coincidencias de su axioma con el principio de continuidad

> En el modo de hablar de la teoría de conjuntos, la proposición afirma la existencia de un punto límite en un conjunto infinito de puntos. Es completamente innecesario

---

[46] Cf. (Toepell 1986, p. 105).
[47] Cf. (Hilbert 1898/1899a, p. 377).

señalar aquí la analogía de esta proposición con la teoría de las cortaduras de Dedekind. (Hilbert 1898/1899a, p. 378).

En realidad, el axioma de Hilbert no sólo afirma la existencia de un punto límite sino además la existencia del supremo; por lo tanto, es equivalente al postulado de continuidad de Dedekind. Como consecuencia, si este último axioma de continuidad es incluido en el sistema de axiomas para la geometría elemental, se obtiene un isomorfismo con el cuerpo de los números reales. Por el contrario, si se asume únicamente el axioma de Arquímedes, la correspondencia uno–a–uno sólo será posible con un cuerpo ordenado arquimediano ($\mathbb{Q}$, Ω, etc.).

Luego, como sabemos, en el *Festschrift* el axioma de Arquímedes aparece como único axioma de continuidad. En las notas para clases recién citadas, Hilbert no se explaya respecto de los motivos que lo llevaron a no optar por el axioma de continuidad de Bolzano–Dedekind, previamente utilizado por él. Sin embargo, no es difícil hallar una explicación: el axioma de continuidad empleado por Hilbert en diversas oportunidades – (Hilbert 1893/1894b; 1895; 1898/1899a) – impone una condición de continuidad muy fuerte, en tanto que no sólo hace posible la completa coordenatización de los puntos de una línea y los números reales, sino que además de él puede deducirse el axioma de Arquímedes. Es decir, si junto con aquel axioma de continuidad se suponen los axiomas I–III, es posible entonces demostrar el axioma de Arquímedes como un teorema.[48]

Esta consecuencia resulta sumamente indeseable si se tienen en cuenta algunas de las investigaciones y resultados más importantes alcanzados por Hilbert en *Fundamentos de la geometría*, algunos de los cuales ya han sido mencionados y analizados anteriormente. Sólo por mencionar algunos de los ejemplos más importantes: *i.*) la prueba de independencia del axioma de Arquímedes, y la construcción para tal propósito, de geometrías no–arquimedianas que por sí mismas resultan interesantes[49]; *ii.*) las nuevas pruebas de los teoremas clásicos de Desargues y Pascal, en las que no se apela a ninguna condición de continuidad, i.e. al axioma de Arquímedes; *iii.*)

---

[48] Cf. (Enriques 1907, 37)

[49] Véase (Hilbert 1899, §12). Sobre la importancia de Hilbert – y sus discípulos – en el desarrollo de sistemas geométricos y aritméticos no–arquimedianos véanse Cerroni (2007) y Ehrlich (2006).

la elaboración de distintos cálculos de segmentos en base a aquellos teoremas fundamentales, es decir, con independencia de los axiomas de continuidad; *iv.*) la novedosa demostración de los teoremas de Legendre[50]; *v.*) la demostración del teorema clásico que afirma que los ángulos de la base de un triángulo isósceles son iguales, en la que Hilbert utiliza sólo una versión más débil del axioma de congruencia de triángulos.[51] Todos estos resultados, considerados por Hilbert como contribuciones novedosas que exhibían el poder de su método axiomático para alcanzar nuevos y originales conocimientos, requerían que *el axioma de Arquímedes sea presentado como un axioma separado e independiente*. En consecuencia, un axioma de continuidad como el de Bolzano–Dedekind resultaba enteramente inadecuado en el contexto de las investigaciones axiomáticas llevadas a cabo por Hilbert.

De lo anterior se colige que el objetivo del axioma (geométrico) de completitud era asegurar la completa coordenatización del sistema de axiomas para la geometría elemental con el cuerpo de los reales, *sin apelar a un postulado de continuidad tan fuerte como el axioma de continuidad de Bolzano–Dedekind*. El axioma de completitud, en tanto *complemento* del axioma de Arquímedes, permitía conseguir los mismos efectos que aquel axioma de continuidad más fuerte, sin interferir en cambio en las investigaciones que Hilbert consideró más fundamentales en su libro. Pero antes de adelantar una conclusión, hagamos una breve referencia a la otra alternativa disponible para el axioma de completitud.

7.4.4.2. El axioma de Cantor de intervalos encajados

Las referencias de Hilbert al principio conocido como el axioma de Cantor de intervalos encajados son mucho menos precisas, en comparación con las alusiones al mencionado postulado de continuidad de Bolzano–Dedekind. Más aún, hasta donde alcanza mi conocimiento, en este período temprano se restringe a la siguiente observación:

> En virtud del axioma de Arquímedes se puede conseguir ahora la introducción del número en la geometría (. . .).

---

[50] Véase (Hilbert 1898/1899a, pp. 340–343) y (Hilbert 1902b, pp. 566–568).

[51] Véase (Hilbert 1902b, pp. 551–556). Estos últimos dos puntos son examinados en (Hallett 2008).

De este modo a cada punto P de la línea le corresponde
un número real completamente determinado. Pero que
también en verdad a cada número le corresponderá un
punto de la línea, no se sigue de nuestros axiomas. Ello
puede conseguirse a través de la introducción de puntos
irracionales – ideales – (axioma de Cantor). (Hilbert
1898/1899a, p. 390-91)

Hallett (2004, p. 428) ha señalado que en este pasaje, Hilbert se
refiere a un axioma formulado por Cantor en su célebre artículo de
1872 sobre series trigonométricas.[52] Tal principio geométrico, llamado 'axioma' por el mismo Cantor, afirma que a cada magnitud
numérica (i.e. a cada número real) le corresponde un punto determinado de la recta.[53] Por el contrario, el principio que actualmente
se conoce como el postulado geométrico de Cantor de intervalos
encajados, es un axioma diferente.[54] Siguiendo la formulación de
Enriques (1907), citada usualmente en los trabajos geométricos de
la época, este axioma reza así:

Si en un segmento lineal OM se dan dos sucesiones infinitas de segmentos $OA, OB, OC, \ldots, OA', OB', OC', \ldots$,
de las cuales la primera crece y la segunda decrece de
manera que, los segmentos AA', BB', CC', ... decrecen
constantemente y finalmente son menores que cualquier
segmento dado [*jede gegebene Strecke unterschreiten*],
entonces en el segmento OM existe un punto X tal que,

---

[52] Cf. (Cantor 1872).

[53] Cf. (Cantor 1874, p. 128). En realidad, este 'axioma' era conocido en Alemania como *axioma de Cantor–Dedekind*. Por ejemplo, es posible encontrar
ya esta designación en un artículo de F. Klein (1874, p. 347), quien como
sabemos tuvo una estrecha relación con Hilbert.

[54] Cantor utilizó el principio de intervalos encajados, aunque implícitamente, en un conocido artículo de 1874, donde prueba por primera vez que
el conjunto de los números reales es no–numerable, sobre la base de un
argumento diferente a la diagonalización (Cf. Cantor 1874). Sin embargo,
Cantor reconoce también que este axioma no sólo fue utilizado previamente
por Bolzano y Weierstrass, sino que además su 'esencia' puede ser rastreada
hasta los trabajos sobre teoría de números de Lagrange, Legendre, Cauchy
y Dirichlet (Cf. Cantor 1879/84, p. 212). Es por ello que el axioma de intervalos encajados también es llamado *principio de Bolzano–Weierstrass*. Cf.
(Ferreirós 2007, p. 139-141).

OX es mayor que todos los segmentos de la primera sucesión y menor que todos los segmentos de la segunda.
(Enriques 1907, p. 36)[55]

Figura 7.3.: Axioma de Cantor de intervalos encajados.

En virtud del pasaje arriba citado, es imposible aseverar de manera conclusiva que Hilbert se refiere en sus notas al postulado
geométrico de Cantor de intervalos encajados. Sin embargo, dada
su importancia en las discusiones posteriores en torno al axioma de
completitud en su versión geométrica, considero que es importante
hacer aquí una breve mención.

En primer término debe señalarse que, a diferencia del principio de continuidad de Bolzano–Dedekind, del axioma de intervalos
encajados no puede deducirse el axioma de Arquímedes como una
consecuencia.[56] Sólo si asumimos conjuntamente el axioma de Cantor y el axioma de Arquímedes puede asegurarse la continuidad
de la línea. Este axioma no adolece entonces de la desventaja que
Hilbert encuentra en el principio de continuidad de Dedekind. Más
aún, el axioma de Cantor y el axioma de completitud son lógicamente equivalentes[57], de modo que el primero cumple con la condición exigida por Hilbert, de que la continuidad sea presentada
a través de dos principios independientes. Además, el axioma de

---

[55] En una versión más modernizada, el axioma de Cantor de intervalos encajados puede ser formulado de la siguiente manera:

Axioma de Cantor de intervalos encajados: Supongamos que
en una recta arbitraria a se da una sucesión infinita de segmentos
A_1B_1, A_2B_2, ..., de los cuales cada uno está en el interior del
precedente; supongamos, además, que cualquiera sea un segmento
prefijado, existe un índice n para el cual A_nB_n es menor que este
segmento. Entonces existe sobre la recta a un punto X, que está en
el interior de todos los segmentos A_1B_1, A_2B_2, etc.

[56] Véanse Baldus (1928a; 1930).
[57] Cf. (Efímov 1984, pp. 197-201).

intervalos encajados posee la ventaja, como lo señala Bernays, de que su estructura no es "lógicamente compleja" como la de aquél, y de expresar directamente – y no de un modo encubierto – una condición de continuidad.[58] En cambio, a primera vista un inconveniente consistiría en que, a los ojos de Hilbert, este axioma no podría ser considerado como 'puramente geométrico', puesto que allí el concepto de sucesión es esencial.[59]

Podemos ver claramente que para Hilbert el axioma de completitud constituía la opción más adecuada para la formulación de las condiciones de continuidad, puesto que a su entender ninguna de las alternativas disponibles satisfacía los criterios fijados por él para este grupo de axiomas.

7.4.5. Categoricidad y el axioma de completitud

Una última cuestión que quisiera abordar es la relación entre el axioma de completitud – en su versión geométrica – y la noción categoricidad. Como habrá podido notarse, existe una fuerte conexión entre el axioma de completitud y la categoricidad del sistema axiomático. En efecto, en el sistema de axiomas para los números reales, la función del axioma de completitud es garantizar que cualquier posible realización o 'modelo' de los axiomas sea isomorfa con

---

[58] Cf. (Bernays 1935, pp. 197-198)

[59] Un interesante análisis del axioma de Cantor, en el contexto de la geometría elemental, se encuentra en (Baldus 1928b; 1930) y (Schmidt 1931). Más precisamente, estos autores analizan distintas formulaciones del axioma. Brevemente, a la versión que hemos citado de Enriques (1907), que impone la condición de que la longitud de los segmentos AA', BB', CC', ... tienda a cero, la denominan axioma de Cantor *métrico*. Por el contrario, si se suprime este requerimiento, entonces se llega a una versión más general del axioma, que afirma que existe un punto en el interior de *todos* los encajes de segmentos, no sólo en aquellos cuya longitud tiende a cero. A esta versión la llaman axioma de Cantor *topológico*. Sin embargo, ambos autores prueban que en toda *geometría arquimediana* es posible evitar la condición presente en el axioma *métrico*, puesto que ambas versiones del axioma de Cantor son *equivalentes* si se asume previamente el axioma de Arquímedes. Hertz (1934) demuestra, además, que del axioma de Cantor *topológico* tampoco se sigue el axioma de Arquímedes como una consecuencia.

Finalmente, cabe argumentar que los supuestos señalados por Hilbert no parecen ser suficientes para considerar el postulado de intervalos encajados como ajeno a la geometría, dado que sería posible incluso formular este axioma evitando la idea de sucesión.

el sistema de los números reales. Mientras que los primeros diecisiete axiomas de (Hilbert 1900c) definen un cuerpo arquimediano
ordenado $(\mathbb{Q}, \Omega, \mathbb{R})$, cuando se introduce el axioma de completitud
el sistema axiomático caracteriza en cambio un cuerpo arquime-
diano ordenado maximal o completo, i.e. el sistema de los números
reales. Así, Hilbert manifiesta explícitamente que la consecuencia de
la introducción del axioma de completitud en el sistema de axiomas
para los números reales es la 'categoricidad': "En primer lugar, quisiera ahora hacer plausible que el sistema de cosas definido a través
de los 18 axiomas es *idéntico con el sistema de todos los números
reales*" (Hilbert 1905b, p. 18).

Del mismo modo, la categoricidad es también un resultado de
la introducción del axioma de completitud en el sistema de axiomas para la geometría euclídea. Hilbert reconoce esta consecuencia
visiblemente, como resulta elocuente en el siguiente pasaje:

> Como puede verse, existe un número infinito de geo-
> metrías que satisfacen los axiomas I–IV, V,1. Sin em-
> bargo, sólo hay una, a saber la geometría cartesiana, en
> la que el axioma de completitud también es válido al
> mismo tiempo. (Hilbert 1903, p. 20)

Es importante aclarar que, aunque el término "categoricidad" se
encuentra por primera vez en (Veblen 1904), en este período temprano Hilbert contaba ya con una concepción relativamente clara de
las nociones de categoricidad e isomorfismo. Evidencia al respecto
puede encontrarse en el siguiente pasaje de las notas para el curso
"Zahlbegriff und Quadratur des Kreises" (Hilbert 1897/1898):

> Luego de que los axiomas hayan sido encontrados, to-
> davía debe mostrarse:
>
> 1. Los axiomas no se contradicen entre sí.
>
> 2. ¿Cómo y qué axiomas son dependientes de otros?
>
> 3. ¿Qué axiomas son mutuamente independientes?
>
> 4. Los axiomas definen unívocamente [*eindeutig*] un
>   sistema de objetos, i.e. si se tiene otro sistema de
>   objetos que satisface todos los axiomas anteriores,

entonces los objetos del primer sistema son corre-
lacionables uno–a–uno [*umkehbar eindeutig abbild-*
bar] con los objetos del segundo sistema. (Hilbert
1897/1898, p. 42)

Hilbert presenta además caracterizaciones incluso más precisas en
(Hilbert 1905b, p. 21) y (Hilbert 1905c, pp. 17-18). Sin embargo,
una definición formal de las nociones de categoricidad e isomorfismo sólo pudo ser alcanzada por Hilbert en un período bastante
posterior, dado que como hemos advertido una clara distinción conceptual entre sintaxis y semántica se encuentra recién en (Hilbert
1917).[60]

Por otro lado, es dable mencionar que previamente la categoricidad del sistema axiomático para los números naturales fue un tema
central en (Dedekind 1888). En efecto, Dedekind prueba allí en detalle que dos modelos cualesquiera de sus 'axiomas' son isomorfos.[61]

Ahora bien, aunque la categoricidad es una consecuencia de la inclusión del axioma de completitud, tanto en el sistema de axiomas
para los reales como para la geometría, existen al respecto diferencias importantes entre ambos sistemas que es oportuno destacar.
Una diferencia significativa fue advertida por Baldus (1928a), en
un artículo que influyó en algunas modificaciones introducidas en
la séptima edición de *Fundamentos de la geometría* (Hilbert 1930).
Básicamente la observación es la siguiente. Si del sistema de axiomas de Hilbert se elimina el axioma de las paralelas, entonces se
obtiene un sistema axiomático para la geometría absoluta, *i.e*, la
geometría sin paralelismo, que es la estructura común que comparten las geometrías euclídeas y no–euclídeas. Asimismo, a partir de
los axiomas que caracterizan ahora la geometría absoluta, es posible
introducir coordenadas sobre la línea del modo habitual. Luego, si
por otro lado el axioma de completitud es sustituido por el axioma
Cantor[62], se puede lograr una correspondencia uno–a–uno entre los

---

[60] Sobre esta cuestión véase (Zach 1999).

[61] Cf. (Dedekind 1888, Teoremas 132, 133). Sobre Dedekind véase (Ferreirós
2007; 2009). Un análisis histórico de las nociones de completitud y categoricidad puede verse en (Awodey y Reck 2002).

[62] Esta sustitución es necesaria dado que, *en su versión original*, el axioma de
completitud supone la validez del axioma de las paralelas. Si por el contrario
se utiliza el axioma de completitud lineal, entonces dicho requerimiento
puede ser obviado. Éste fue precisamente uno de los principales aportes

puntos de la línea y los números reales. El sistema axiomático que define a la geometría absoluta es entonces *completo* en el sentido del axioma de completitud, es decir, no puede ser extendido añadiendo nuevos elementos (puntos) al sistema de objetos. Sin embargo, este sistema de axiomas posee múltiples realizaciones o 'modelos' (la geometría euclídea, la geometría hiperbólica, etc.) no isomorfos entre sí. En conclusión, es posible tener un sistema de axiomas que sea completo en el sentido del axioma de completitud, pero no categórico. Que un sistema axiomático sea 'completo" en el sentido del axioma de completitud, no implica que sus realizaciones deban ser necesariamente todas isomorfas entre sí.

Del resultado anterior se sigue una serie de consecuencias importantes. En primer lugar, contrariamente a lo sugerido por el modo de proceder de Hilbert en lo que respecta al axioma de completitud, la estrategia seguida en el sistema axiomático para los reales no puede ser aplicada sin más al sistema de axiomas para la geometría. En este último caso, el axioma de completitud no necesita ser la "piedra angular" [*Schlußstein*] del sistema. En el contexto del sistema de axiomas para los números reales, los primeros diecisiete axiomas definen un cuerpo ordenado arquimediano. La función del axioma de completitud es identificar unívocamente al cuerpo de los números reales, de entre las diversas realizaciones posibles que pueden satisfacer estos primeros diecisiete axiomas. Y ello por medio de una condición de maximalidad que establece que la única realización posible de *todos* los axiomas es un cuerpo ordenado arquimediano completo o maximal.[63] En otras palabras, sólo por medio del axioma de completitud el sistema de axiomas se vuelve categórico.

Por el contrario, en el caso del sistema de axiomas para la geo-

---

del trabajo de Baldus: mostrar que el axioma de completitud no mantiene esencialmente ninguna relación con el axioma de las paralelas. Cf. Baldus (1928a).

[63] Este modo de entender la función del axioma de completitud permite lograr una simplificación muy importante en su formulación. Véase, por ejemplo, (Bernays 1955). Por otro lado, en esta misma línea y enfatizando la influencia de Dedekind sobre Hilbert en este período temprano, Ferreirós presenta una interesante formalización del axioma de completitud en la que se recurre a un lenguaje lógico que incluye la teoría de conjuntos, y que en ese sentido es más próximo al contexto histórico de Dedekind y Hilbert (Cf. Ferreirós 2009, p. 48).

metría elemental, éste es más bien el verdadero significado del axioma de las paralelas. Mientras que los axiomas de los grupos I–III y V (enlace, orden, congruencia, continuidad) caracterizan la geometría absoluta – que posee como en el caso de los primeros diecisiete axiomas para la aritmética de los reales diversas realizaciones no isomorfas entre sí –, el axioma de las paralelas permite caracterizar categóricamente a la geometría euclídea. Aunque en el sistema de axiomas de Hilbert la función atribuida al axioma de completitud es asegurar la categoricidad del sistema, ella no es sin embargo la función que este axioma debe desempeñar necesariamente.[64] Más bien, colocar al axioma de completitud como el último axioma del sistema axiomático, encubre en cierto modo su verdadera función en el sistema de axiomas.

En segundo lugar, la relación entre el axioma geométrico de completitud y la categoricidad, pone de manifiesto una vez más que la completitud a la que dicho axioma alude, no es de ninguna manera la *completitud del sistema de axiomas*. Hilbert disipa esta posible confusión en un texto naturalmente posterior, en donde presenta una definición explícita de completitud (sintáctica) de un sistema axiomático, en el sentido de saturación o completitud de Post:

> La propiedad de completitud de un sistema axiomático consiste en que no es posible añadir una fórmula independiente de los axiomas como un nuevo axioma, sin introducir una contradicción dentro del sistema.
>
> Se observa aquí la diferencia entre este requerimiento de la completitud de un sistema axiomático y aquel [requerimiento] que es enunciado en el axioma de com-

---

[64] Quizás deba agregarse que, más allá de esta función determinante que desempeña el axioma de las paralelas para conseguir la categoricidad del sistema axiomático de Hilbert para la geometría euclídea, el axioma de completitud cumple también un papel importante. En efecto, el axioma de completitud es el único axioma del sistema que requiere de un lenguaje de segundo orden para ser formalizado. Luego, independientemente de cuál sea el lugar que ocupe dentro del sistema axiomático, el axioma de completitud hace posible la categoricidad, puesto que si el sistema de Hilbert fuera enteramente formalizable en un lenguaje de primer orden, entonces por el teorema de Löwenheim–Skolem (1915/1919) se sigue que no podría ser categórico. Obviamente, Hilbert no podía conocer estos resultados en una etapa inicial, aunque sería interesante indagar cuál fue, si es que existió, su reacción en un período posterior.

> pletitud. El axioma de completitud afirma: no es posible añadir sin contradicción nuevos objetos; el requerimiento de completitud de un sistema axiomático estipula sin embargo: no es posible añadir sin contradicción nuevas fórmulas. (Hilbert 1921/1922, pp. 18–19)

Hilbert distingue de ese modo entre el tipo de completitud aludida en su axioma homónimo y la propiedad de 'completitud' (sintáctica) de un sistema axiomático, en el sentido de saturación. Sin embargo, en la medida en que el axioma de completitud expresa una condición de maximalidad, es evidente que existe una conexión entre ambos. Si se considera que los *elementos u objetos* de un sistema axiomático para la lógica proposicional son proposiciones – como lo hace aquí Hilbert – entonces es posible decir que ambos requerimientos expresan esencialmente lo mismo.[65]

7.5. Consideraciones finales

En el comienzo de este capítulo he señalado que un análisis del contexto que rodea la inclusión del axioma de completitud en el sistema de axiomas para la geometría, puede arrojar luz respecto del papel que para Hilbert desempeñó la propiedad metalógica de "completitud", en esta etapa temprana y en el contexto de sus investigaciones geométricas. Quisiera concluir entonces con algunas observaciones al respecto.

Hilbert asevera en numerosas ocasiones, en las distintas ediciones de *Fundamentos de la geometría*, que el objetivo fundamental del axioma de completitud es hacer posible la correspondencia uno–a–uno entre los puntos de la línea y los números reales. En este sentido, el axioma de completitud fue específicamente incorporado por Hilbert para garantizar que la geometría analítica "cartesiana" se convierta en la única realización (salvo isomorfismo) de sus axiomas para la geometría sintética. Sin embargo, ésta no es la única función que dicho axioma cumple en el sistema axiomático hilbertiano. El axioma de completitud es imprescindible para que *el sistema de Hilbert* logre capturar íntegramente el dominio de la geometría euclídea; y éste es, en efecto, uno de los objetivos cen-

---

[65] Cf. (Zach 1999).

trales que Hilbert se plantea manifiestamente en la introducción de *Fundamentos de la geometría*.[66]

El problema se reduce a lo siguiente: la propiedad de intersección de dos circunferencias[67], de donde puede probarse que circunferencias y líneas se intersecan cuando deben hacerlo, no puede ser garantizada en base al sistema de axiomas original del *Festschrift*. Empero esta propiedad es esencial para llevar a cabo muchas de las construcciones de segmentos, ángulos y figuras usando las técnicas descriptas por Euclides en los *Elementos*. Por ejemplo, el teorema que afirma que un triángulo puede ser construido a partir de tres segmentos dados, tales que la suma de cualquiera dos de sus lados es siempre mayor que longitud del tercero. Este teorema es demostrado por Euclides en la proposición *I, 22*; sin embargo, allí se utiliza explícitamente la propiedad de intersección de dos circunferencias, con lo cual este problema no puede ser resuelto en el sistema axiomático original de (Hilbert 1899).[68]

El mismo problema puede ser ilustrado observando los equivalentes algebraicos de las construcciones geométricas realizables en base al sistema de axiomas, un tópico investigado en detalle por Hilbert, y en donde además realizó contribuciones importantes. Actualmente es usual afirmar que para garantizar que la totalidad de las construcciones de Euclides con *regla y compás* puedan ser realizadas, el cuerpo (numérico) abstracto construido directamente a partir de los axiomas de la geometría debe satisfacer la propiedad de un "cuerpo euclídeo"[69]:

Definición. *Un cuerpo* $\mathbb{K}$ *se llama euclídeo si es ordenado y si, para todo elemento* $a \in \mathbb{K}$, *con* $a > 0$, *la raíz cuadrada* $\sqrt{a}$ *existe en* $\mathbb{K}$.

---

[66] Cf. (Hilbert 1899, p. 1).

[67] Dados dos circunferencias Γ, Δ, si Δ contiene al menos un punto dentro de Γ, y Δ contiene al menos un punto fuera de Γ, entonces Δ y Γ se encontrán (exactamente en dos puntos).

[68] Hemos mencionado este teorema previamente. Véase capítulo 2, sección 2.3.2. Por otro lado, una crítica similar es que, si no se presupone la propiedad de intersección de dos circunferencias, y consecuentemente, de intersección de líneas y circunferencias, entonces no es posible probar que "el círculo es una figura cerrada". Hilbert reconoce este problema en (Hilbert 1898/1899a, p. 64).

[69] Cf. (Hartshorne 2000, p. 146).

Ahora bien, el cuerpo Ω de números algebraicos, que Hilbert construye en 1899 para proporcionar una realización aritmética de sus axiomas, no es un cuerpo euclídeo sino un cuerpo "pitagórico"; más precisamente, un cuerpo pitagórico *minimal*. Luego, el cuerpo abstracto Ω es un *sub–cuerpo propio* del cuerpo euclídeo; y ello significa que la totalidad de las construcciones con regla y compás que caracterizan a la geometría euclídea elemental no puede ser realizada teniendo como base el sistema de axiomas original de Hilbert. El sistema de axiomas no es *completo* en relación al dominio de la geometría euclídea elemental. El sistema de axiomas original no cumple así con el criterio "pre–formal" de completitud definido por Hilbert en este período temprano, en virtud del cual el sistema axiomático debe ser construido de tal manera que sea posible obtener a partir de sus axiomas, deductivamente como consecuencias, todas aquellas proposiciones que esperamos encontrar en el dominio de la geometría euclídea.

Resulta significativo observar que Hilbert era plenamente consciente de estas dificultades al momento de la redacción del *Festschrift*, e incluso un poco antes. Prueba de ello es el capítulo VII de la primera edición de *Fundamentos*, en donde analiza qué construcciones geométricas son realizables en su sistema de axiomas. Hilbert reconoce allí, aunque sólo implícitamente y en una forma más bien abstracta, que su sistema de axiomas no puede garantizar la propiedad de intersección de dos circunferencias; es decir, la existencia de los puntos de intersección entre dos circunferencias que, como dijimos, es fundamental para poder realizar muchas de las construcciones más elementales de la geometría euclídea plana.

En este capítulo, y más detalladamente en sus notas (Hilbert 1898/1899b, pp. 64-68) y (Hilbert 1898/1899a, pp. 64-69), Hilbert reconoce en primer lugar que todas las construcciones que pueden ser realizadas sobre la base de los axiomas I–V de la primera edición de *Fundamentos de la geometría*, son construcciones que utilizan sólo una regla y un "transportador de segmentos" [*Streckenübertrager*]. Este último instrumento es utilizado para medir segmentos, y según Hilbert, corresponde a un "uso restringido del compás" (Hilbert 1899, p. 80). En segundo lugar, advierte que el equivalente algebraico de las construcciones con regla y "transportador de segmentos" es un cuerpo pitagórico. Es decir, Hilbert aclara que las construcciones permitidas por su sistema de axiomas (original) pueden ser llevadas a cabo en una geometría analítica cuyas coordenadas forman un cuerpo pitagórico (minimal). En tercer lugar, en las notas de clases correspondientes al curso que antecede inmediatamente al *Festschrift*, Hilbert construye un cuerpo numérico que le permite demostrar que no todo cuerpo pitagórico es necesariamente un cuerpo euclídeo – dicho en términos algebraicos modernos –; esto es, que el cuerpo pitagórico es un sub–cuerpo propio del cuerpo euclídeo (Hilbert 1898/1899b, pp. 64-65). Y finalmente, Hilbert reconoce que la condición algebraica que corresponde a las construcciones con compás es que cada número (positivo) en el cuerpo de coordenadas posea una raíz cuadrada, i.e. que el cuerpo sea euclídeo. En función de estos resultados, Hilbert concluye que no todas las construcciones realizables con regla y compás están justificadas sobre la base de su sistema de axiomas. Y esta conclusión es expresada explícitamente en el Teorema 41 del *Festschrift* (Hilbert 1899, p. 81).

Ahora bien, un modo habitual de garantizar la existencia de los puntos de intersección entre dos circunferencias, y por lo tanto, entre una recta y una circunferencia, es a través de un principio de continuidad como el de Dedekind; y ésta fue, de hecho, una de las primeras críticas que recibió el libro de Hilbert.[70] En este sentido, el axioma de continuidad *á la Bolzano–Dedekind*, utilizado por Hilbert hasta muy poco tiempo antes de la publicación del *Festchrift*, le hubiese permitido remediar esta dificultad. Sin embargo, esta estrategia implicaba que el axioma de Arquímedes no pudiera ser presentado como un principio separado e independiente, una consecuencia absolutamente indeseada en el contexto de las investigaciones axiomáticas de *Fundamentos*.

Ante esta disyuntiva, fundamentalmente ocasionada por la carencia de una alternativa funcional como principio de continuidad, la opción elegida por Hilbert fue entonces "sacrificar" la completitud de su sistema de axiomas, antes de ver obstaculizadas aquellas

---

[70] Véase (Sommer 1900, p. 291). Puesto que para garantizar la propiedad de intersección de dos círculos basta con que el cuerpo coordinado sea euclídeo, la continuidad completa del espacio no es indispensable, sino que es suficiente con añadir al sistema axiomático un axioma que postule precisamente dicha propiedad. Esta vía es presentada, por ejemplo, por (Hartshorne 2000). Hallett (2008, p. 247) señala sin embargo que añadir la propiedad de intersección de dos circunferencias como un axioma para asegurar la 'propiedad euclídea' parecería ser más bien una solución *ad hoc*.

investigaciones que consideró sus contribuciones más importantes a esta disciplina matemática. Y, en mi opinión, esta actitud pone claramente de manifiesto un rasgo central de su concepción del método axiomático, a saber: el método axiomático no debe entenderse sólo como una herramienta eficaz para conseguir una presentación más rigurosa y lógicamente perspicua de una teoría matemática – rasgo que por lo demás Hilbert nunca se cansó de enfatizar –, sino también, y no menos importante, como un poderoso instrumento para llegar a nuevos descubrimientos matemáticos.

Finalmente, es necesario señalar que, precisamente en este rasgo fundamental que según Hilbert explicaba la inclusión del axioma de completitud en su sistema de axiomas para la geometría – i.e. la independencia del axioma de Arquímedes –, reside una dificultad notable desde un punto de vista axiomático, a saber: en la medida en que el axioma de completitud se refiere a otros axiomas y *presupone su validez*, no es posible demostrar la independencia de cualquiera de los axiomas explícitamente mencionados. La peculiar forma "metalingüística" del axioma de completitud impide *demostrar* que el axioma de Arquímedes no se sigue de él como una consecuencia.[71] Esta dificultad intrínseca al axioma de completitud le fue así señalada a Hilbert por Baldus (1928a).[72]

Ante estas críticas, Hilbert optó por no realizar comentario alguno y conservar el axioma de completitud dentro de su sistema de axiomas para la geometría euclídea elemental. Quizás ello sea un claro indicio de que, al igual que como fuera posteriormente recibido, Hilbert vislumbró en el axioma de completitud una de sus contribuciones más originales a la axiomática moderna.

---

[71] El primero en observar esta dificultad fue (Hahn 1907, §3).

[72] Poco más tarde, Paul Bernays – activo colaborador de Hilbert a partir de la sexta edición (1923) de *Fundamentos* – llegó a sostener que, dada esta "complejidad lógica" del axioma de completitud, el axioma de Cantor de intervalos encajados era preferible por sobre aquél (Cf. Bernays 1935, p. 198). Presentaciones axiomáticas más contemporáneas de la geometría elemental, que pretenden seguir en espíritu al sistema de Hilbert, utilizan el axioma de Cantor en lugar del axioma de completitud. Véanse (Efímov 1984) y (Guerrrero 2006).

Conclusiones

El objetivo central de este libro ha sido reconstruir la *temprana concepción axiomática de la geometría* de Hilbert, principalmente utilizando sus notas manuscritas de clases para una serie de cursos sobre geometría, correspondientes al período comprendido entre 1891 y 1905. Por *concepción de la geometría* no se ha entendido aquí una exposición de carácter sistemático, en el sentido de una filosofía de la geometría cuidadosamente elaborada y completamente articulada. Por el contrario, con ello se ha aludido más bien a una serie de reflexiones y observaciones, de un tenor claramente filosófico, respecto de: *a)* la naturaleza de la geometría y del conocimiento geométrico en general; *b)* el lugar que ocupa la geometría en el contexto de la matemática en general y cómo se relaciona esta disciplina con otras ramas de la matemática; *c)* el papel que desempeña la intuición en las teorías geométricas, particularmente en el proceso de axiomatización; *d)* la naturaleza y función del método axiomático, en particular en su aplicación a la geometría.

En primer lugar, hemos visto que esta concepción experimenta una suerte de *evolución* desde el primer trabajo que Hilbert dedica a la geometría en 1891, hasta la discusión más detallada y completa sobre los fundamentos axiomáticos de la geometría que encontramos en este período inicial, correspondiente a un curso dictado en 1905. En efecto, en las notas de clases para el curso "Geometría proyectiva" (Hilbert 1891a), Hilbert todavía caracteriza la geometría de un modo tradicional, al definirla como la ciencia que estudia las propiedades o forma de las cosas en el espacio. Más aún, nuestro autor señala que, a diferencia de teorías matemáticas puras como la aritmética y el análisis, la geometría no se funda exclusivamente en el pensamiento puro, sino que además requiere de la experiencia y la intuición. Los cursos posteriores exhiben, en cambio, una concepción axiomática abstracta de la geometría completamente desarrollada.

Hilbert adopta por primera vez en 1893/1894 una perspectiva axiomática formal para investigar el problema de los fundamentos de la geometría. En dicho manuscrito afirma explícitamente que los conceptos primitivos y proposiciones básicas de su teoría geométrica no se refieren al espacio físico, sino que conforman un "entramado de conceptos" – o en términos modernos, una estructura relacional – que puede recibir distintas interpretaciones, ya sea dentro de otras teorías matemáticas o físicas, como así también aplicaciones empíricas. A esta concepción formal del método axiomático se le sumó poco después, en el curso siguiente de 1898/1899, el componente quizás más novedoso y matemáticamente fructífero de su análisis axiomático (formal) de la geometría euclídea elemental: las *investigaciones metageométricas*. Hilbert presenta por primera vez en este curso, y perfecciona en los cursos siguientes, su técnica de la construcción de "modelos" analíticos de los axiomas geométricos, para probar propiedades "metalógicas" como por ejemplo la consistencia, y fundamentalmente, la *independencia*.

En este contexto temprano, el procedimiento de construcción de modelos consistía en traducir uno o varios grupos de axiomas dentro de otra teoría matemática, en particular, la teoría de los números reales. Este método coincidía esencialmente con el procedimiento estándar de la geometría analítica, en donde se proporcionaban, sobre la base de un sistema adecuado de coordenadas, nuevas definiciones de los términos geométricos primitivos (punto, línea, plano, etc.). Del mismo modo, para el estudio de estos modelos analíticos, por ejemplo, para probar que un axioma en particular no se seguía de un conjunto de axiomas dado, Hilbert hace un uso sistemático de herramientas conceptuales tomadas del álgebra y del análisis (real y complejo). En suma, el estudio de estas fuentes manuscritas no sólo nos han permitido analizar el surgimiento de las investigaciones metageométricas en Hilbert, sino que además hemos podido identificar resultados geométricos interesantes que incluso no fueron incluidos en *Fundamentos de la geometría*.

Esta nueva concepción formal del método axiomático estuvo acompañada por una *posición empirista*, de acuerdo con la cual los hechos básicos que constituyen la base de nuestro conocimiento geométrico provienen de la experiencia y de una suerte de "intuición geométrica". Hilbert sostiene que la geometría es "la ciencia natural más completa", y afirma que su diferencia con otras teorías físicas, en especial con la mecánica, reside en el notable grado de desarrollo que ha alcanzado desde los tiempos de Euclides, y no en una característica esencial asociada a su *naturaleza*. Sin embargo, esta posición empirista no es radicalizada en ningún momento, al exigir por ejemplo que todos los conceptos primitivos y proposiciones básicas de la geometría tengan como correlato un conjunto de conceptos y proposiciones empíricas u observacionales. Más bien, el elemento empirista en la concepción hilbertiana de la geometría se circunscribe a afirmar que esta teoría es, *sólo en cuanto a su origen*, una ciencia natural.

Esta última afirmación ha sido justificada analizando las similitudes, que el propio Hilbert señala en sus cursos, entre su concepción axiomática de la geometría y la "teoría pictórica" [*Bildtheorie*] de Heinrich Hertz. La concepción temprana de la geometría de Hilbert se caracteriza entonces por: *i.)* una posición axiomática formal y *ii.)* una posición empirista respecto del origen de la geometría y de su lugar dentro de las distintas teorías matemáticas. A su vez, estos dos componentes se vinculan en virtud de la *función fundamental* que Hilbert le asigna al método axiomático formal, a saber: a través del proceso de *axiomatización formal* la geometría se convierte, con su contenido empírico factual, en una *teoría matemática pura*.

Ahora bien, a diferencia de la impresión que suele provocar su presentación axiomática en *Fundamentos de la geometría*, Hilbert aclara, en numerosas oportunidades a lo largo de sus notas de clases, que la adopción de una posición axiomática formal no implica que una teoría geométrica axiomática no tiene más ningún significado para la realidad y para la "intuición geométrica". Por el contrario, Hilbert advierte que el interés en realizar un análisis axiomático formal de la geometría, y en particular de la geometría euclídea, es ofrecer una descripción matemáticamente exacta y completa de la *estructura lógica* de esta teoría matemática, i.e. de cuáles son los principios fundamentales que deben ser postulados para construir esta teoría y de las relaciones lógicas de los axiomas entre sí, y también con los teoremas fundamentales. Ello significa que, puesto que en gran parte la geometría elemental se funda en nuestra intuición espacial, el análisis axiomático proporciona un conocimiento de las propiedades lógicas de los hechos intuitivos fundamentales que están en la base de la geometría, y en ese sentido, *de la intuición*. Es decir, dado que la intuición geométrica y la experiencia son las primeras fuentes del conocimiento geométrico, Hilbert considera en este período inicial que su examen axiomático de la geometría euclídea es, al mismo tiempo, *un análisis de estas fuentes originales de conocimiento*, pues revela, entre otras cosas, qué proposiciones son las responsables de varias de las partes centrales de nuestro conocimiento geométrico intuitivo.

Es interesante observar que muchas de las tesis centrales de esta concepción axiomática de la geometría fueron mantenidas por Hilbert prácticamente hasta el final de su producción científica. Ello se aprecia en el último curso que Hilbert dedicó a los fundamentos de la geometría, dictado en el semestre de verano de 1927. La redacción [*Ausarbeitung*] de este curso – (Hilbert 1927) – fue encargada a Arnold Schmidt, y posteriormente fue completada con anotaciones de Hilbert. Estas notas revisten un gran interés, en tanto que en ellas se basó claramente la séptima edición de *Fundamentos de la geometría* (Hilbert 1930), que no sólo fue la última edición en vida de Hilbert, sino que además fue la que introdujo los cambios más significativos respecto de la edición original. En la introducción de estas notas, Hilbert se refiere al objetivo de un estudio axiomático de la geometría en términos muy similares a los que hemos visto:

> Aplicaremos el método axiomático a la ciencia natural más completa, a la geometría, en donde éste también se construyó en primer lugar de modo clásico. El problema es: cuáles son las condiciones necesarias e independientes entre sí, a las que debemos someter a un sistema de cosas, para que a cada propiedad de estas cosas le corresponda un hecho geométrico e inversamente. ¿De qué modo debemos disponerlas, para que estas cosas sean una imagen completa de la realidad geométrica? (Hilbert 1927, p. 1)

El problema central que se plantea el abordaje axiomático a la geometría es aquí exactamente igual que en 1894 y 1898. Asimismo, en el reverso de la página Hilbert añade en lápiz la siguiente observación:

> Ahora bien, lo que no puede ser obtenido a través del pensamiento sino que sólo proviene de la experiencia

(experimento), son los axiomas de la geometría, i.e. los
hechos que la intuición constituye, al igual también que
en la física. Esta investigación y este conocimiento no
sólo tienen un valor primordial, sino que también sirven
para asegurar la verdad. (Hilbert 1927, p. 1)

No es fácil determinar qué es lo que Hilbert quiere significar con
"asegurar la verdad". Sin embargo, podemos concluir que su idea
de que un análisis axiomático de la geometría constituye – aunque
quizás deba aclararse, indirectamente – un examen del contenido
de un conjunto de axiomas fundados en la intuición, todavía sigue
operando:

La geometría es una ciencia muy expandida y ramifica-
da y también sus fundamentos pueden ser tratados de
diversos modos. No quiero dedicarme aquí ni a la geometría analítica ni a la sintética, sino que nuestro objetivo es más bien un análisis lógico de nuestra facultad
de la intuición. (...) A partir del mencionado problema la relación de este curso con la geometría analítica
y la sintética queda determinada. La geometría analítica parte de la introducción del concepto de número en
la geometría, cuya justificación habremos de demostrar
primero aquí. En la geometría sintética se apela a la intuición, es decir, se aceptan lo más posible las figuras de
los fenómenos [*Erscheinungsbilder*], tal como se ofrecen
y se busca a partir de allí deducir nuevos fenómenos.
Por el contrario nosotros evitaremos a la intuición, porque aquí se trata de un análisis de la intuición. (Hilbert
1927, p. 3)

La imagen de la geometría que presenta Hilbert en sus notas de
clases nos han permitido ver así su oposición respecto de posiciones
formalistas extremas. El hecho de que la geometría elemental sea
presentada como un sistema axiomático formal de ningún modo significaba para él que la naturaleza de esta teoría matemática podía
ser comparada con un juego de símbolos vacíos, sin significado. Aunque el resultado de una axiomatización formal de la geometría es un
entramado de conceptos capaz de recibir diversas interpretaciones,
para Hilbert un objetivo importante de tal empresa es conservar

de alguna manera la relación de aquel "entramado de conceptos" con los hechos geométricos intuitivos, que están en la base de esta teoría matemática. Es claro así que una preocupación de tal índole se opone a una interpretación formalista radical de su concepción axiomática de la geometría. Dicho de otro modo, si bien la presentación de la geometría euclídea elemental por medio de un sistema axiomático formal era un logro matemático muy importante, que incluso llegó a inaugurar nuevas áreas de investigación matemática, ello no significó de ningún modo que el interés de Hilbert era presentar la geometría como un mero juego con fórmulas, desprovistas de todo significado. Más bien, en esta etapa inicial, Hilbert estaba convencido de que su análisis axiomático formal contribuía en gran medida a proporcionar un fundamento conceptual para el acervo de hechos geométricos intuitivos, que en su opinión conformaba la base de esta disciplina.

Por otra parte, el rechazo explícito de Hilbert respecto de las posiciones formalistas extremas se evidencia en el reconocimiento de que la aplicación del método axiomático presupone *siempre* la existencia de un conjunto de hechos y proposiciones básicas. Hilbert entiende que el método axiomático es esencialmente, en virtud de su *naturaleza* y *función*, una herramienta que debe ser aplicada a una teoría matemática, o científica en general, *preexistente*. Esta idea aparece formulada de un modo muy interesante en uno de sus cursos:

> El edificio de la ciencia no se erige como una vivienda, en donde primero se procura establecer firmemente los cimientos y luego se procede a la construcción y ampliación de las habitaciones. La ciencia pretende asegurarse, lo más rápido posible, espacios para poder moverse, y sólo después, una vez que aparecen aquí y allí signos de que los cimientos son demasiado débiles como para soportar la expansión de las habitaciones, se dispone a apuntalarlos y fortificarlos. Ello no es una debilidad, sino más bien el camino correcto y saludable de su desarrollo. (Hilbert 1905b, p. 102)[73]

El análisis axiomático no debe ser concebido por lo tanto como el punto de partida de la investigación en cualquier campo de la

---

[73] Citado también en (Corry 1997, p. 130).

matemáticas, y ciertamente no en la geometría; o sea, el análisis
axiomático formal no puede ser ejecutado en las primeras etapas
de una teoría matemática. Más bien, es de una enorme ayuda en
una etapa posterior, cuando la teoría ha alcanzado ya un grado de
madurez considerable.

Hilbert no sólo anticipó y rechazó las lecturas formalistas extremas de su nueva concepción del método axiomático en la etapa
temprana que hemos analizado, sino que además volvió a explicitar su oposición a este tipo de lecturas, en un período posterior.
El testimonio más contundente de este rechazo se encuentra en la
primera sección de *Naturaleza y conocimiento matemático* [Natur
und mathematisches Erkennen] (Hilbert 1992), un curso dictado
por Hilbert en Göttingen en el semestre de invierno de 1919–1920.
En primer lugar, el matemático alemán realiza la siguiente observación respecto de aquellas interpretaciones que extraen de su nueva
idea de la axiomática, una concepción formalista de la matemática:

> Si esta opinión fuera correcta, entonces la matemáti-
> ca no sería sino un mero conglomerado [*Anhäufung*]
> de inferencias lógicas amontonadas unas sobre otras.
> Tendríamos así una sucesión arbitraria de consecuen-
> cias, obtenidas gracias al poder de la deducción lógica.
> Pero de ningún modo se trata aquí de una *arbitrarie-*
> *dad* de tal clase; más bien, la formación de conceptos en
> matemática es guiada constantemente por la intuición
> y la experiencia, de modo que en su totalidad la mate-
> mática representa una estructura cerrada [*geschlossenes*
> *Gebilde*], libre de toda arbitrariedad. (Hilbert 1992, p.
> 5)

Hilbert menciona a Poincaré como uno de los principales promotores de este tipo de lecturas de su método axiomático. También
rechaza en este texto que la idea fundamental detrás de su abordaje
axiomático consista en reducir a la matemática a un juego, en donde ciertas reglas formales – los axiomas – regulan la manipulación
de una colección de signos sin significado:

> Las distintas disciplinas matemáticas mencionadas cons-
> tituyen así elementos necesarios en la construcción de un

desarrollo conceptual sistemático; a partir de preguntas simples, planteadas naturalmente, ellas avanzan por medio de la cadena de razones internas [*innere Gründe*] hacia un camino trazado ya en lo esencial. De ningún modo se trata entonces aquí de arbitrariedad. La matemática no tiene nada de parecido a un juego, cuyas tareas se determinan por medio de reglas arbitrariamente estipuladas. Se trata más bien de un sistema conceptual dotado de una necesidad interna, que sólo puede ser así y no de alguna otra manera. (Hilbert 1992, p. 14)

El análisis de los manuscritos de Hilbert nos ha permitido apreciar un aspecto o faceta de su temprana concepción del método axiomático, que se reconoce fácilmente cuando se examina la exposición de carácter estrictamente matemático en su libro de 1899. Desde su primer abordaje axiomático a la geometría en 1894, Hilbert sostiene que las teorías matemáticas axiomatizadas constituyen en sí mismas *entramados de relaciones lógicas entre conceptos*, que múltiples dominios de objetos pueden tener en común. Sin embargo, al mismo tiempo aclara con insistencia que la tarea de llevar a cabo una axiomatización no consiste meramente en reducir a una teoría matemática dada a una estructura relacional. En el caso de la geometría elemental, un objetivo reconocido explícitamente de su axiomatización era conservar un cierto paralelismo entre el sistema de axiomas formales y el contenido intuitivo–empírico de esta teoría. La proyección de la esfera empírico–intuitiva original a una esfera conceptual, conseguida gracias al análisis axiomático formal, no significaba por lo tanto un abandono completo de la primera. En este período inicial, Hilbert defiende que su análisis axiomático formal puede arrojar luz sobre las fuentes originales del conocimiento geométrico; una función importante del método axiomático formal era por lo tanto instruir a la intuición geométrica, que está en la base de nuestro conocimiento geométrico. La importancia que Hilbert le atribuye a la intuición en el proceso axiomatización revela que su posición no era tan modernista o formalista como la de otros partidarios de la concepción axiomática abstracta de la matemática, como por ejemplo los geómetras italianos Pieri y Peano o Hausdorff.[74]

Finalmente, otro de los objetivos centrales de este libro ha sido utilizar la concepción axiomática de la geometría, presentada en las dos primeras partes de la investigación, para contextualizar y destacar la importancia de algunas de las contribuciones técnicas y resultados más novedosos de *Fundamentos de la geometría*. Podemos concluir que la importancia epistemológica que Hilbert deposita en su aritmetización interna de la geometría y en sus investigaciones de independencia permiten apreciar un rasgo fundamental de su temprana concepción del método axiomático formal. Sin lugar a dudas, la búsqueda de mayor rigor y precisión en las demostraciones matemáticas es un aspecto muy importante de su nueva concepción del método axiomático. En efecto, Hilbert menciona constantemente la vinculación entre el método axiomático y la búsqueda de rigor – particularmente en su conferencia "Problemas matemáticos" (1900)–, destacando su construcción "puramente lógica" de la geometría elemental, en donde la ausencia de "lagunas" en las demostraciones geométricas estaba garantizada por la naturaleza formal – y las propiedades metalógicas – del sistema axiomático. De esta manera, ésta ha sido una de las características más valoradas a la hora de referirse a la nueva concepción axiomática formal de la geometría de Hilbert, como se puede notar en la siguiente descripción de Feliz Klein:

> La formulación [axiomática] abstracta es absolutamente apropiada para la elaboración de las demostraciones, pero claramente no es apropiada para el descubrimiento de nuevas ideas y métodos, más bien, constituye la culminación de un desarrollo previo. (Klein 1926, p. 434)

Sin embargo, contrariamente a la opinión de Klein, hemos podido ver que desde un inicio Hilbert rechazó la idea de que su nuevo método axiomático formal consistía *exclusivamente* en un instrumento muy eficiente para alcanzar un grado de mayor abstracción, rigor y sistematización en la presentación de teorías matemáticas preexistentes. Por el contrario, Hilbert se preocupó constantemente por resaltar que el método axiomático constituía una herramienta

---

[74] Sobre la oposición de Hilbert a estas posiciones *modernistas* puede verse (Rowe 1995) y la introducción de (Hilbert 1992).

matemática sumamente fructífera o fecunda, que podía conducir a nuevos resultados y descubrimientos. Más aún, si bien la fecundidad matemática del método axiomático podía reconocerse inmediatamente en *Fundamentos de la geometría*, ésta fue una de las características más enfatizadas en sus notas manuscritas para cursos sobre geometría; quizás ello fue en cierta medida necesario, en tanto que en un primer momento no resultó completamente claro para todos que con su libro Hilbert había inaugurado una nueva área de investigación en matemáticas: la matemática de los axiomas o metamatemática.

Bibliografía

Abrusci, Vito Michele (1978). «Autofundazione della matematica. Le ricerche di Hilbert sui fondamenti della matematica». En: Vito Michele Abrusci (Ed.), *Ricerche sui Fondamenti Bernays, della Matematica by David Hilbert*, pp. 13–131. Bibliopolis, Napoles.

Andersen, Kirsti (2007). *The Geometry of an Art. The Mathematical Theory of Perspective from Alberti to Monge*. Springer, London.

Antonelli, Aldo y May, Robert (2000). «Frege's New Science». *Notre Dame Journal of Formal Logic*, **41(3)**, pp. 242–270.

Arana, Andrew y Mancosu, Paolo (2012). «On the Relationship between plane and solid Geometry». *The Review of Symbolic Logic*, **5(2)**, pp. 294–353.

Avellone, Maurizio; Brigaglia, Aldo y Zappulla, Carmela (2002). «The Foundations of Projective Geometry in Italy from De Paolis to Pieri». *Archive for History of Exact Sciences*, **56**, pp. 363–425.

Awodey, Steve y Reck, Erich (2002). «Completeness and Categoricity. Part I: Nineteenth–Century Axiomatics to Twentieth-century Metalogic». *History and Philosophy of Logic*, **23**, pp. 1–30.

Baird, Davis y Hughes, R.I.G (Eds.) (1998). *Heinrich Hertz: Classical Physicist, Modern Philosopher*. Kluwer Academic Press, Dordrecht.

Baldus, Richard (1928a). «Zur Axiomatik der Geometrie I. Über Hilberts Vollständigkeitsaxiom». *Mathematische Annalen*, **100**, pp. 321–333.

—— (1928b). «Zur Axiomatik der Geometrie II. Vereinfachungen des Archimedischen und Cantorschen Axioms». *Atti del Congresso Internazionale die Mathematici, Bologna 3–10 Septembre 1928*, **4**, pp. 271–275.

—— (1930). «Zur Axiomatik der Geometrie III. Über das Archimedische und das Cantorsche Axiom». *Sitzungsberichte der Heidelberger Akademie der Wissenschaften, Mathematisch-naturwissenschaftliche Klasse*, **5**, pp. 3–12.

Bernays, Paul (1922). «Die Bedeutung Hilberts für die Philosophie der Mathematik». *Die Naturwissenschaften*, **10**, pp. 93–99. English version in Bernays (1998).

—— (1935). «Hilberts Untersuchungen über die Grundlagen der Arithmetik». En: *David Hilbert gesammelte Abhandlungen*, pp. 196–216. Springer, Berlin.

—— (1942). «Review: Ein Unbekannter Brief von Gottlob Frege über Hilberts erste Vorlesung über die Grundlagen der Geometrie, by Max Steck». *The Journal of Symbolic Logic*, **7(2)**, pp. 42–43.

—— (1955). «Betrachtungen über das Vollständigkeitsaxiom und verwandte Axiome». *Mathematische Zeitschrift*, **63**, pp. 219–229.

—— (1967). «David Hilbert». En: P. Edwards (Ed.), *The Encyclopedia of Philosophy*, volumen 3, pp. 496–504. Macmillan Publishing Co., New York. Segunda edición, D. Borchert (ed.), 2006, vol. 4, pp. 357–366.

—— (1999). «Vereinfachte Begründung der Proportionlehre». En: *Grundlagen der Geometrie*, capítulo Supplemente II, pp. 243–248. Teubner, Leipzig.

Beth, Evert (1965). *The Foundations of Mathematics. A Study in the Philosophy of Science*. North–Holland, 2ª edición.

Betti, Arianna y de Jong, Willen R. (2010). «The Classical Model of Science: a millennia–old model of scientific rationality». *Synthese*, **174**, pp. 185–203.

Blanchette, Patricia (1996). «Frege and Hilbert on Consistency». *Journal of Philosophy*, **93(7)**, pp. 317–336.

Blumenthal, Otto (1922). «David Hilbert». *Die Naturwissenschaften*, **4**, pp. 67–72.

—— (1935). «Lebensgeschichte». En: *David Hilbert Gesammelte Abhandlungen*, volumen 3, pp. 388–429. Springer-Verlag, Berlin.

Boniface, Jacqueline (2004). *Hilbert et la notion d'existence en mathématiques*. Vrin, Paris.

Boos, William (1985). «'The True' in Gottlob Frege's 'Über die Grundlagen der Geometrie'». *Archive for History of Exact Sciences*, **34(1/2)**, pp. 141–192.

Bos, Henk (1981). «On the Representation of Curves in Descartes' Géométrie». *Archive*, **24(4)**, pp. 295–338.

—— (2001). *Redifining Geometrical Exactness. Descartes' Transformation of the Early Modern Concept of Construction*. Springer Verlag, New York.

Bottazzini, Umberto (2001a). «I geometri italiani e i Grundlagen der Geometrie di Hilbert». *Bollettino della Unione Matematica Italiana*, **8(4-B)**, pp. 545–570.

—— (2001b). «I geometri italiani e il problema dei fondamenti (1889-1899)». *Bollettino della Unione Matematica Italiana*, **8(4-A)**, pp. 281–329.

Boyer (1957). *A History of Analytic Geometry*. Dover Publications, New York.

Cantor, Georg (1872). «Über die Ausdehnung eines Satzes aus der Theorie der trigonometrischen Reihe». *Mathematische Annalen*, **5**, pp. 123–132.

—— (1874). «Über eine Eingeschaft des Inbegriffes aller reellen algebraischen Zahlen». *Jahresbericht der Deutschen Mathematiker-Vereinigung*, **77**, pp. 258–262.

—— (1879/84). «Über unedliche, lineare Punktmannigfaltigkeiten». En: Ernst Zermelo (Ed.), *Gesammelte Abhandlungen*, pp. 139–244. Springer, Berlin. 1932.

Carnap, Rudolf (1927). «Eigentliche und eigentliche Begriffe». *Symposion*, **1**, pp. 355–374.

Cerroni, Cinzia (2004). «Non–Desarguian geometries and the foundations of geometry from David Hilbert to Ruth Moufang». *Historia Mathematica*, **31**, pp. 320–336.

—— (2007). «The Contribution of Hilbert and Dehn to Non–Archimedean Geometries and their Impact on the Italian School». *Revue d'histoire des mathématiques*, **13**, pp. 259–299.

—— (2010). «Some models of geometries after Hilbert's Grundlagen». *Rendiconti di Matematica, Serie VII*, **30**, pp. 47–66.

Chihara, Charles (2004). *A Structural Account of Mathematics*. Oxford University Press, New York.

Coffa, Alberto (1986). «From Geometry to Tolerance: Sources of Conventionalism in Nineteenth-Century Geometry». En: Robert Colodny (Ed.), *From quarks to quasars: philosophical problems of modern physics*, pp. 3–70. University of Pittsburgh Press, Pittsburgh.

—— (1991). *The semanctic tradition from Kant to Carnap*. Cambridge University Press, Cambridge.

Contro, Walter (1976). «Von Pasch zu Hilbert». *Archive for History of Exact Sciences*, **15**, pp. 283–295.

Coolidge, Julian (1940). *A History of Geometrical Methods*. Clarendon Press, Oxford, 1ª edición.

Corry, Leo (1997). «David Hilbert and the Axiomatization of Physics». *Archive for History of Exact Sciences*, **51**, pp. 83–198.

—— (2004). *David Hilbert and the axiomatization of physics (1898–1918): From Grundlagen der Geometrie to Grundlagen der Physik*. Kluwer, Dordrecht.

—— (2006). «Axiomatics, Empirism, and *Anschauung* in Hilbert's Conception of Geometry». En: José Ferreirós y Jeremy Gray (Eds.), *The Architecture of Modern Mathematics*, pp. 133–156. Oxford University Press, Oxford.

Courant, Richard y Robbins, Herbert (1979). *¿Qué es matemática?* Aguilar, Madrid, 5ª edición.

D'Agostino, Salvo (2000). *A History of the Ideas of Theoretical Physics. Essays on the Nineteenth and Twentieth Century Physics*. Kluwer Academic Press, Dordrecht.

Darboux, Gaston (1880). «Sur le théorème fondamental de la géométrie projective». *Mathematische Annalen*, **17**, pp. 55–61.

Dedekind, Richard (1872). «Stetigkeit und irrationale Zahlen». En: *Gesammelte mathematische Werke*, volumen 3. Friedrich Vieweg & Sonn, Braunschweig. 1932. Versión en español de José Ferreirós, Alianza, Madrid, 1998.

—— (1888). «Was sind und was sollen die Zahlen?» En: *Gesammelte mathematische Werke*, volumen 3. Friedrich Vieweg & Sonn, Braunschweig. 1932. Versión en español de José Ferreirós, Alianza, Madrid, 1998.

Dehn, Max (1900). «Die Legendre'sche Sätze über die Winkelsumme im Dreieck». *Mathematische Annalen*, **53**, pp. 404–439.

Demopoulos, William (1994). «Frege, Hilbert, and the Conceptual Structure of Model Theory». *History and Philosophy of Logic*, **15**, pp. 211–225.

Desargues, Girard (1987). *The Geometrical Work of Girard Desargues*. Springer, Berlin.

Dieudonné, Jean (1971). «Modern Axiomatic Method and the Foundations of Mathematics». En: François Le Lionnais (Ed.), *Great Currents of Mathematical Thought*, volumen 2, pp. 251–266. Dover Publications, New York.

Efímov, N.V (1984). *Geometría superior.* Editorial Mir, Moscú.

Ehrlich, Philip (1995). «Hahn's *Über die Nichtarchimedischen Grössensysteme* and the Development of the Modern Theory of Magnitudes and Numbers to Measure Them». En: Jaakko Hintikka (Ed.), *From Dedekind to Gödel: Essays on the Development of the Foundations of Mathematics*, pp. 165–214. Kluwer, Dordrecht.

—— (1997). «From Completeness to Archimedean Completeness». *Synthese*, **110**, pp. 57–76.

—— (2006). «The Rise of non-Archimedean Mathematics and the Roots of a Misconception I: The Emergence of non-Archimedean Systems of Magnitudes». *Archive for History of Exact Sciences*, **60**, pp. 1–121.

Enderton, Herbert B. (2004). *Una introducción matemática a la lógica.* UNAM, México, 2ª edición.

Enriques, Federigo (1907). «Prinzipien der Geometrie». En: W. Meyer y H. Mohrmann (Eds.), *Enzyklopädie der mathematischen Wissenschaften*, volumen 3.1.1, pp. 6–126. Teubner, Leipzig.

Ewald, William (1996). *From Kant to Hilbert. A Source Book in the Foundations of Mathematics.* volumen 2. Clarendon Press, Oxford.

Ewald, William y Sieg, Wilfried (Eds.) (2013). *David Hilbert's Lectures on the Foundations of Arithmetic and Logic, 1917–1933.* Springer, Berlin.

Fano, Gino (1907). «Gegensatz von synthetischer und analytischer Geometrie in seiner historischen Entwicklung im XIX. Jahrhundert». En: W. Meyer y H. Mohrmann (Eds.), *Enzyklopädie der mathematischen Wissenschaften*, volumen 3.1.1, pp. 221–388. Teubner, Leipzig.

Ferreirós, José (2006). «The Rise of Pure Mathematics as arithmetic with Gauss». En: N. Goldstein, C. & Schappacher (Ed.), *The Shaping of Arithmetic: Number Theory after Carl Friedrich Gauss's Disquistiones Arithmeticae*, pp. 235–268. Springer, Berlin.

—— (2007). *Labyrinth of Thought. A History of Set Theory and Its Role in Modern Mathematics.* Birhäuser, Berlin, 2ª edición.

—— (2009). «Hilbert, logicism, and mathematical existence». *Synthese*, **170**, pp. 33–70.

Frege, Gottlob (1891). *Funktion und Begriff.* Hermann Pohle, Jena. Versión en español en Frege (1996), pp. 147-171.

—— (1892a). «Über Begriff und Gegenstand». *Vierteljahrschrift für wissenschafliche Philosophie*, **16**, pp. 192–205. Versión en español en Frege (1996), pp. 207-222.

—— (1892b). «Über Sinn und Bedeutung». *Zeitschrift für Philosophie und philosophische Kritik*, **100**, pp. 25–50. Versión en español en Frege 1996, pp. 172–197.

—— (1903a). «Über die Grundlagen der Geometrie». *Jahresbericht der Deutschen Mathematiker–Vereinigung*, **12**, pp. 319–324, 368–375. Versión en español en Frege (1996), pp. 265-278.

—— (1903b). *Grundgesetze der Arithmetik.* volumen 2. Olms, Hildescheim.

—— (1906a). «Antwort auf die Ferienplauderei des Herrn Thomae». *Jahresbericht der Deutschen Mathematiker–Vereinigung*, **15**, pp. 586–592.

—— (1906b). «Über die Grundlagen der Geometrie». *Jahresbericht der Deutschen Mathematiker–Vereinigung*, **15**, pp. 296–309, 377–403, 423–430. Versión en español en Frege (1996), pp. 279–334.

—— (1976). *Wissenschaftlicher Briefwechsel.* Felix Meiner Verlag, Hamburg.

—— (1983a). «Erkenntnisquellen der Mathematik und der mathematischen Naturwissenschaften». En: Hahn Herman; Friedrich Kambartel y Friedrich Kaulbach (Eds.), *Nachlassene Schriften*, pp. 286–294. Felix Meiner Verlag, Hamburg.

—— (1983b). *Nachgelassene Schriften.* Felix Meiner Verlag, Hamburg, 2ª edición. H. Hermes, F. Kambartel, F. Kaulbach (eds.).

—— (1996). *Escritos filosóficos*. Crítica, Barcelona.

Frei, Günther (1985). *Die Briefwechsel David Hilbert – Felix Klein (1886–1918)*. Vandenhoeck & Ruprecht, Göttingen.

Freudenthal, Hans (1957). «Zur Geschichte der Grundlagen der Geometrie. Zugleich eine Besprechung der 8. Auflage von Hilberts 'Grundlagen der Geometrie'». *Nieuw Archief voor Wiskunde*, **4**, pp. 105–142.

—— (1962). «The main trends in the foundations of geometry in the 19th century». En: Ernest Nagel (Ed.), *Logic, methodology, and philosophy of science*, pp. 613–621. Standford University Press, Stanford.

—— (1974). «The Impact of von Staudt's Foundations of Geometry». En: R. Cohen (Ed.), *For Dirk Struik*, pp. 189–200. Reidel Publishing Company, Dordrecht.

Friedman, Michael (1997). «Helmholtz's Zeichentheorie and Schlick's allgemeine Erkenntnislehre: Early logical empiricism and its nineteenth century background». *Philosophical Topics*, **25**, pp. 19–50.

—— (2002). «Geometry as a Branch of Physics: Background and Context for Einstein's "Geometry and Experience"». En: David Malament (Ed.), *Reading Natural Philosophy*, pp. 193–229. Open Court, La Salle, Illinois.

Gabriel, Gottfried (1978). «Implizite Definitionen – Eine Verwechselungsgeschichte». *Annals of Science*, **35**, pp. 419–423.

Gandon, Sébastien (2005). «Pasch entre Klein et Peano: empirisme et idéalité en géométrie». *Dialogue: Canadian Philosophical Review*, **44(4)**, pp. 653–692.

Gauss, Carl Friedrich (1900). *Werke, Band VIII, Arithmetik und Algebra: Nachträge zu Band 1–3*. Teubner, Leipzig.

Gergonne, Jose Diez (1818). «Essai sur la théorie des definitions». *Annales de Mathématiques Pures et Appliqueés*, **9**, pp. 1–35.

Giovannini, Eduardo N. (2011). «Intuición y método axiomático en la concepción temprana de la geometría de David Hilbert». *Revista Latinoamericana de Filosofía*, **37(1)**, pp. 35–65.

—— (2012). «'Una imagen de la realidad geométrica': la concepción axiomática de la geometría de Hilbert a la luz de la *Bildtheorie* de Heinrich Hertz». *Crítica. Revista Hispanoamericana de Filosofía*, **44(141)**, pp. 27–53.

—— (2013). «Completitud y continuidad en *Fundamentos de la geometría* de Hilbert: acerca del *Vollständigkeitsaxiom*». *Theoria*, **28(76)**, pp. 139–163.

—— (2014). «Geometría, formalismo e intuición: David Hilbert y el método axiomático formal». *Revista de Filosofía*, **39(2)**, pp. 121–146.

—— (2015). «Bridging the gap between analytic and synthetic geometry: Hilbert's axiomatic approach». *Synthese*. Online First. DOI: 10.1007/s11229-015-0743-z.

Grassmann, Hermann (1844). *Die Lineale Ausdehnungslehre*. Teubner, Leipzig.

—— (1995). *A New Branch of Mathematics: The Ausdehnungslehre of 1844 and Other Works*. Open Court, Chicago.

Gray, Jeremy (2006). *Worlds Out of Nothing. A Course in the History of Geometry in the 19th Century*. Springer, London.

—— (2008). *Plato's Ghost. The Modernist Transformation of Mathematics*. Princeton Univsersity Press, Princeton.

Greenberg, Marvin J. (1994). *Euclidean and Non–Euclidean Geometries*. W. H. Freeman and Company, New York, 3ª edición.

Guerrerro, Ana Berenice (2006). *Geometría. Desarrollo axiomático*. ECOE Ediciones, Bogotá.

Hahn, Hans (1907). «Über die nichtarchimedischen Grössensysteme». *Sitzungsberichte der Kaiserlichen Akademie der Wissenschaften, Mathematisch-naturwissenschaftliche Klasse*, **116**, pp. 601–655.

Hallett, Michael (1994). «Hilbert's Axiomatic Method and the Laws of Thought». En: Alexander George (Ed.), *Mathematics and Mind*, pp. 158–200. Oxford University Press, Oxford.

—— (1995a). «Hilbert and Logic». En: Mathieu Marion y Robert Cohen (Eds.), *Québec Studies in the Philosophy of Science*, volumen Part I: Logic, Mathematics, Physics and History of Science, pp. 135–187. Kluwer Academic Publishers, Dordrecht.

—— (1995b). «Logic and Mathematical Existence». En: Lorenz Krüger (Ed.), *Physik, Philosophie und die Einheit der Wissenschaften*, pp. 33–82. Spektrum Akademischer Verlag, Heidelberg.

—— (2008). «Reflections on the Purity of Method in Hilbert's *Grundlagen der Geometrie*». En: Paolo Mancosu (Ed.), *The Philosophy of Mathematical Practice*, pp. 198–255. Oxford University Press, New York.

—— (2010). «Frege and Hilbert». En: Michael Potter y Thomas Ricketts (Eds.), *The Cambridge Companion to Frege*, pp. 413–464. Cambridge University Press, New York.

—— (2012). «More on Frege and Hilbert». En: Mélanie Frappier; Dereik Brown y Robert DiSalle (Eds.), *Analysis and Interpretation in the Exact Sciences*, pp. 135–162. Springer, New York.

Hallett, Michael y Majer, Ulrich (Eds.) (2004). *David Hilbert's Lectures on the Foundations of Geometry, 1891–1902*. Springer, Berlin.

Halsted, George (1902). «[Review]: The Foundations of Geometry. By. D. Hilbert». *Science*, **16**, pp. 307–308.

Hankel, Hermann (1867). *Vorlesung über die complexen Zahlen und ihre Functionen*. Voss.

Hartshorne, Robin (2000). *Geometry: Euclid and Beyond*. Springer, New York.

Health, Thomas L. (Ed.) (1926). *The thirteen books of Euclid's Elements, translated from the text of Heiberg, with introduction and commentary. 3 vols.* University Press, Cambridge. Versión en español: María Luisa Puertas Castaños, Madrid, Gredos, 1991.

Heath, Thomas L. (1956). *The Thirteen Books of Euclid's Elements. 3 vols.* Dover Publications, New York, 2ª edición.

Heidelberger, Michael (1998). «From Helmholtz's Philosophy of Science to Hertz's Picture–Theory». En: Davis Baird y Robert Hughes (Eds.), *Heinrich Hertz: Classical Physicist, Modern Philosopher*, pp. 9–24. Kluwer Academic Press, Dordrecht.

Heine, Eduard (1872). «Die Elemente der Functionenlehre». *Journal für die reine und angewandte Mathematik*, **74**, pp. 172–188.

Helmholtz, Hermann von (1867). *Handbuch der physiologischen Optik.* Voss, Leipzig. 3 vols.

—— (1977). «The Facts in Perception». En: Paul Hertz y Moritz Schlick (Eds.), *Epistemological Writings*, Reidel Publishing Company, Dordrecht.

Hertz, Heinrich (1894). *Die Prinzipien der Mechanik.* Johann Ambrosius Barth (Arthur Meiner), Leipzig.

—— (1999). *Die Constitution der Materie. Eine Vorlesung über die Grundlagen der Physik aus dem Jahre 1884.* Springer, Berlin.

Hertz, Paul (1934). «Sur les axiomes d'Archimède et de Cantor». *Archives des sciences physiques et naturelles*, **5(16)**, pp. 179–181.

Hessenberg, Gerhard (1905). «Über einen geometrischen Calcül». *Acta Mathematica*, **29**, pp. 1–24.

Hilbert, David (1891a). *Projective Geometrie; (Vorlesung, SS 1891).* Niedersächsische Staats- und Universitätsbibliotheck Göttingen, Handschriftenabteilung, *Cod. Ms. D. Hilbert 535.* Publicado en forma parcial en Hallett & Majer 2004, (pp. 21–64).

—— (1891b). «Über die Abbildung einer Linie auf ein Flächenstück». *Mathematische Annalen*, **38**, pp. 459–460.

—— (1893). «Über die vollen Invariantensysteme». *Mathematische Annalen*, **42**, pp. 313–373.

—— (1893/1894a). *Analytische Geometrie des Raumes; (Vorlesung, WS 1893/1894).* Niedersächsische Staats- und Universitätsbibliotheck Göttingen, Handschriftenabteilung, *Cod. Ms. D. Hilbert 543*.

—— (1893/1894b). *Grundlagen der Geometrie; (Vorlesung, WS 1893/1894).* Niedersächsische Staats- und Universitätsbibliotheck Göttingen, Handschriftenabteilung, *Cod. Ms. D. Hilbert 541*. Publicado en Hallett & Majer 2004, (pp. 72–144).

—— (1894/1895). *Analytische Geometrie der Ebene und des Raumes; (Vorlesung, WS 1894/1895).* Niedersächsische Staats- und Universitätsbibliotheck Göttingen, Handschriftenabteilung, *Cod. Ms. D. Hilbert 543*.

—— (1895). «Über die gerade Linie als kürzeste Verbindung zweier Punkte. Aus einem an Herrn F. Klein gerichteten Briefe». *Mathematische Annalen*, **46**, pp. 91–96.

—— (1896). «Über die Theorie der algebraischen Invarianten». En: *Gesammelte Abhandlungen*, volumen 2. Springer, Berlin. 1933.

—— (1897). «Die Theorie der algebraischen Zahlkörper». *Jahresbericht der Deutschen Mathematiker–Vereinigung*, **4**, pp. 175–546.

—— (1897/1898). *Zahlbegriff und Quadratur des Kreises; (Vorlesung, WS 1897/1898).* Niedersächsische Staats– und Universitätsbibliotheck Göttingen, Handschriftenabteilung, *Cod. Ms. D. Hilbert 549*.

—— (1898/1899a). *Elemente der Euklidischen Geometrie; (Vorlesung, WS 1898/1899).* Ausgearbeitet von H. von Schaper. Niedersächsische Staats– und Universitätsbibliotheck Göttingen, Handschriftenabteilung, *Cod. Ms. D. Hilbert 552*, y Georg–August– Universität Göttingen, Mathematisches Institut, Lesesaal Inv. Nr. 6808. Publicado en Hallett & Majer 2004, (pp. 302–406).

—— (1898/1899b). *Grundlagen der Euklidischen Geometrie; (Vorlesung, WS 1898/1899).* Niedersächsische Staats- und Universitätsbibliotheck Göttingen, Handschriftenabteilung, *Cod. Ms. D. Hilbert 551.*. Publicado en Hallett & Majer 2004, (pp. 221–301).

—— (1898/1899c). *Mechanik; (Vorlesung WS, 1898/9)*. Niedersächsische Staats– und Universitätsbibliotheck Göttingen, Handschriftenabteilung, *Cod. Ms. D. Hilbert 553*.

—— (1899). «Grundlagen der Geometrie.» En: *Festschrift zur Feier der Enthüllung des Gauss–Weber Denkmals in Göttingen. Herausgegeben von dem Fest–Comitee*, Teubner, Leipzig. Reimpreso en Hallett & Majer 2004, (pp. 426–525).

—— (1900a). *Les principes fondamentaux de la géometrie. Traduit par L. Laugel*. Gauthier–Villars, Paris.

—— (1900b). «Mathematische Probleme». En: *David Hilbert Gesammelte Abhandlungen*, volumen 3, pp. 290–329. Springer–Verlag, Berlin. 1935.

—— (1900c). «Über den Zahlbegriff». *Jahresbericht der Deutschen Mathematiker-Vereinigung*, **8**, pp. 180–184.

—— (1902a). *The Foundations of Geometry*. The Open Court Publishing Company, Illinois. Trad. E.J. Townsend.

—— (1902b). *Grundlagen der Geometrie; (Vorlesung, SS 1902)*. Ausgearbeitet von A. Adler. Georg–August–Universität Göttingen, Mathematisches Institut, Lesesaal, Berlin. Publicado en Hallett & Majer 2004, (pp. 540–606).

—— (1903). *Grundlagen der Geometrie*. Teubner, Leipzig, 2ª edición.

—— (1905a). «Über die Grundlagen der Logik und der Arithmetik». En: A. Krazer (Ed.), *Verhandlungen des Dritten Internationalen Mathematiker–Kongresses in Heidelberg vom 8. bis 13. August 1904*, pp. 174–185. Teubner, Leipzig.

—— (1905b). *Logische Principien des mathematischen Denkens; (Vorlesung, SS 1905)*. Ausgearbeitet von E. Hellinger, Georg–August–Universität Göttingen, Mathematisches Institut, Lesesaal.

—— (1905c). *Logische Principien des mathematischen Denkens; (Vorlesung SS 1905)*. Ausgearbeitet von M. Born, Staats– und

Universitätsbiblioteck Göttingen, Handschriftenabteilung, *Cod. Ms. D. Hilbert 558a.*

—— (1917). *Prinzipien der Mathematik; (Vorlesung, WS 1917/18).* Ausgearbeitet von P. Bernays. Georg–August–Universität Göttingen, Mathematisches Institut, Lesesaal. Publicado en Ewald & Sieg 2013, (pp. 59–214).

—— (1918). «Axiomatisches Denken». *Mathematische Annalen*, **78**, pp. 405–415. Versión en español en (Hilbert 1993, pp. 23–35).

—— (1921/1922). *Grundlagen der Mathematik; (Vorlesung, WS 1921/1922).* Ausgearbeitet von P. Bernays. Georg–August–Universität Göttingen, Mathematisches Institut, Lesesaal. Publicado en Ewald & Sieg 2013, (pp. 431–537).

—— (1924/25). *Über das Unendliche; (Vorlesung, WS 1924/1925).* Ausgearbeitet von P. Bernays. Georg–August–Universität Göttingen, Mathematisches Institut, Lesesaal. Publicado en Ewald & Sieg 2013, (pp. 668–756).

—— (1926). «Über das Unendliche». *Mathematische Annalen*, **95**, pp. 161–190. Versión en español en (Hilbert 1993, pp. 83-121).

—— (1927). *Grundlagen der Geometrie; (Vorlesung, SS 1927).* Ausgearbeitet von A. Schmidt, Georg–August–Universität Göttingen, Mathematisches Institut, Lesesaal.

—— (1930). *Grundlagen der Geometrie.* Teubner, Leipzig, 7ª edición.

—— (1988). *Wissen und mathematisches Denken.* Mohr, Göttingen. Ausgearbeitet von W. Ackermann.

—— (1992). *Natur und mathematisches Erkennen.* Birhäuser, Basel. Nach der Ausarbeitung von Paul Bernays.

—— (1993). *Fundamentos de la matemática.* UNAM. Trad. Luis Felipe Segura.

—— (1999). *Grundlagen der Geometrie. Mit Supplementen von Paul Bernays. Herausgegeben und mit Anhängen versehen von Michael Toepell.* Teubner, Leipzig, 14ª edición.

Hilbert, David y Ackermann, Wilhelm (1928). *Grundzüge der theoretischen Logik.* Springer, Berlin.

Hilbert, David y Bernays, Paul (1934). *Grundlagen der Mathematik.* volumen 1. Springer, Berlin. Segunda Edición, 1968.

Hilbert, David y Cohn-Vossen, Stephan (1996). *Anschauliche Geometrie.* Springer, Berlin, 2ª edición.

Hintikka, Jaakko (1997). «Hilbert vindicated?» *Synthese*, **110**, pp. 15–36.

Hölder, Otto (1911). «Streckenrechnung und projective Geometrie». *Berichte über die Verhandlungen der königlich sächsischen Gesellschaft der Wissenschaften zu Leipzig, Mathematisch-physische Klasse*, **63(2)**, pp. 65–183.

Hodges, Wilfrid (1985/1986). «Truth in a Structure». *Proceedings of the Aristotelian Society*, **86**, pp. 135–151.

Hyder, David Jalal (2003). «Kantian Methaphysics and Hertzian Mechanics». En: Friedrich Stadler (Ed.), *The Vienna Circle and Logical Empirism: Re–evaluation and Future Perspectives*, pp. 35–46. Kluwer, Dordrecht.

Karzel, Helmut y Kroll, Hans-Joachim (1988). *Geschichte der Geometrie seit Hilbert.* Wissenschaftliche Buchgesellschaft, Darmstadt.

Killing, Wilhelm (1885). *Die Nicht–Euklidischen Raumformen in analytischer Behandlung.* Teubner, Leipzig.

Kirchhoff, Gustav (1877). *Vorlesung über Mathematische Physik. Mechanik.* Teubner, Leipzig, 2ª edición.

Kitcher, Philip (1976). «Hilbert's Epistemology». *Philosophy of Science*, **43**, pp. 99–115.

Klein, Felix (1871). «Über die sogenannte Nicht-Euklidische Geometrie.» *Mathematische Annalen*, **4**, pp. 573–625. Reimpreso en Klein 1921, pp. 254-305.

—— (1873). «Über die sogenannte Nicht-Euklidische Geometrie (zweiter Aufsatz)». *Mathematische Annalen*, **6**, pp. 112–145. Reimpreso en Klein 1921, pp. 311-343.

—— (1874). «Nachtrag zu dem « zweiten Aufsatz über Nicht-Euklidische Geometrie »». *Mathematische Annalen*, **7**, pp. 531–537. Reimpreso en Klein 1921, pp. 344–350.

—— (1890). «Zur Nicht-Euklidische Geometrie». En: *Gesammelte mathematische Abhandlungen*, volumen 1, pp. 353–383. Springer, Berlin. 1921.

—— (1921). *Gesammelte mathematische Abhandlungen.* volumen 1. Springer, Berlin.

—— (1925). *Elementarmathematik vom höheren Standpunkte aus, Band 2: Geometrie.* Springer, Berlin. Versión en inglés en Klein (2004).

—— (1926). *Vorlesungen über die Entwicklung der Mathematik im 19. Jahrhundert.* Springer, Berlin. Versión en castellano: *Lecciones sobre el desarrollo de la matemática en el siglo XIX*, Crítica, Barcelona, 2006. Trad. José Luis Aréntegui.

—— (2004). *Elementary Mathematics from an advanced Standpoint. Geometry.* Dover Publications, New York.

Klev, Ansten (2011). «Dedekind and Hilbert on the Foundations of the Deductive Sciences». *The Review of Symbolic Logic*, **4(4)**, pp. 645–681.

Kline, Morris (1992). *El pensamiento matemático de la antigüedad a nuestros días.* Alianza Editorial, Madrid. 3 vols..

Kolmorogov, Alexander y Yuskevich, Alexander (Eds.) (1996). *Mathematics of the 19th Century.* Birkhäuser, Basel.

Köpke, Alfred (1887). «Über die Differentiirbarkeit und Anschaulichkeit der stetigen Functionen». *Mathematische Annalen*, **29**, pp. 123–140.

Korselt, Alwin (1903). «Über die *Grundlagen der Geometrie*». *Jahresbericht der Deutschen Mathematiker-Vereinigung*, **12**, pp. 402–407.

Kowol, Gerhard (2009). *Projektive Geometrie und Cayley–Klein Geometrien der Ebene*. Birhäuser, Berlin.

Lassalle Casanave, Abel (1996). «Formalismo metodológico». *Papeles Uruguayos de Filosofía*, **1(1)**, pp. 5–8.

Lotze, Hermann (1879). *Metaphysik*. Hirzel, Leipzig.

Lützen, Jesper (2005). *Mechanistic Images in Geometric Form*. Oxford University Press, Oxford.

Majer, Ulrich (1995). «Geometry, Intuition and Experience: from Kant to Husserl». *Erkenntnis*, **42(2)**, pp. 261–285.

—— (1998). «Heinrich Hertz's Picture–Conception of Theories: its elaboration by Hilbert, Weyl, and Ramsey». En: D. Baird (Ed.), *Heinrich Hertz: Classical Physicist, Modern Philosopher*, pp. 225–242. Kluwer Academic Press, Dordrecht.

—— (2006). «The Relation of Logic and Intuition in Kant's Philosophy of Science, Particularly Geometry». En: Emily Carson y Ranate Huber (Eds.), *Intuition and the Axiomatic Method*, pp. 47–66. Kluwer, Dordrecht.

Mancosu, Paolo (1996). *Philosophy of Mathematics and Mathematical Practice in the Seventeenth Century*. Oxford University Press, New York.

—— (1998). *From Brouwer to Hilbert: The debate on the foundations of mathematics in the 1920s*. Oxford University Press, New York.

—— (2003). «The Russellian Influence on Hilbert and his School». *Synthese*, **137**, pp. 59–101.

—— (2010). *The Adventure of Reason*. Oxford University Press, New York.

Marchisotto, Elena Anne y Smith, James T. (2007). *The Legacy of Mario Pieri in Geometry and Arithmetic*. Birhäuser, Boston.

Möbius, August Ferdinand (1827). «Der barycentrische Calcul». En: *Gesammelte Werke*, volumen 1, pp. 1–138. J. A. Barth, Leipzig.

Miller, Arthur (1972). «The myth of Gauß' experiment on the Euclidean nature of physical space». *Isis*, **63**, pp. 345–348.

Minkowski, Hermann (1973). *Briefe an David Hilbert*. Springer, Berlin. Mit Beiträgen und herausgegeben von L. Rüdenberg und H. Zassenhaus.

Moore, Gregory (1997). «Hilbert and the Emergence of Modern Mathematical Logic». *Theoria*, **12(1)**, pp. 65–90.

—— (2000). «Historians and Philosophers of Logic: Are They Compatible? The Bolzano–Weierstrass Theorem as a Case of Study». *History and Philosophy of Logic*, **20**, pp. 169–180.

Mueller, Ian (1981). *Philosophy of Mathematics and Deductive Structure in Euclid's* Elements. volumen Massachusetts. MIT Press.

Nabonnand, Philip (2008a). «Contributions à l'histoire de la géométrie projective au 19e siècle». Manuscrito.

Nabonnand, Philippe (2008b). «La théorie des Würfe de von Staudt – Une irruption de l' algèbre dans la géométrie pure». *Archive for History of Exact Sciences*, **62**, pp. 201–242.

Nagel, Ernst (1939). «The Formation of Modern Conceptions of Formal Logic in the Development of Geometry». *Osiris*, **7**, pp. 142–223.

Pambuccian, Victor (2013). «[Review]: David Hilbert's Lectures on the Foundations of Geometry, 1891–1902.» *Philosophia Mathematica*, **21(2)**, pp. 255–275.

Park, Woosuk (2012). «Friedman on Implicit Definition: in Search of the Hilbertian Heritage in Philosophy of Science». *Erkenntnis*, **76(3)**, pp. 427–442.

Pasch, Moritz (1882). *Vorlesungen über neuere Geometrie*. Teubner, Leipzig. Traducción al español de J.G. Alvarez Ude y J. Rey Pastor, Madrid, Imprenta de Eduardo Arias, 1913.

—— (1926). *Vorlesungen über neuere Geometrie*. Teubner, Leipzig, 2ª edición.

Passos Videira, Antonio (2011). «Kirchhoff e os fundamentos da mecânica». *Scientiae Studia*, **9(3)**, pp. 611–624.

Peano, Giuseppe (1889). *I Principii di Geometria logicamente esposti*. Fratelli Bocca, Torino.

Peckhaus, Volker (1990). *Hilbertprogramm und Kritische Philosophie. Das Göttinger Modell interdisziplinärer Zusammenarbeit zwischen Mathematik und Philosophie*. Vandenhoeck & Ruprecht, Göttingen.

—— (1994). «Logic in transition: The logical calculi of Hilbert (1905) and Zermelo (1908)». En: Dag Prawitz y Dag Westerstahl (Eds.), *Logic and Philosophy of Science in Uppsala*, pp. 311–323. Kluwer, Dordrecht.

—— (1995). «Hilberts Logik: Von der Axiomatik zur Beweistheorie». *Internationale Zeitschrift für Geschichte und Ethik der Naturwissenschaften, Technik und Medizin*, **3**, pp. 65–86.

Peckhaus, Volker y Kahle, Reinhard (2002). «Hilbert's Paradox». *Historia Mathematica*, **29**, pp. 157–175.

Petri, Birgit y Schappacher, Norbert (2006). «On Arithmetization». En: N. Goldstein, C. & Schappacher (Ed.), *The Shaping of Arithmetic: Number Theory after Carl Friedrich Gauss's Disquistiones Arithmeticae*, pp. 343–374. Springer, Berlin.

Pieri, Mario (1899). «I principia della geometria di posizione composti in Sistema logico deduttivo». *Memoria della Reale Accademia delle Scienzia di Torino*, **48**, pp. 1–62.

—— (1900). «Della geometria elementare come sistema ipotetico deduttivo: Monografia del punto e del moto.» *Memorie della Reale Accademia delle Scienze di Torino*, **49**, pp. 173–222.

Poincaré, Henri (1902). «[Review]: Hilbert. Les Foundaments de la Géometrie». *Bulletin des sciences mathemátiques. Deuxième série*, **26**, pp. 249–272.

Poncelet, Jean Victor (1822). *Traité des propiétés projectives des figures.* Gauthier–Villars, Paris.

Reichenbach, Hans (1958). *The Philosophy of Space and Time.* Dover Publications, London.

Reid, Constance (1996). *Hilbert.* Springer, New York.

Resnik, Michael (1974). «The Frege-Hilbert Controversy». *Philosophy and Phenemenological Research*, **34(3)**, pp. 386–403.

—— (1980). *Frege and the Philosophy of Mathematics.* Cornell University Press, Ithaca, NY.

Reye, Theodor (1886). *Die Geometrie der Lage.* Baumgärtner, Leipzig, 3ª edición.

Ricketts, Thomas (2005). «Frege's 1906 Foray into metalogic». En: Michael Beaney y Erich Reck (Eds.), *Gottlob Frege. Critical Assessments of Leading Philosophers*, volumen 2, pp. 136–155. Routledge, New York.

Rowe, David (1989). «The Early Geometrical Works of Sophus Lie and Felix Klein». En: David Rowe (Ed.), *The History of Modern Mathematics*, volumen 1, pp. 209–273. Academic Press, Boston.

—— (1995). «The Hilbert Problems and the Mathematics of a New Century». *Preprint-Reihe des Fachbereichs Mathematik. Johannes Gutenberg-Universität Mainz*, **1**, pp. 1–40.

—— (1997). «Perspectives on Hilbert». *Perspectives on Science*, **5(4)**, pp. 533–570.

—— (2000). «The Calm before the Storm: Hilbert's Early Views on the Foundations». En: Vincent Hendriks; Stig Pedersen y Klaus Jorgensen (Eds.), *Proof Theory. History and Philosophical Significance*, pp. 55–93. Kluwer Academic Publishers, Dordrecht.

—— (2003). «From Königsberg to Göttingen: A Sketch of Hilbert's Early Career». *The Mathematical Intelligencer*, **25(2)**, pp. 44–50.

Schiemann, Gregor (1998). «The Loss of World in the Image: Origin and Development of the Concept of Image in the Thought of Hermann von Helmholtz and Heinrich Hertz». En: Davis Baird y Robert Hughes (Eds.), *Heinrich Hertz: Classical Physicist, Modern Philosopher*, pp. 25–38. Kluwer Academic Press, Dordrecht.

Schlick, Moritz (1918). «Allgemeine Erkenntnislehre». En: Hans Wendel y Fynn Engler (Eds.), *Kritische Gesamtausgabe. Abteilung I, Band I*, Springer, Berlin. 2009.

Schlimm, Dirk (2010a). «The correspondence between Moritz Pasch and Felix Klein». *Historia Mathematica*, **40**, pp. 183–202.

—— (2010b). «Pasch's Philosophy of Mathematics». *The Review of Symbolic Logic*, **3(1)**, pp. 1–26.

Schloz, Erhard (2004). «C. F. Gauß' Präzisionsmessungen terrestrische Dreicke und seine Überlegungen zur empirischen Fundierung der Geometrie in den 1820er Jahre». En: Rudolf Folkerts, Menso & Seising (Ed.), *Form, Zahl, Ordnung. Studien zur Wissenschafts–und Technikgeschichte. Ivo Schneider zum 65. Geburtstag*, pp. 355–380. Franz Steiner Verlag, Stuttgart.

Schmidt, Arnold (1931). «Die Stetigkeit in der absoluten Geometrie». *Sitzungsberichte der Heidelberger Akademie der Wissenschaften, Mathematisch-naturwissenschaftliche Klasse*, **5**, pp. 3–8.

Schoenflies, Arthur (1907). «Projektive Geometrie». En: W. Meyer y H. Mohrmann (Eds.), *Enzyklopädie der mathematischen Wissenschaften*, volumen 3.1.1, pp. 389–480. Teubner, Leipzig.

Scholz, Heinrich (1930). «Die Axiomatik der Alten». *Blättern für deutsche Philosophie*, **4**, pp. 259–278.

Schur, Friedrich (1898). «Über den Fundamentalsatz der projecti-
ven Geometrie». *Mathematische Annalen*, **51**, pp. 401–409.

Scriba, Christoph y Schreiber, Peter (2010). *5000 Jahre Geometrie.*
Springer, Berlin, 3ª edición.

Seidenberg, Abraham (2007). *Lectures in Projective Geometry.* Dover Publications, New York, 3ª edición.

Shapiro, Stewart (1997). *Philosophy of Mathematics: Structure and
Ontology.* Oxford University Press, New York.

—— (2005). «Categories, Structures, and the Frege-Hilbert Controversy: The Status of Meta–mathematics». *Philosophia Mathematica*, **13(3)**, pp. 61–77.

Sieg, Wilfried (1999). «Hilbert's Programs: 1917–1922». *Bulletin
of Symbolic Logic*, **5(1)**, pp. 1–44.

—— (2009). «Hilbert's Proof Theory». En: Dov Gabbay y John
Woods (Eds.), *Handbook of the History of Logic. Volume 5. Logic
from Russell to Church*, pp. 321–384. Elsevier, Amsterdam.

—— (2013). *Hilbert's Programs and Beyond.* Oxford University
Press, New York.

Sieg, Wilfried y Schlimm, Dirk (2005). «Dedekind's analysis of
number: Systems and axioms». *Synthese*, **147**, pp. 121–170.

Smadja, Ivahn (2012). «Local axioms in disguise: Hilbert on Minkowski diagrams». *Synthese*, **186**, pp. 317–370.

Sommer, J. (1900). «[Review]: Hilbert's foundations of geometry».
Bulletin of the American Mathematical Society, **6**, pp. 287–299.

Steiner, Jacob (1832). «Systematische Entwicklung der Abhängig-
keit geometrischer Gestalten von einander». En: *Gesammelte
Werke. Erster Band*, pp. 229–460. G. Reimer, Berlin. 1880.

Stroppel, Markus (1998). «Bemerkungen zur ersten nicht desar-
guesschen ebenen Geometrie bei Hilbert». *Journal of Geometry*,
63, pp. 183–195.

—— (2011). «Early explicit examples of non–desarguesian plane geometries». *Journal of Geometry*, **102(1-2)**, pp. 179–188.

Tamari, Dov (2007). *Moritz Pasch (1843–1930). Vater der modernen Axiomatik. Seine Zeit mit Klein und Hilbert und seine Nachwelt. Eine Richtigstellung.* Shaker Verlag, Aachen.

Tappenden, Jamie (2000). «Frege on Axioms, Indirect Proof, and Independence Arguments in Geometry: Did Frege Reject Independence Arguments?» *Notre Dame Journal of Formal Logic*, **41**, pp. 271–315.

Tarski, Alfred y Vaught, Robert (1957). «Arithmetic eextension of relational systems». *Composito mathematica*, **13**, pp. 81–102.

Thomae, Johannes K. (1898). *Elementare Theorie der analytischen Functionen einer complexen Veränderlichen.* Verlag von Louis Nebert, Halle, 2ª edición.

—— (1906). «Gedankenlose Denker». *Jahresbericht der Deutschen Mathematiker–Vereinigung*, **15**, pp. 434–438.

Toepell, Michael (1985). «Zur Schlüsselrolle Friedrich Schurs bei der Entstehung von David Hilberts "Grundlagen der Geometrie"». En: M. Folkerts (Ed.), *Mathemata. Festschrift für Helmuth Gericke*, pp. 637–649. Franz Steiner Verlag, Stuttgart.

—— (1986). *Über die Entstehung von David Hilberts Grundlagen der Geometrie.* Vandenhoeck & Ruprecht, Göttingen.

—— (1995). «Zum Einfluss Grassmanns auf die Grundlagen der Geometrie». En: *Hermann Grassmann: Werk und Wirkung: internationale Fachtagung anlässlich des 150. Jahrestages des ersten Erscheinens der "linealen Ausdehnungslehre", Lieschow/Rügen, 23.-28.5.1994.*, Ernst–Moritz–Arndt–Universität, Greifswald.

—— (1999). «Die Projective Geometrie als Forschungsgrundlage David Hilberts». En: *David Hilbert: Grundlagen der Geometrie. Mit Supplementen von Paul Bernays. 14. Auflage*, pp. 347–364. Teubner, Leipzig.

Tolly, Clinton (2011). «Frege's Elucidatory Holism». *Inquiry*, **54(3)**, pp. 226–251.

Torres, Carlos (2009). «De la matemática clásica a la matemática moderna: Hilbert y el esquematismo kantiano». *Diánoia*, **LIV(63)**, pp. 37–70.

Torretti, Roberto (1984). *Philosophy of Geometry from Riemann to Poincaré*. Kluwer, Dordrecht.

Veblen, Oswald (1903). «Hilbert's Foundations of Geometry». *The Monist*, **13**, pp. 303–309.

—— (1904). «A System of Axioms for Geometry». *Transactions of the American Mathematical Society*, **5(3)**, pp. 343–384.

Voelke, Jean-Daniel (2008). «Le théorème fondamental de la géométrie projective: évolution de sa preuve entre 1847 et 1900». *Archive for History of Exact Sciences*, **62**, pp. 243–296.

Volkert, Klaus (1986). *Die Krise der Anschauung*. Vandenhoeck & Ruprecht, Göttingen.

von Plato, Jan (1997). «Formalization of Hilbert's Geometry of Incidence and Parallelism». *Synthese*, **110**, pp. 127–141.

von Staudt, Georg (1856). *Beiträge zur Geometrie der Lage, I*. Verlag von Bauer und Raspe, Nürnberg.

—— (1857). *Beiträge zur Geometrie der Lage, II*. Verlag von Bauer und Raspe, Nürnberg.

—— (1860). *Beiträge zur Geometrie der Lage, III*. Verlag von Bauer und Raspe, Nürnberg.

von Staudt, Karl G. C (1847). *Geometrie der Lage*. Friedrich Kornische Buchhandlung, Nürnberg.

Webb, Judson (1980). *Mechanism, Mentalism, and Metamathematics*. Reidel Publishing Company, Dordrecht.

Wehmeier, Kai (1997). «Aspekte der Frege-Hilbert Korrespondenz». *History and Philosophy of Logic*, **18**, pp. 201–209.

Weyl, Hermann (1925). «Die heutige Erkenntnislage in der Mathe-
    matik». *Symposion*, **1**, pp. 1–32. Versión en inglés en (Mancosu
    1998, pp. 123-142).

—— (1944). «David Hilbert and his Mathematical Work». *Bulletin
    of the American Mathematical Society*, **50**, pp. 612–654.

—— (1949). *Philosophy of Mathematics and Natural Science*. Prin-
    ceton Univsersity Press, Princeton.

—— (1951). «A Half–Century of Mathematics». *The American
    Mathematical Monthly*, **58(8)**, pp. 523–553.

—— (1985). «Axiomatic versus Constructive Procedures in Mathe-
    matics». *The Mathematical Intelligencer*, **7**, pp. 10–17.

Wiener, Hermann (1891). «Über Grundlagen und Aufbau der Geo-
    metrie». *Jahresbericht der Deutschen Mathematiker-Vereinigung*,
    1, pp. 45–48.

—— (1893). «Weiteres über Grundlagen und Aufbau der Geome-
    trie». *Jahresbericht der Deutschen Mathematiker-Vereinigung*, **3**,
    pp. 70–90.

Zach, Richard (1999). «Completeness before Post: Bernays, Hil-
    bert, and the Development of Propositional Logic». *Bulletin of
    Symbolic Logic*, **5(3)**, pp. 331–366.

Ziwet, Alexander (1892). «The Annual Meeting of German Ma-
    thematicians». *Bulletin of the American Mathematical Society*,
    1(2), pp. 96–102.

Índice de figuras

Índice de nombres y temas

www.ingramcontent.com/pod-product-compliance
Lightning Source LLC
Chambersburg PA
CBHW060358200326
41518CB00009B/1181